编委会人员名单

GUIBEI CHUANTONG JIANZHU SHEJI SHIGONG TONGYONG TUDIAN

桂北传统建筑设计施工通用图典

黄家城题

黄家城　唐文彬　孙保燕　等著

GUANGXI NORMAL UNIVERSITY PRESS
广西师范大学出版社
·桂林·

图书在版编目（CIP）数据

桂北传统建筑设计施工通用图典 / 黄家城，唐文彬，孙保燕等著．—桂林：广西师范大学出版社，2013.10
ISBN 978-7-5495-4392-2

Ⅰ．①桂… Ⅱ．①黄…②唐…③孙… Ⅲ．①古建筑－建筑设计－广西－图集②古建筑－建筑工程－工程施工－广西－图集 Ⅳ．①TU206②TU745.9-64

中国版本图书馆 CIP 数据核字（2013）第 231001 号

广西师范大学出版社出版发行
（广西桂林市中华路 22 号　邮政编码：541001
网址：http://www.bbtpress.com）
出版人：何林夏
全国新华书店经销
广西大华印刷有限公司印刷
（南宁市高新区科园大道 62 号　邮政编码：530007）
开本：889 mm × 1 240 mm　1/16
印张：11.75　　字数：20 千字
2013 年 10 月第 1 版　　2013 年 10 月第 1 次印刷
印数：0 001~3 000 册　　定价：40.00 元

前　　言

本图典是“广西特色建筑中墙体和配件的开发与应用研究”课题研究成果之一。

衷心感谢在本图典编制过程中桂林市住建局、相关县建设行政主管部门和乡镇、村领导给予的大力支持和无私的帮助。

桂北地区居住着汉、壮、侗、瑶、苗、毛南、仫佬等多种民族，各民族依照居住地的环境地理条件，结合各自不同的文化传统、风俗习惯、宗教信仰以及生活方式与生活习惯，创造了各具特色的建筑形式与村落布局，综观桂北地区各民族丰富多样的建筑，精巧与经典之作随处可见，无论是在村落居址的选择与营造，还是建筑的造型与结构、居室空间的分隔和附属构件的配置等方面，即使用现代人的居住标准、用环境工程学和现代建筑美学的宏观与微观来审视，都有其精当巧妙和合理、科学之处，闪耀着人类智慧与创造精神的光华；对现代建筑设计和施工起到借鉴作用。

本图典编制历时一年余，经过现场调研、测绘、逆向工程、方案对比、图形绘制、专家评审等诸环节，结合当地施工材料和技术，编制成册，供广大建筑设计、施工和业主人员参考引用，也可作为土木工程专业师生教学参考用书。

由于资料和水平有限，不当之处在所难免，请大家批评指正。

桂北传统建筑设计施工通用图典

编制单位：桂林电子科技大学　桂林市墙体材料改革办公室

北京蓝图工程设计有限公司上海分公司

编制时间：2013年7月

课题组负责人：黄家城

唐文彬

课题组技术负责人：孙保燕

目　录

山墙装饰

外墙装饰

马头墙

门

目 录	桂北传统建筑设计施工通用图典

窗

雨 棚

柱 础

屏风与隔断

挂落与花牙子

楼 梯

美人靠

栏 杆

围 墙

庭院门

室外工程

其他

后记

1. 编制背景

桂北传统建筑，是广西民族文化的体现，历史文化深厚，自然因素、文化因素、技术因素三个方面形成了传统民居的设计元素，现代的很多建筑设计中，充分融入了桂北地区传统建筑的特点，使得广西传统建筑形式、符号和元素得以发扬光大。为积极推进城乡一体化建设，使“小青瓦、坡屋面、马头墙、白粉墙、吊阳台、木花格窗、青石墙裙……”这些桂北民居建筑风格更多融入广西现代建筑元素中，我们开展了桂北传统建筑建设标准化研究工作，本图集是在该课题研究成果的基础上编制的，同时也作为该课题的研究成果之一。

2. 编制依据

2.1 本图集遵循国家有关的现行规范、标准:

《房屋建筑制图统一标准》GB/T50001-2010

《建筑制图标准》GB/T50104-2010

《建筑设计防火规范》GB50016-2006

《民用建筑设计通则》GB50352-2005

《住宅设计规范》GB50096-2011

《建筑采光设计标准》GB50033-2013

《屋面工程质量验收规范》GB50207-2012

《民用建筑热工设计规范》GB50176-93

2.2 本图集遵循广西壮族自治区现行的有关规范和标准。

3. 编制内容

3.1　传统特色的桂北地区住宅图集

3.1.1 本图集提供了适应当地传统特色的构造节点作法及有特色的细部装饰纹样,可选用或参考使用。

3.1.2 本图集提供了适应当地经济发展状况及现代生活模式的施工方案，可直接选用或参考使用。

3.2　附录“传统特色的小城镇住宅技术研究报告”(桂北地区）包括对当地传统特色民居的论述、分析,提炼出对优秀传统的继承和创新以及与现代生活模式及新材料结合的探讨,作为编制图集的基础资料。

4. 适用范围

4.1　本图集适用于广西桂北地区和适宜于营造桂北地方传统建筑的广西地区。

4.2　本图集主要应用于住宅、商业建筑和小型公共建筑，以及有桂北地方特色的风景旅游建筑。

4.3　本图集适用于本地区小城镇住宅建设、旧区改造以及有地方特色的小型公共建筑。

4.4　本图集可供建筑设计与施工人员直接引用或参考使用，也可供城镇居民自建房屋参考使用。

4.5　本图集适宜于地方工业化构配件生产。

5. 设计原则

5.1 选编具有桂北地区特点，又适应传统和现代建筑、适应桂北地区气候特点的建筑细部和节点。

5.2 注重环保、节能及新材料、地方材料的使用。

5.3 本图集未作图示的一般构造部分可选用相关标准图或结合具体情况自行设计。

6. 使用方法

6.1 本图集在提炼桂北民居基本配件和细部的基础上，形成的建筑要素，可以进行灵活组合，以适应不同需求的建筑细部组合。

6.2 传统特色的构造节点及细部可供施工直接引用或参考使用。

7. 构造、材料、施工要求

7.1 施工质量应符合下列规范要求:《砌体工程施工质量验收规范》GB50203-2011，《木结构工程施工验收质量规范》GB50206-2012，《建筑装饰装修工程质量验收规范》GB50210-2001。

7.2 木材选用一级木材，含水率不大于15%，装饰工程木构件为优质硬质木。

7.3 砌体:地坪以上用MU10黏土多孔砖或非黏土砖，M5水泥石灰砂浆砌筑，地坪以下用当地允许使用的砌筑材料，M5水泥砂浆砌筑。

7.4 凡埋入墙内金属构件均需涂防锈漆一层，明露铁件均须涂防锈漆一道，罩面油漆两遍，色彩和具体用料由设计者确定。

7.5　木构件连接应粘钉结合或粘卯结合，尽量避免使用铁钉，铁钉应打平避免外露。

7.6　铁件焊接，焊条用 E-4300，铁件连接除图中注明外，贴角焊缝高度均采用 3mm，焊缝须锉平磨光。

7.7　木构件和混凝土梁、柱的连接，隔断与混凝土梁、地面、砖墙的连接，均应采用金属膨胀螺栓或塑料胀管连接，木砖尺寸 60×120×120mm，间距 500mm。

7.8　本图集中的砖、木、石雕宜采用桂北地方民间工艺，砖、石雕的连接，一般采用嵌入法，再粘接。与砌体的连接处用水泥砂浆粘接。

7.9　具体工程涉及基础部分，如遇特殊地基情况设计者另行处理。

8. 索引方法

本图集中详图的编号及索引方法以下列标志为准：

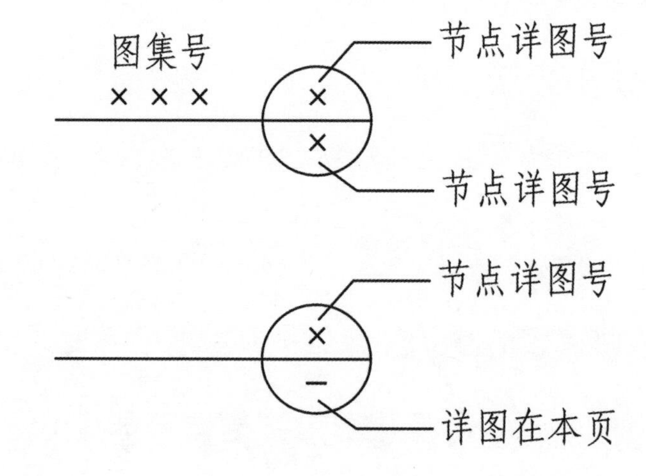

9. 其 他

9.1 图中所注尺寸，除特别说明外均以毫米计，标高以米为单位。

9.2 在住宅、幼儿园、学校及其他儿童容易到达的场所,阳台与楼梯栏杆不宜选用有横向栏杆的图样，如果选用有横向栏杆的图样，应采取相应的封闭措施。

9.3 本图集提供的传统门窗、照壁、门楼等也可结合当地材料、现代材料及做法进行调整。

9.4 楼梯、阳台、栏杆、楼地面做法及节点详图，可结合国标或有关现行图集,其安全措施应符合相关规范的规定。

9.5 本说明未尽事宜，均应按现行有关标准、规定处理。

灵田长岗岭古民居

三江冠洞村鼓楼

灌阳文市月岭村

桂北传统建筑照片	桂北传统建筑设计施工通用图典

兴安水街民居

阳朔县高田镇郎梓村

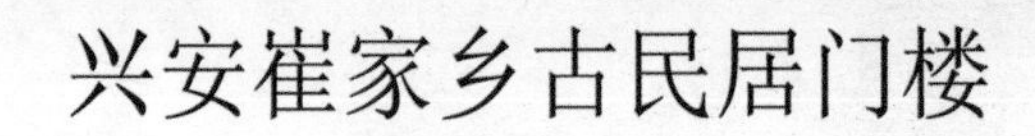

兴安崔家乡古民居门楼

广西三江侗族自治县风雨桥

灌阳洞井杨家坪民居马头墙

七星公园月牙楼

广西兴安县白石乡水源头村
秦家大院俯视

广西兴安县白石乡水源头村
秦家大院门头

灵川九屋江头村
爱莲家祠柱头

编号	瓦类	构造简图	材料及做法	备注
1	小青瓦		1. 小青瓦(搭七露三) 2. 1:1:4水泥:石灰:砂浆座浆(最薄处20) 3. 20厚1:3水泥砂浆找平层 4. 现浇钢筋混凝土屋面板	1. 屋面防水等级为Ⅲ级 2. 无保温隔热层
2	小青瓦		1. 小青瓦(搭七露三) 2. 1:1:4水泥:石灰:砂浆座浆(最薄处20) 3. 高聚物改性沥青防水卷材 4. 20厚1:3水泥砂浆找平层 5. 现浇钢筋混凝土屋面板	1. 屋面防水等级为Ⅱ级 2. 无保温隔热层
3	小青瓦		1. 小青瓦(搭七露三) 2. 1:1:4水泥:石灰:砂浆座浆(最薄处20) 3. 20厚1:3水泥砂浆找平层 4. 保温或隔热层 5. 15厚1:3水泥砂浆找平层 6. 现浇钢筋混凝土屋面板	1. 屋面防水等级为Ⅲ级 2. 有保温隔热层
4	小青瓦		1. 小青瓦(搭七露三) 2. 1:1:4水泥:石灰:砂浆座浆(最薄处20) 3. 20厚1:3水泥砂浆找平层 4. 保温或隔热层 5. 高聚物改性沥青防水卷材 6. 15厚1:3水泥砂浆找平层 7. 现浇钢筋混凝土屋面板	1. 屋面防水等级为Ⅱ级 2. 有保温隔热层

注：1. 适用于防水等级为Ⅱ、Ⅲ级的坡屋面。
2. 屋面结构层为现浇钢筋混凝土板。
3. 屋面坡度18°–30°。
4. 瓦材为小青瓦，水泥筒瓦，小坡形瓦，色彩为青灰色。
5. 小坡形瓦不作为防水层。
6. 个体工程设计应注明所采取的品种：
(1)防水卷材或防水涂料的品种。
(2)保温或隔热材料的品种和厚度。

编号	瓦类	构造简图	材料及做法	备注
⑤	水泥筒瓦		1. 水泥筒瓦 2. 1:1:4水泥:石灰:砂浆座浆(最薄处20) 3. 20厚1:3水泥砂浆找平层 4. 现浇钢筋混凝土屋面板	1. 屋面防水等级为Ⅱ级 2. 无保温隔热层
⑥	水泥筒瓦		1. 水泥筒瓦 2. 1:1:4水泥:石灰:砂浆座浆(最薄处20) 3. 高聚物改性沥青防水卷材 4. 20厚1:3水泥砂浆找平层 5. 现浇钢筋混凝土屋面板	1. 屋面防水等级为Ⅱ级 2. 无保温隔热层
⑦	水泥筒瓦		1. 水泥筒瓦 2. 1:1:4水泥:石灰:砂浆座浆(最薄处20) 3. 20厚1:3水泥砂浆找平层 4. 保温或隔热层 5. 15厚1:3水泥砂浆找平层 6. 现浇钢筋混凝土屋面板	1. 屋面防水等级为Ⅱ级 2. 有保温隔热层

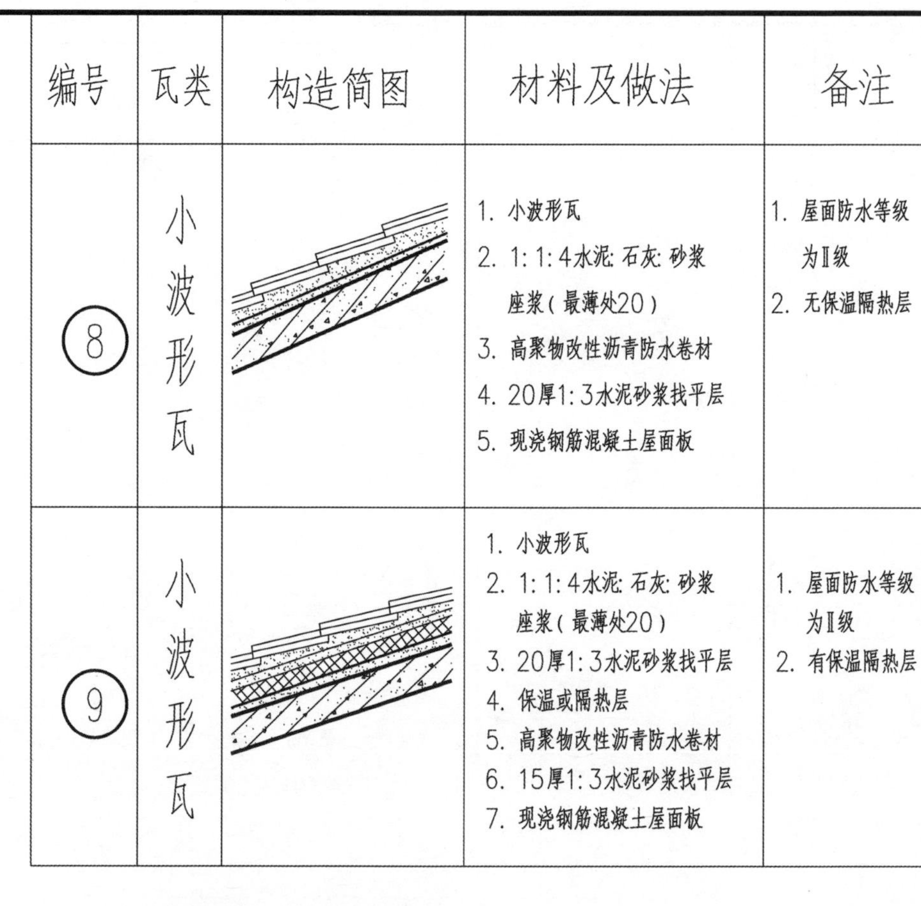

编号	瓦类	构造简图	材料及做法	备注
⑧	小波形瓦		1. 小波形瓦 2. 1:1:4水泥:石灰:砂浆座浆(最薄处20) 3. 高聚物改性沥青防水卷材 4. 20厚1:3水泥砂浆找平层 5. 现浇钢筋混凝土屋面板	1. 屋面防水等级为Ⅱ级 2. 无保温隔热层
⑨	小波形瓦		1. 小波形瓦 2. 1:1:4水泥:石灰:砂浆座浆(最薄处20) 3. 20厚1:3水泥砂浆找平层 4. 保温或隔热层 5. 高聚物改性沥青防水卷材 6. 15厚1:3水泥砂浆找平层 7. 现浇钢筋混凝土屋面板	1. 屋面防水等级为Ⅱ级 2. 有保温隔热层

注：1. 适用于防水等级为Ⅱ、Ⅲ级的坡屋面。
2. 屋面结构层为现浇钢筋混凝土板。
3. 屋面坡度18°–30°。
4. 瓦材为小青瓦，水泥筒瓦，小坡形瓦，色彩为青灰色。
5. 小坡形瓦不作为防水层。
6. 个体工程设计应注明所采取的品种：
(1)防水卷材或防水涂料的品种。
(2)保温或隔热材料的品种和厚度。

屋面构造(二)	桂北传统建筑设计施工通用图典

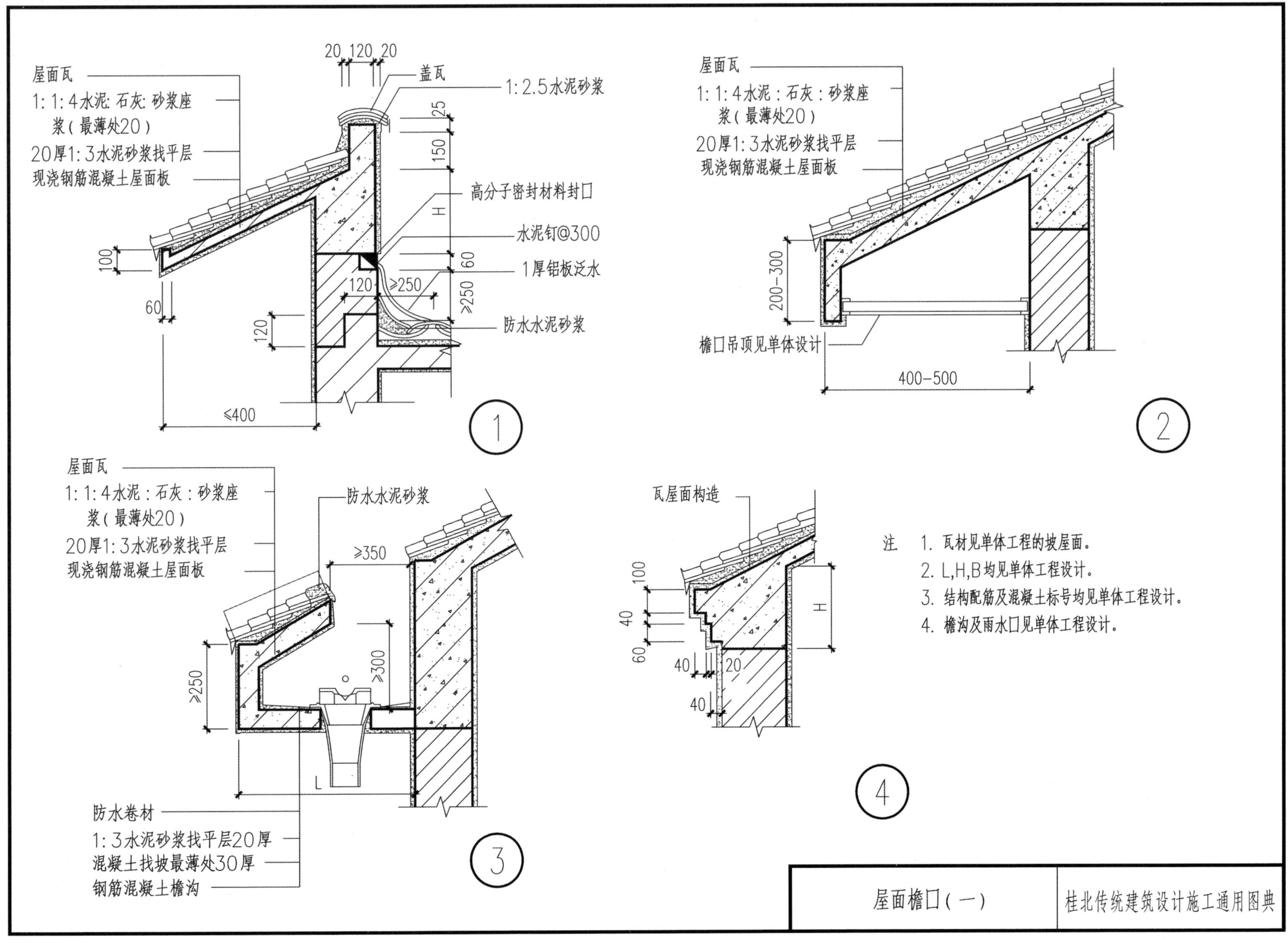

注 1. 瓦材见单体工程的坡屋面。
2. L,H,B均见单体工程设计。
3. 结构配筋及混凝土标号均见单体工程设计。
4. 檐沟及雨水口见单体工程设计。

屋面檐口(一)	桂北传统建筑设计施工通用图典

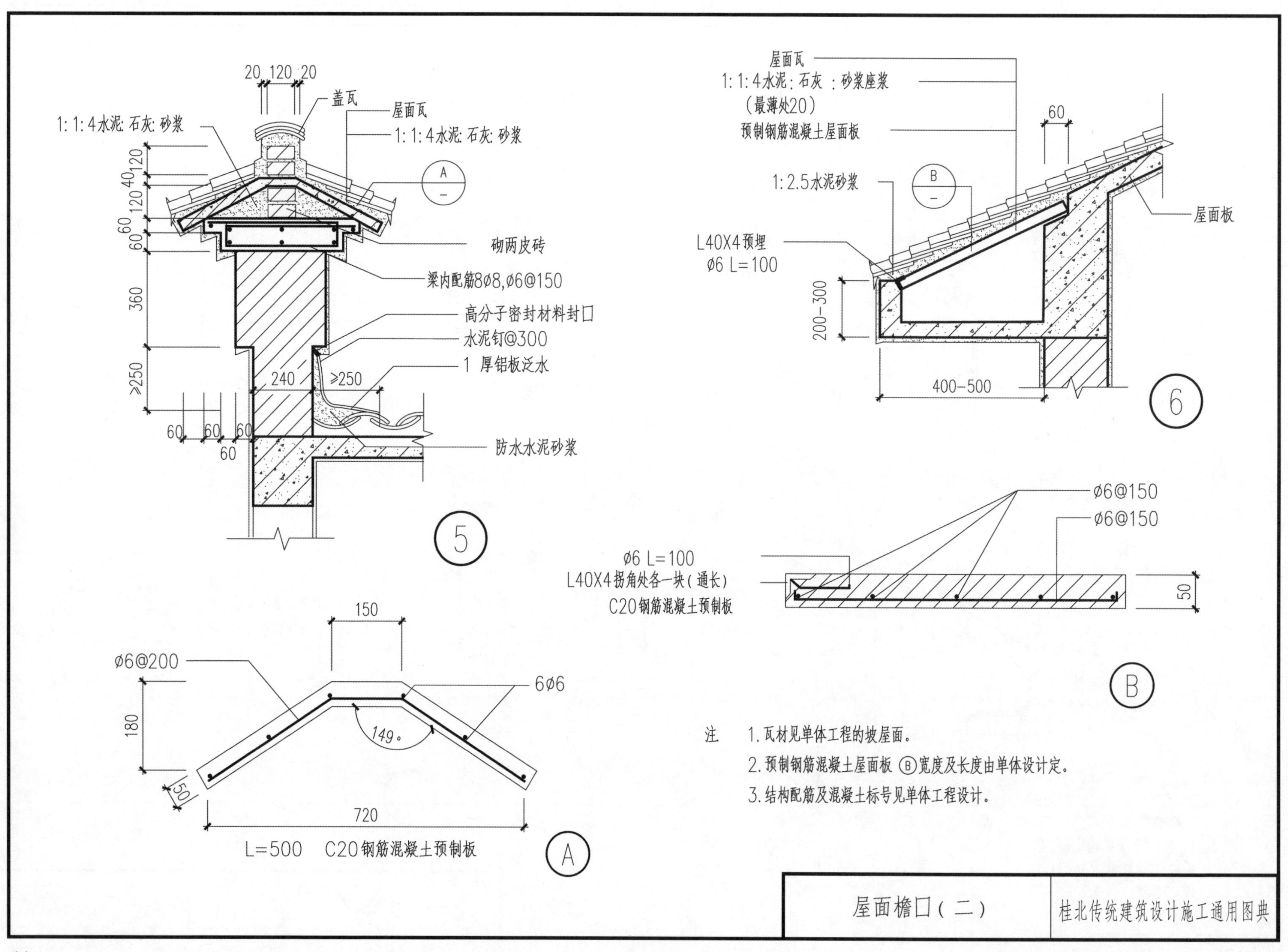

注 1.瓦材见单体工程的坡屋面。

2.预制钢筋混凝土屋面板 Ⓑ宽度及长度由单体设计定。

3.结构配筋及混凝土标号见单体工程设计。

屋面檐口(二)	桂北传统建筑设计施工通用图典

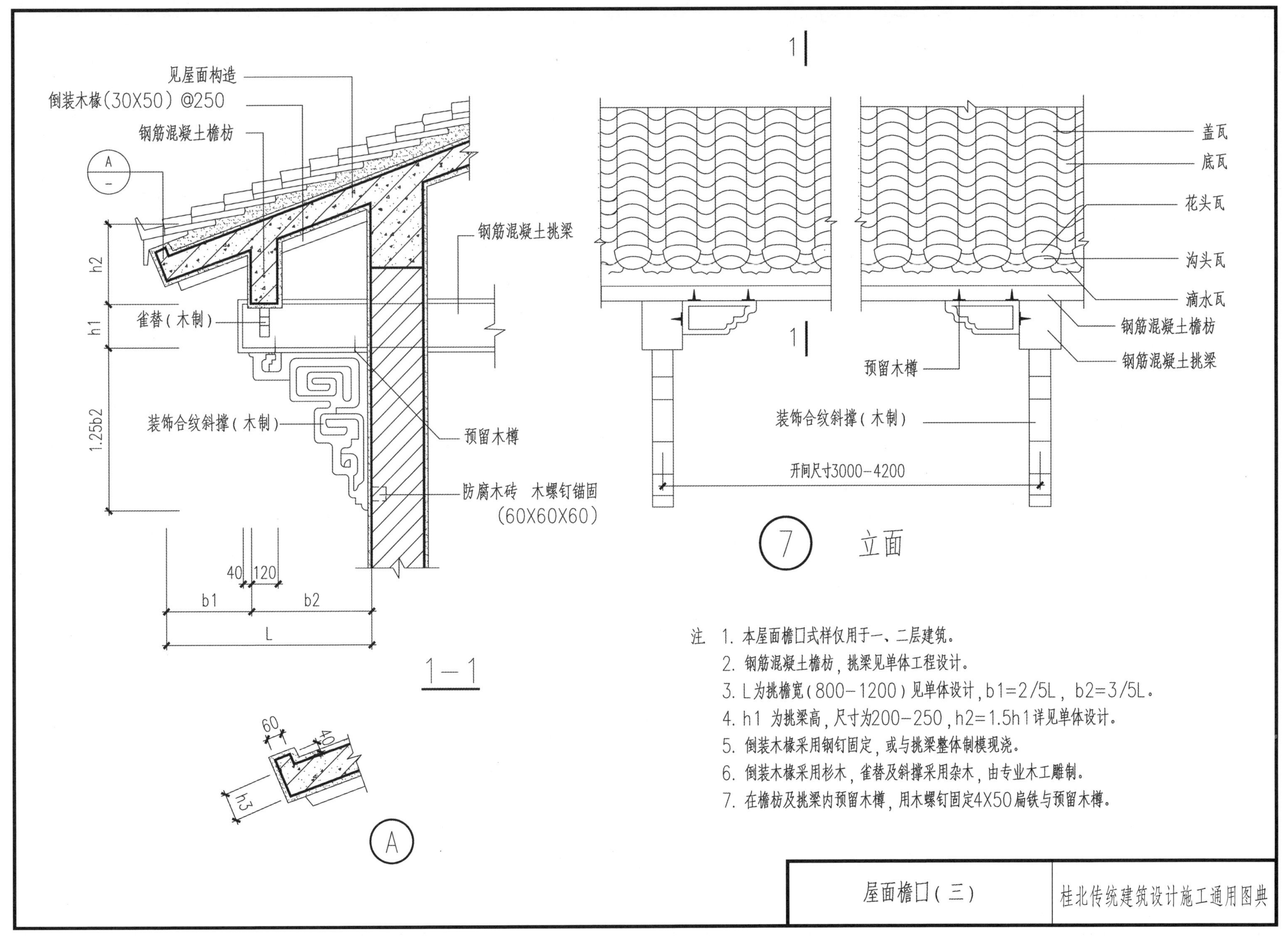
见屋面构造
倒装木椽(30X50) @250
钢筋混凝土檐枋
A
钢筋混凝土挑梁
h2
h1
雀替（木制）
1.25b2
装饰合纹斜撑（木制）
预留木樽
防腐木砖 木螺钉锚固
(60X60X60)
40
120
b1
b2
L
1—1
60
40
h3
A
1
1
盖瓦
底瓦
花头瓦
沟头瓦
滴水瓦
钢筋混凝土檐枋
钢筋混凝土挑梁
预留木樽
装饰合纹斜撑（木制）
开间尺寸3000-4200
7
立面
注 1. 本屋面檐口式样仅用于一、二层建筑。
2. 钢筋混凝土檐枋，挑梁见单体工程设计。
3. L为挑檐宽（800-1200）见单体设计，b1=2/5L， b2=3/5L。
4. h1 为挑梁高，尺寸为200-250，h2=1.5h1详见单体设计。
5. 倒装木椽采用钢钉固定，或与挑梁整体制模现浇。
6. 倒装木椽采用杉木，雀替及斜撑采用杂木，由专业木工雕制。
7. 在檐枋及挑梁内预留木樽，用木螺钉固定4X50扁铁与预留木樽。
屋面檐口（三）
桂北传统建筑设计施工通用图典

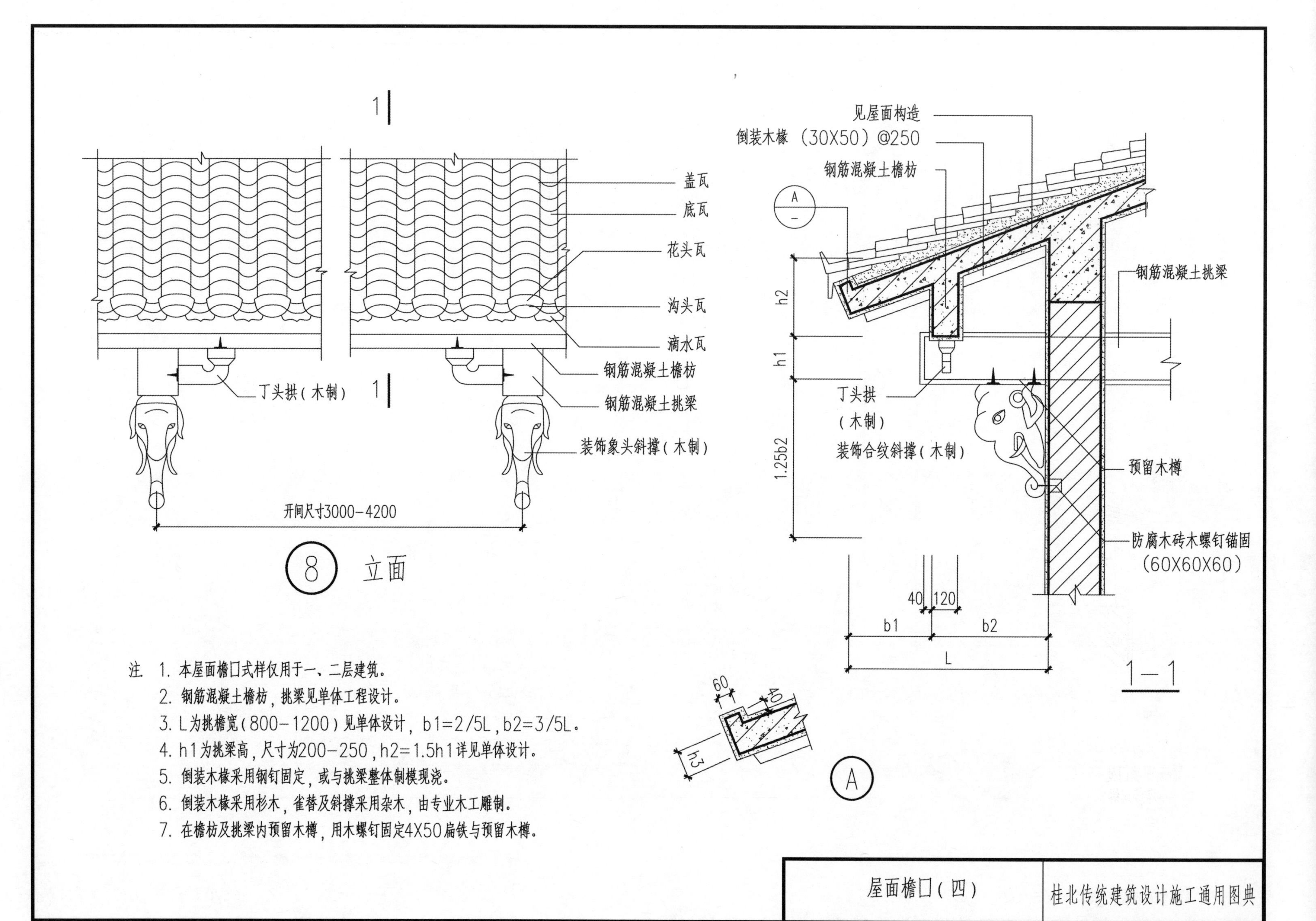
1
1
盖瓦
底瓦
花头瓦
沟头瓦
滴水瓦
钢筋混凝土檐枋
钢筋混凝土挑梁
丁头拱（木制）
装饰象头斜撑（木制）
开间尺寸3000-4200
8 立面
见屋面构造
倒装木椽（30X50）@250
钢筋混凝土檐枋
A
钢筋混凝土挑梁
h2
h1
1.25b2
丁头拱
（木制）
装饰合纹斜撑（木制）
预留木樽
防腐木砖木螺钉锚固
（60X60X60）
40
120
b1
b2
L
1-1
60
40
h3
A
注 1. 本屋面檐口式样仅用于一、二层建筑。
2. 钢筋混凝土檐枋，挑梁见单体工程设计。
3. L为挑檐宽（800-1200）见单体设计，b1=2/5L，b2=3/5L。
4. h1为挑梁高，尺寸为200-250，h2=1.5h1详见单体设计。
5. 倒装木椽采用钢钉固定，或与挑梁整体制模现浇。
6. 倒装木椽采用杉木，雀替及斜撑采用杂木，由专业木工雕制。
7. 在檐枋及挑梁内预留木樽，用木螺钉固定4X50扁铁与预留木樽。
屋面檐口（四）
桂北传统建筑设计施工通用图典

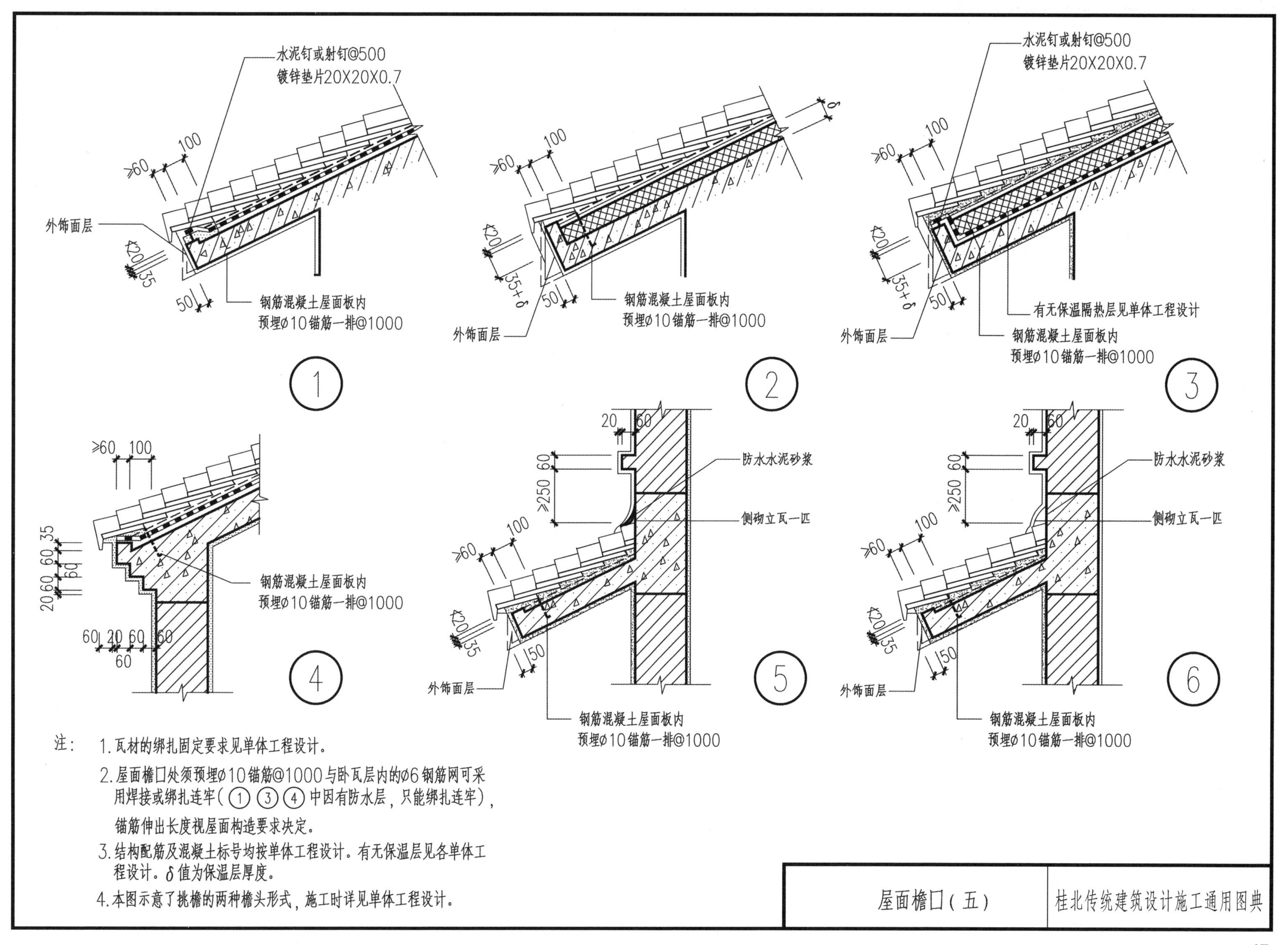

注： 1. 瓦材的绑扎固定要求见单体工程设计。

2. 屋面檐口处须预埋ø10锚筋@1000与卧瓦层内的ø6钢筋网可采用焊接或绑扎连牢（①③④中因有防水层，只能绑扎连牢），锚筋伸出长度视屋面构造要求决定。

3. 结构配筋及混凝土标号均按单体工程设计。有无保温层见各单体工程设计。δ值为保温层厚度。

4. 本图示意了挑檐的两种檐头形式，施工时详见单体工程设计。

屋面檐口（五）	桂北传统建筑设计施工通用图典

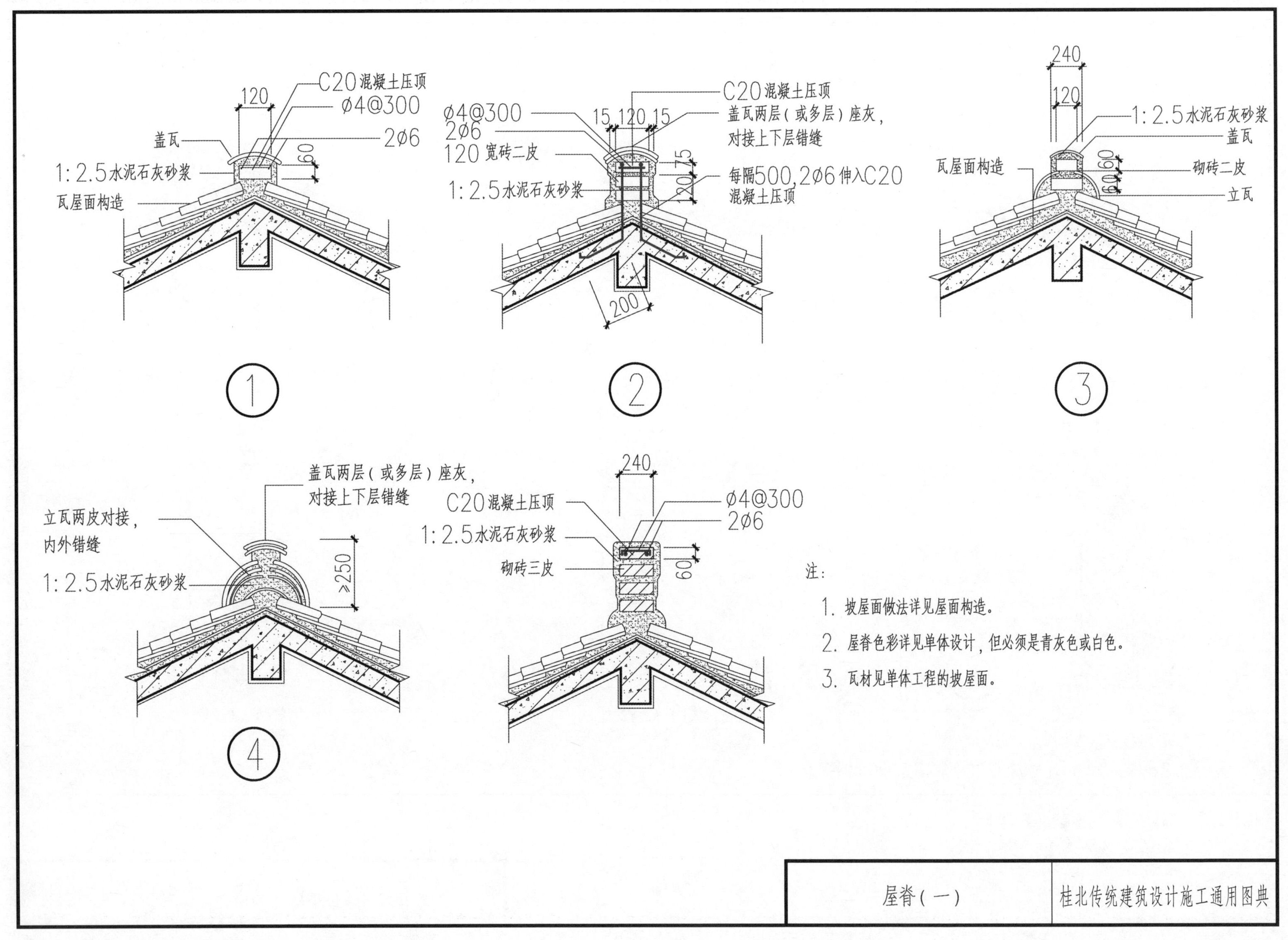

C20混凝土压顶
120
ø4@300
盖瓦
2ø6
60
1:2.5水泥石灰砂浆
瓦屋面构造
1
ø4@300
2ø6
120 宽砖二皮
1:2.5水泥石灰砂浆
15 120 15
C20混凝土压顶
盖瓦两层(或多层)座灰，
对接上下层错缝
75
120
每隔500,2ø6 伸入C20
混凝土压顶
200
2
240
120
1:2.5水泥石灰砂浆
盖瓦
瓦屋面构造
60 60 60
砌砖二皮
立瓦
3
盖瓦两层(或多层)座灰，
对接上下层错缝
立瓦两皮对接，
内外错缝
1:2.5水泥石灰砂浆
≥250
4
240
C20混凝土压顶
ø4@300
2ø6
1:2.5水泥石灰砂浆
60
砌砖三皮
注:
1. 坡屋面做法详见屋面构造。
2. 屋脊色彩详见单体设计，但必须是青灰色或白色。
3. 瓦材见单体工程的坡屋面。
屋脊(一)
桂北传统建筑设计施工通用图典

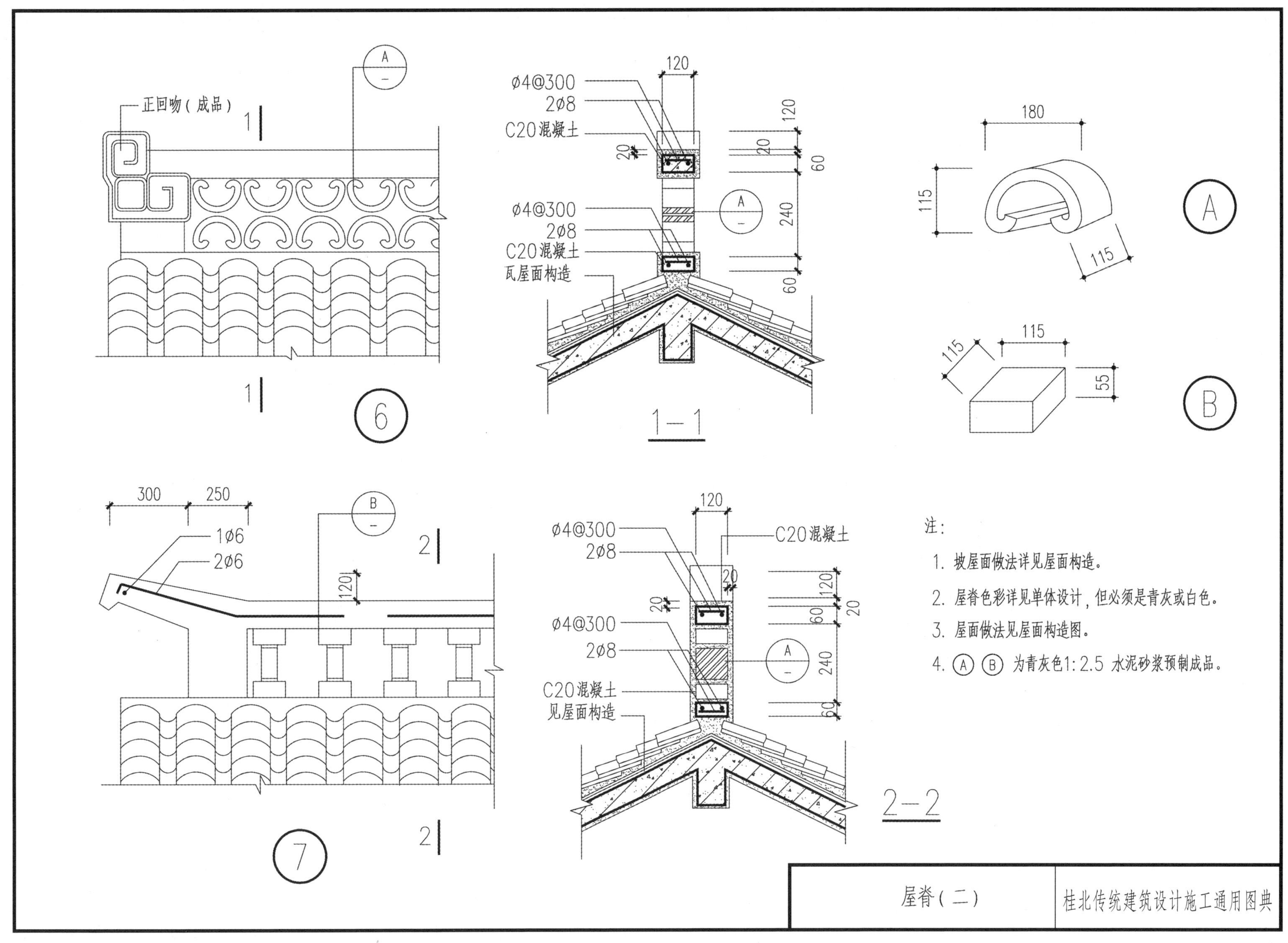

注:

1. 坡屋面做法详见屋面构造。
2. 屋脊色彩详见单体设计，但必须是青灰或白色。
3. 屋面做法见屋面构造图。
4. Ⓐ Ⓑ 为青灰色1:2.5 水泥砂浆预制成品。

屋脊(二)	桂北传统建筑设计施工通用图典

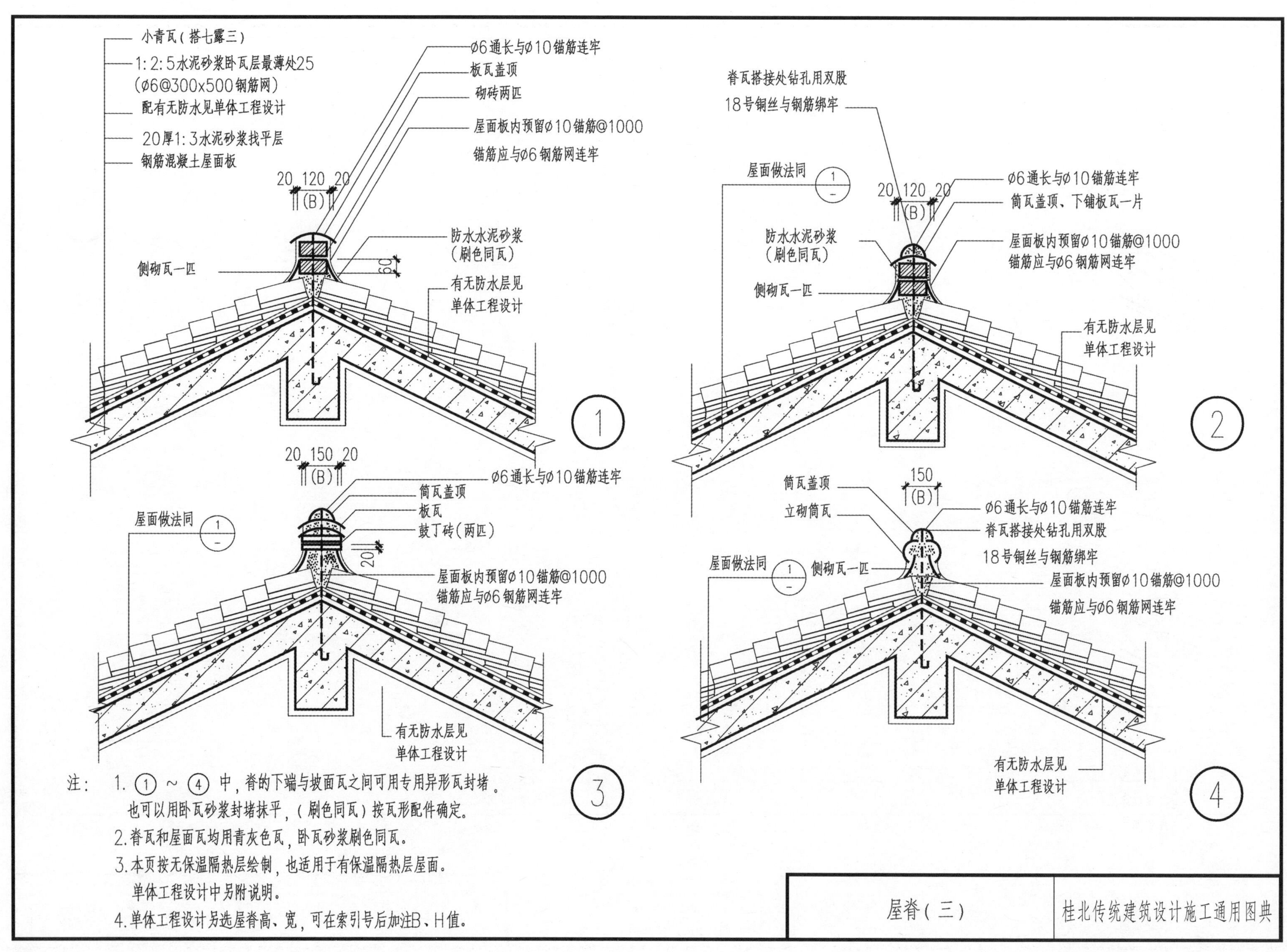

注：1. ①～④中，脊的下端与坡面瓦之间可用专用异形瓦封堵。也可以用卧瓦砂浆封堵抹平，（刷色同瓦）按瓦形配件确定。

2. 脊瓦和屋面瓦均用青灰色瓦，卧瓦砂浆刷色同瓦。

3. 本页按无保温隔热层绘制，也适用于有保温隔热层屋面。单体工程设计中另附说明。

4. 单体工程设计另选屋脊高、宽，可在索引号后加注B、H值。

屋脊（三）	桂北传统建筑设计施工通用图典

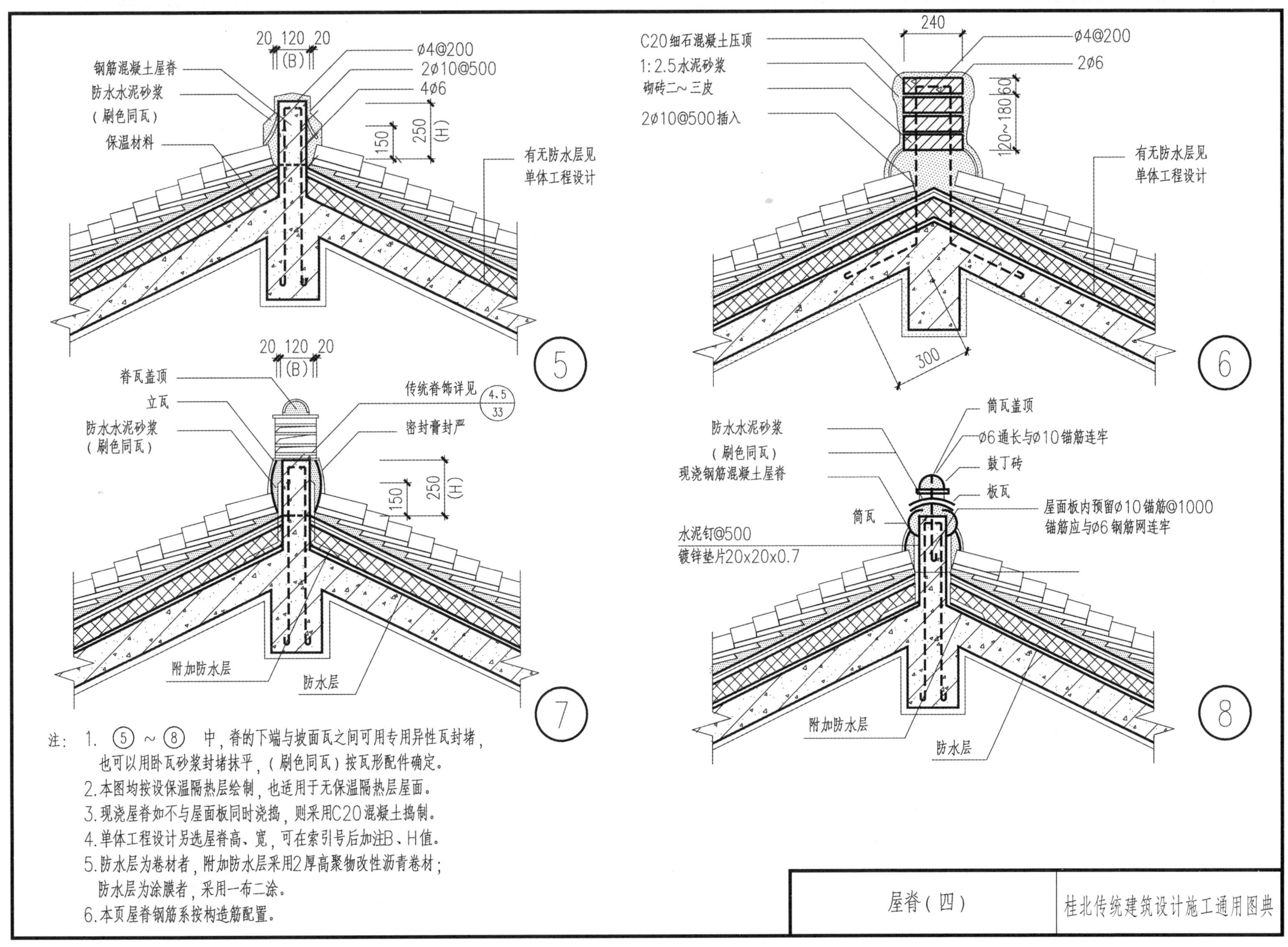

注：1. ⑤ ~ ⑧ 中，脊的下端与坡面瓦之间可用专用异性瓦封堵，也可以用卧瓦砂浆封堵抹平，（刷色同瓦）按瓦形配件确定。
2.本图均按设保温隔热层绘制，也适用于无保温隔热层屋面。
3.现浇屋脊如不与屋面板同时浇捣，则采用C20混凝土捣制。
4.单体工程设计另选屋脊高、宽，可在索引号后加注B、H值。
5.防水层为卷材者，附加防水层采用2厚高聚物改性沥青卷材；防水层为涂膜者，采用一布二涂。
6.本页屋脊钢筋系按构造筋配置。

屋脊（四）	桂北传统建筑设计施工通用图典

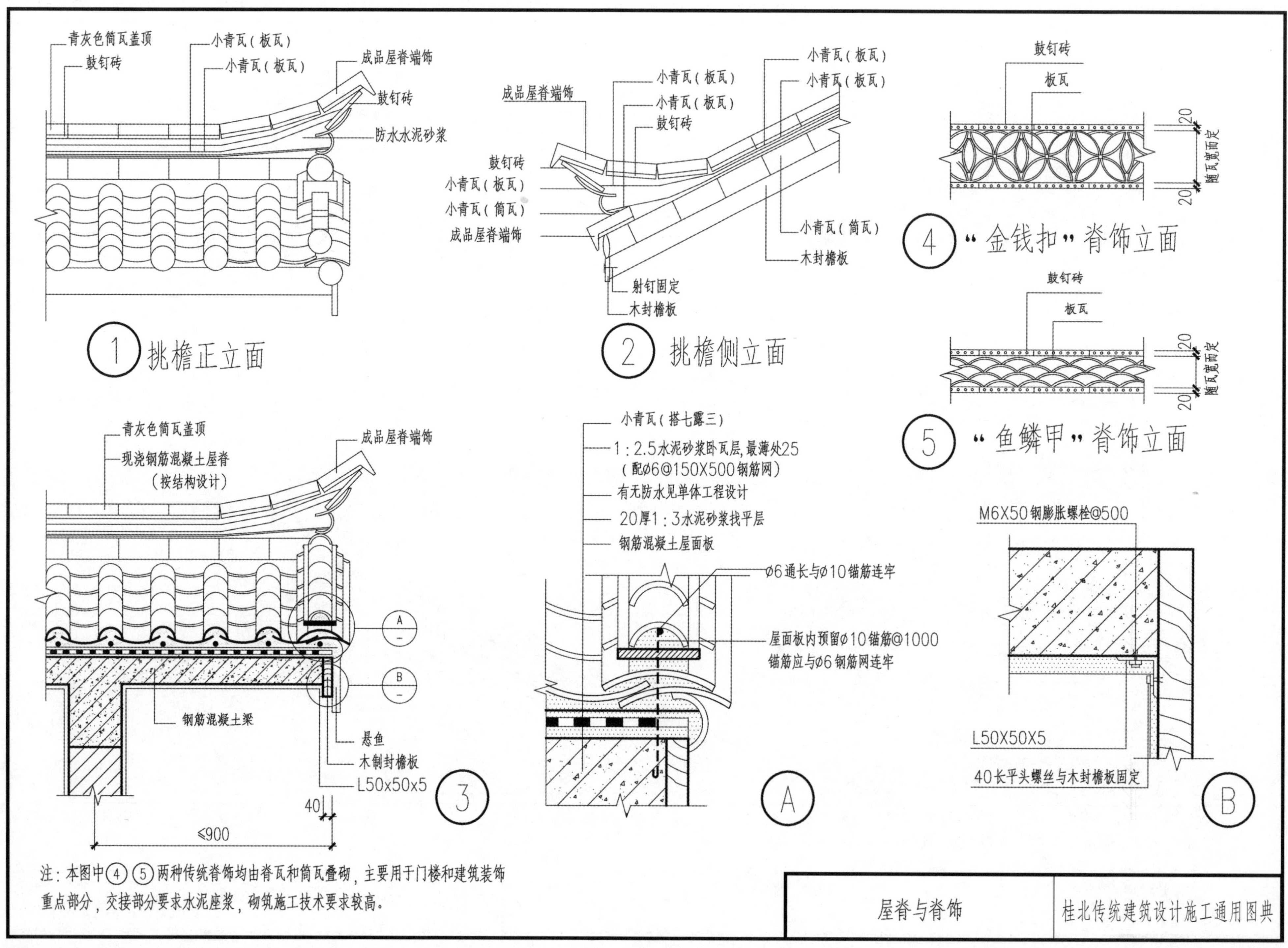
青灰色筒瓦盖顶
鼓钉砖
小青瓦（板瓦）
小青瓦（板瓦）
成品屋脊端饰
鼓钉砖
防水水泥砂浆
1 挑檐正立面
成品屋脊端饰
小青瓦（板瓦）
小青瓦（板瓦）
鼓钉砖
小青瓦（板瓦）
小青瓦（板瓦）
鼓钉砖
小青瓦（板瓦）
小青瓦（筒瓦）
成品屋脊端饰
小青瓦（筒瓦）
木封檐板
射钉固定
木封檐板
2 挑檐侧立面
鼓钉砖
板瓦
20
随瓦宽而定
20
4 “金钱扣”脊饰立面
鼓钉砖
板瓦
20
随瓦宽而定
20
5 “鱼鳞甲”脊饰立面
青灰色筒瓦盖顶
现浇钢筋混凝土屋脊
（按结构设计）
成品屋脊端饰
A
B
钢筋混凝土梁
悬鱼
木制封檐板
L50x50x5
3
40
≤900
小青瓦（搭七露三）
1：2.5水泥砂浆卧瓦层，最薄处25
（配ø6@150X500钢筋网）
有无防水见单体工程设计
20厚1：3水泥砂浆找平层
钢筋混凝土屋面板
ø6通长与ø10锚筋连牢
屋面板内预留ø10锚筋@1000
锚筋应与ø6钢筋网连牢
A
M6X50钢膨胀螺栓@500
L50X50X5
40长平头螺丝与木封檐板固定
B
注：本图中④⑤两种传统脊饰均由脊瓦和筒瓦叠砌，主要用于门楼和建筑装饰重点部分，交接部分要求水泥座浆，砌筑施工技术要求较高。
屋脊与脊饰
桂北传统建筑设计施工通用图典

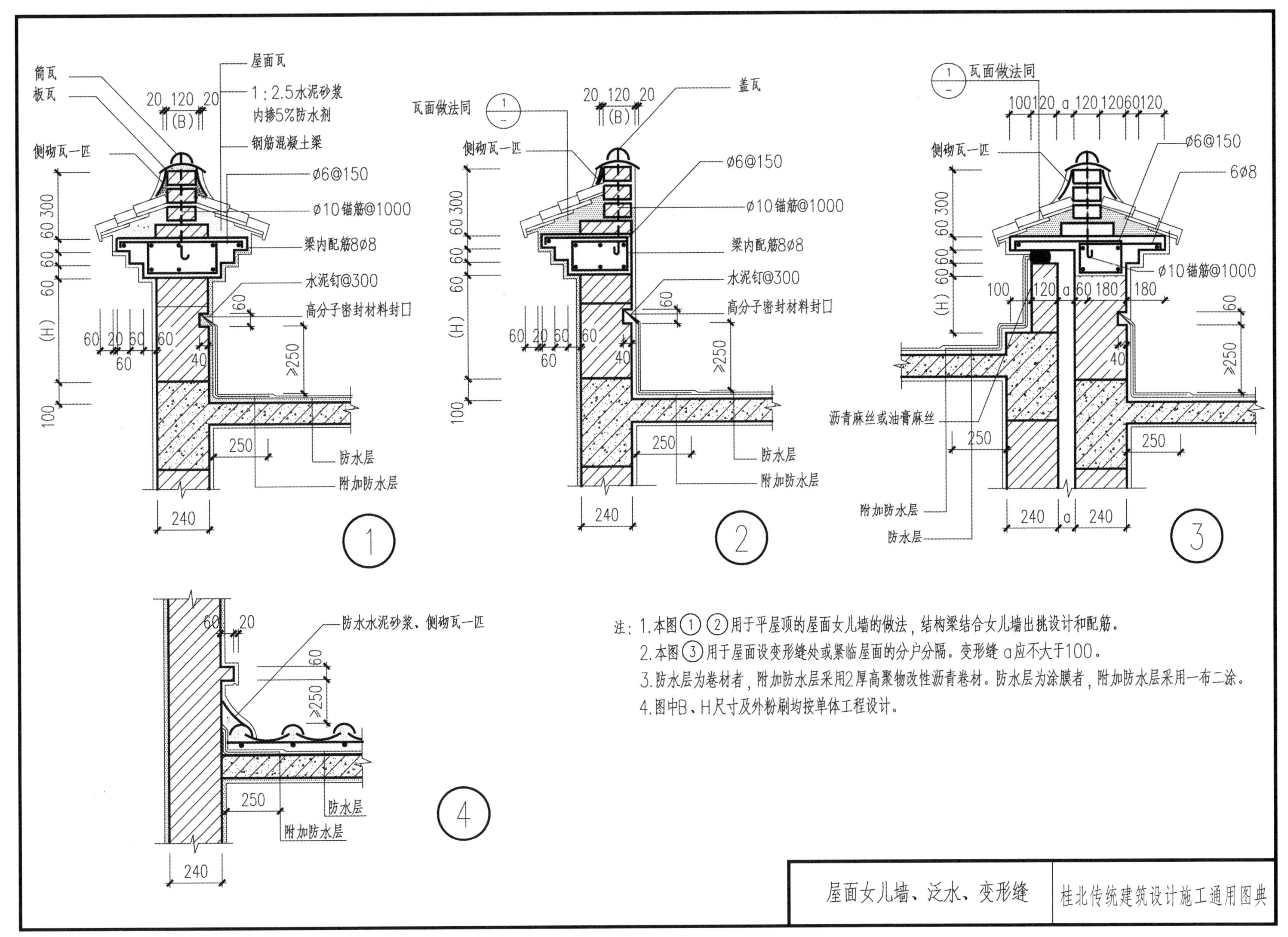
筒瓦
板瓦
屋面瓦
1:2.5水泥砂浆
内掺5%防水剂
钢筋混凝土梁
侧砌瓦一匹
ø6@150
ø10锚筋@1000
梁内配筋8ø8
水泥钉@300
高分子密封材料封口
防水层
附加防水层
瓦面做法同
盖瓦
6ø8
沥青麻丝或油膏麻丝
防水水泥砂浆、侧砌瓦一匹
注：1.本图①②用于平屋顶的屋面女儿墙的做法，结构梁结合女儿墙出挑设计和配筋。
2.本图③用于屋面设变形缝处或紧临屋面的分户分隔。变形缝 a应不大于100。
3.防水层为卷材者，附加防水层采用2厚高聚物改性沥青卷材。防水层为涂膜者，附加防水层采用一布二涂。
4.图中B、H尺寸及外粉刷均按单体工程设计。
屋面女儿墙、泛水、变形缝
桂北传统建筑设计施工通用图典

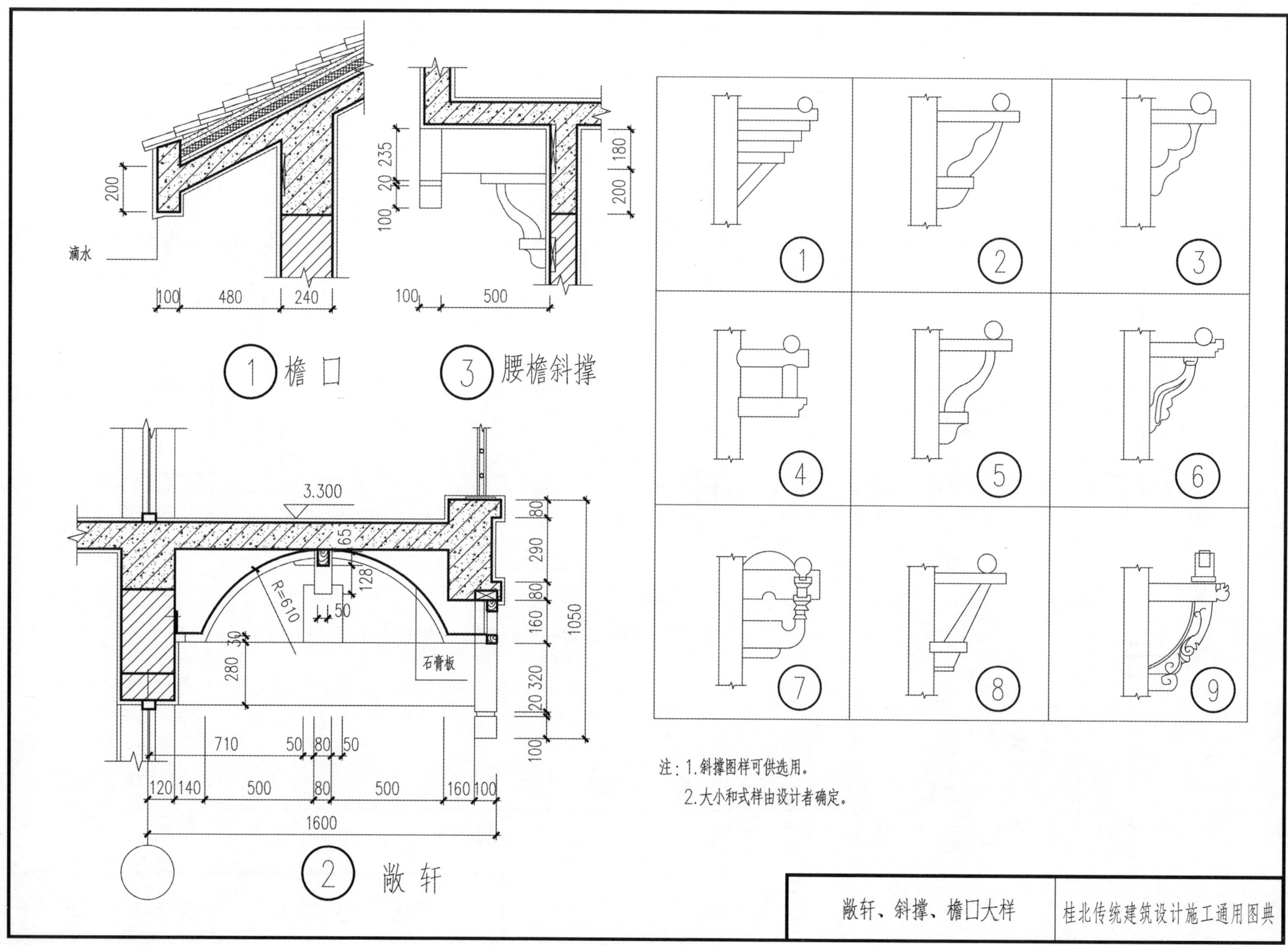
滴水
200
100 480 240
235 20 100
180 200
100 500
1 檐口
3 腰檐斜撑
3.300
65
128
R=610
50
30
280
石膏板
80 290 80 160 320 20 100
1050
710 50 80 50
120 140 500 80 500 160 100
1600
2 敞轩
1 2 3 4 5 6 7 8 9
注：1.斜撑图样可供选用。
2.大小和式样由设计者确定。
敞轩、斜撑、檐口大样
桂北传统建筑设计施工通用图典

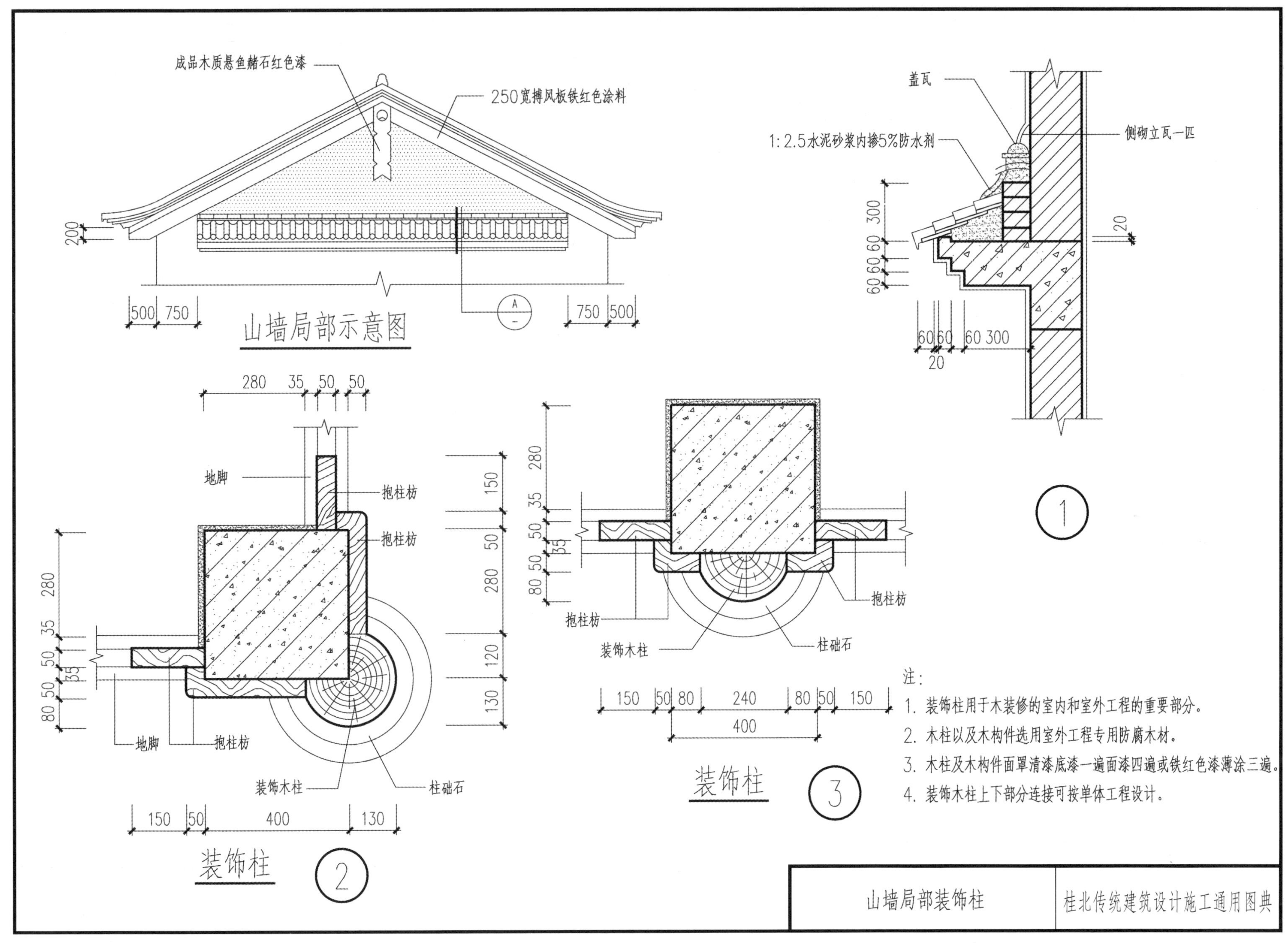
成品木质悬鱼赭石红色漆
250宽搏风板铁红色涂料
山墙局部示意图
盖瓦
1:2.5水泥砂浆内掺5%防水剂
侧砌立瓦一匹
地脚
抱柱枋
装饰木柱
柱础石
装饰柱
注:
1. 装饰柱用于木装修的室内和室外工程的重要部分。
2. 木柱以及木构件选用室外工程专用防腐木材。
3. 木柱及木构件面罩清漆底漆一遍面漆四遍或铁红色漆薄涂三遍。
4. 装饰木柱上下部分连接可按单体工程设计。
山墙局部装饰柱
桂北传统建筑设计施工通用图典

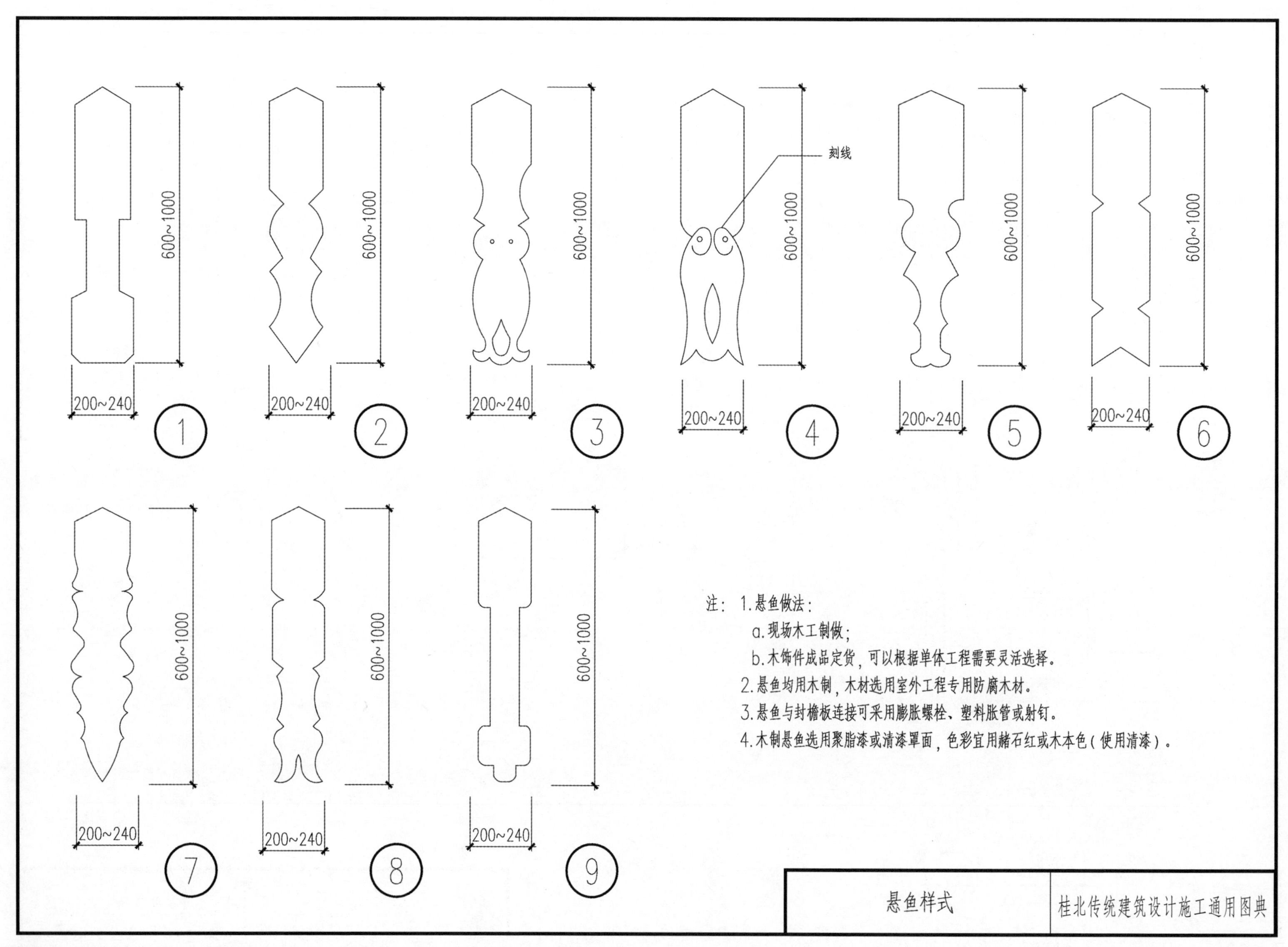
600~1000
200~240
1
2
3
4
5
6
7
8
9
刻线
注：1.悬鱼做法：
a.现场木工制做；
b.木饰件成品定货，可以根据单体工程需要灵活选择。
2.悬鱼均用木制，木材选用室外工程专用防腐木材。
3.悬鱼与封檐板连接可采用膨胀螺栓、塑料胀管或射钉。
4.木制悬鱼选用聚脂漆或清漆罩面，色彩宜用赭石红或木本色（使用清漆）。
悬鱼样式
桂北传统建筑设计施工通用图典

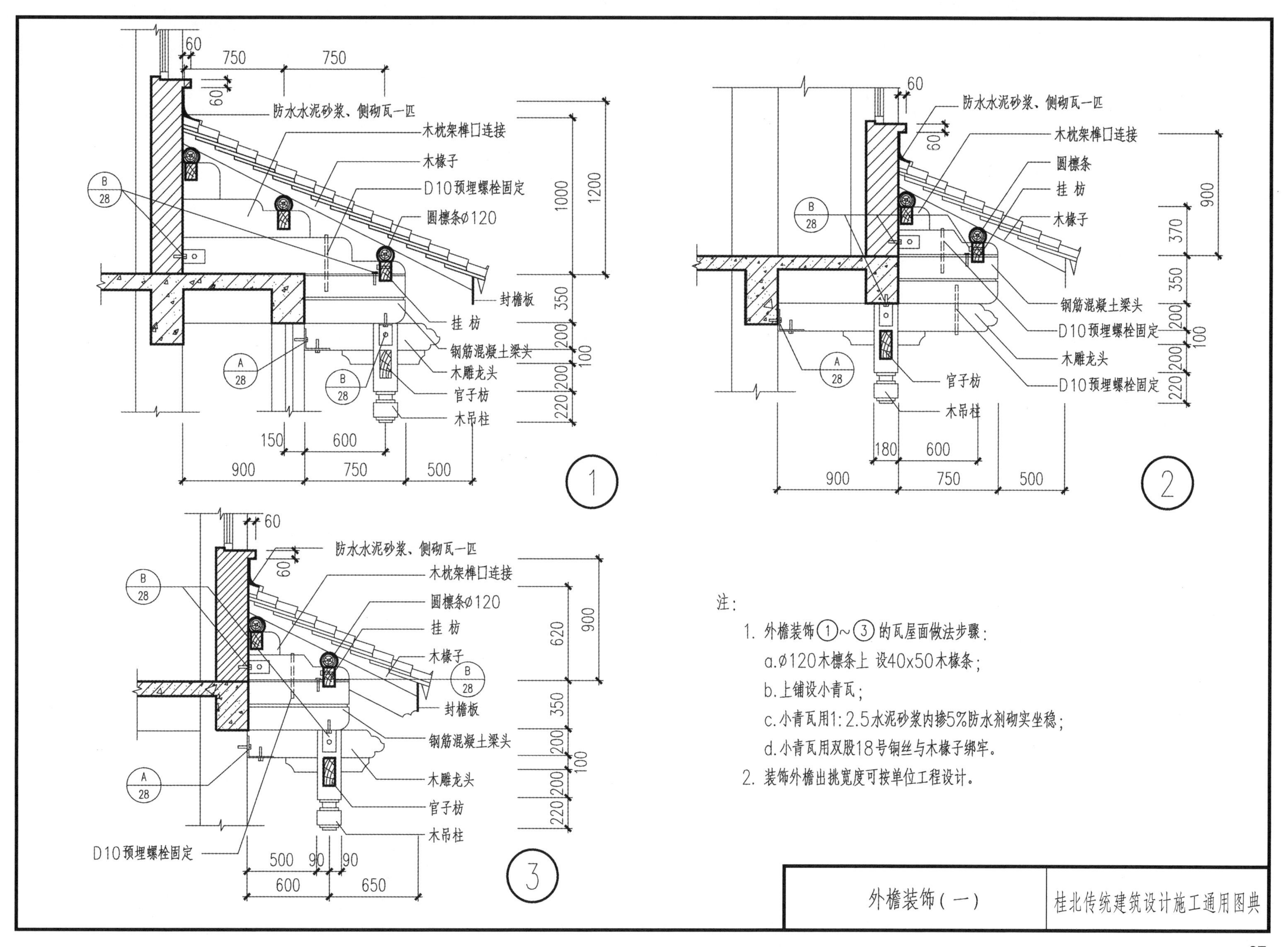

防水水泥砂浆、侧砌瓦一匹
木枕架榫口连接
木椽子
D10预埋螺栓固定
圆檩条ø120
封檐板
挂 枋
钢筋混凝土梁头
木雕龙头
官子枋
木吊柱
圆檩条
B 28
A 28
60
750
1000
1200
900
370
350
200
100
220
620
150
600
180
500
90
650
①
②
③
注:
1. 外檐装饰①~③的瓦屋面做法步骤:
a.ø120木檩条上 设40x50木椽条;
b.上铺设小青瓦;
c.小青瓦用1:2.5水泥砂浆内掺5%防水剂砌实坐稳;
d.小青瓦用双股18号铜丝与木椽子绑牢。
2. 装饰外檐出挑宽度可按单位工程设计。
外檐装饰(一)
桂北传统建筑设计施工通用图典

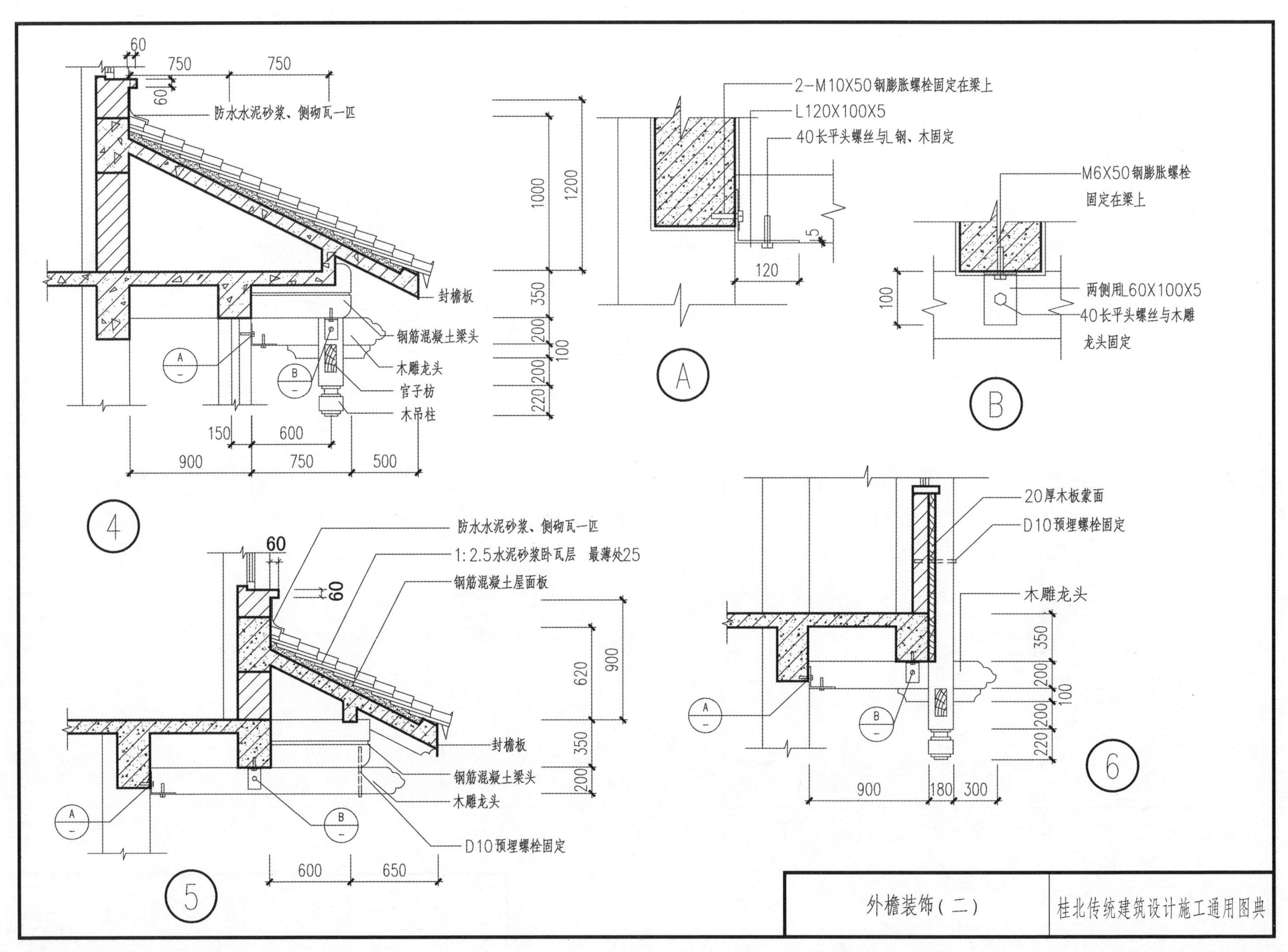

外檐装饰（二）

桂北传统建筑设计施工通用图典

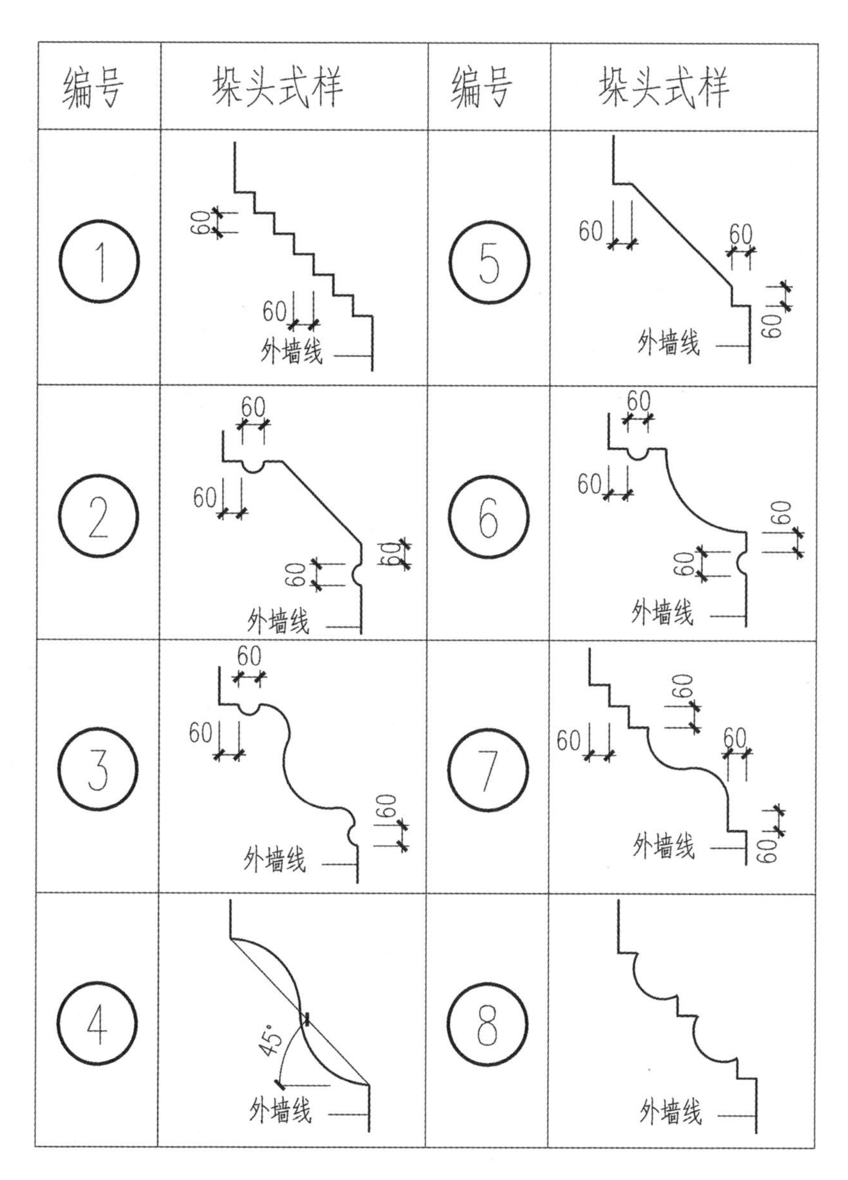

马头墙垛头类型示意图

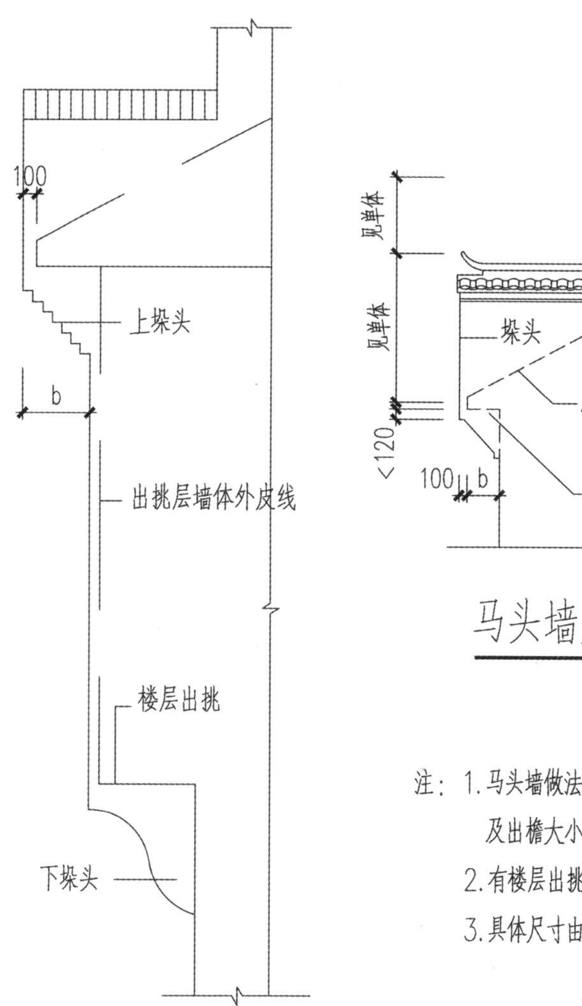

有楼层出挑示意图

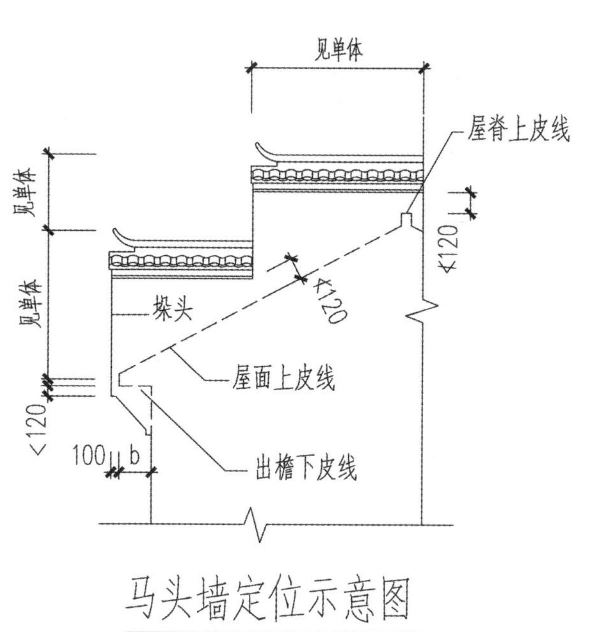

马头墙定位示意图

注：1.马头墙做法多种多样，其退阶尺寸随山墙大小及出檐大小由单体工程设计灵活确定。
2.有楼层出挑时，上下垛头可以不同类型组合运用。
3.具体尺寸由单体工程确定。

马头墙垛头及定位	桂北传统建筑设计施工通用图典

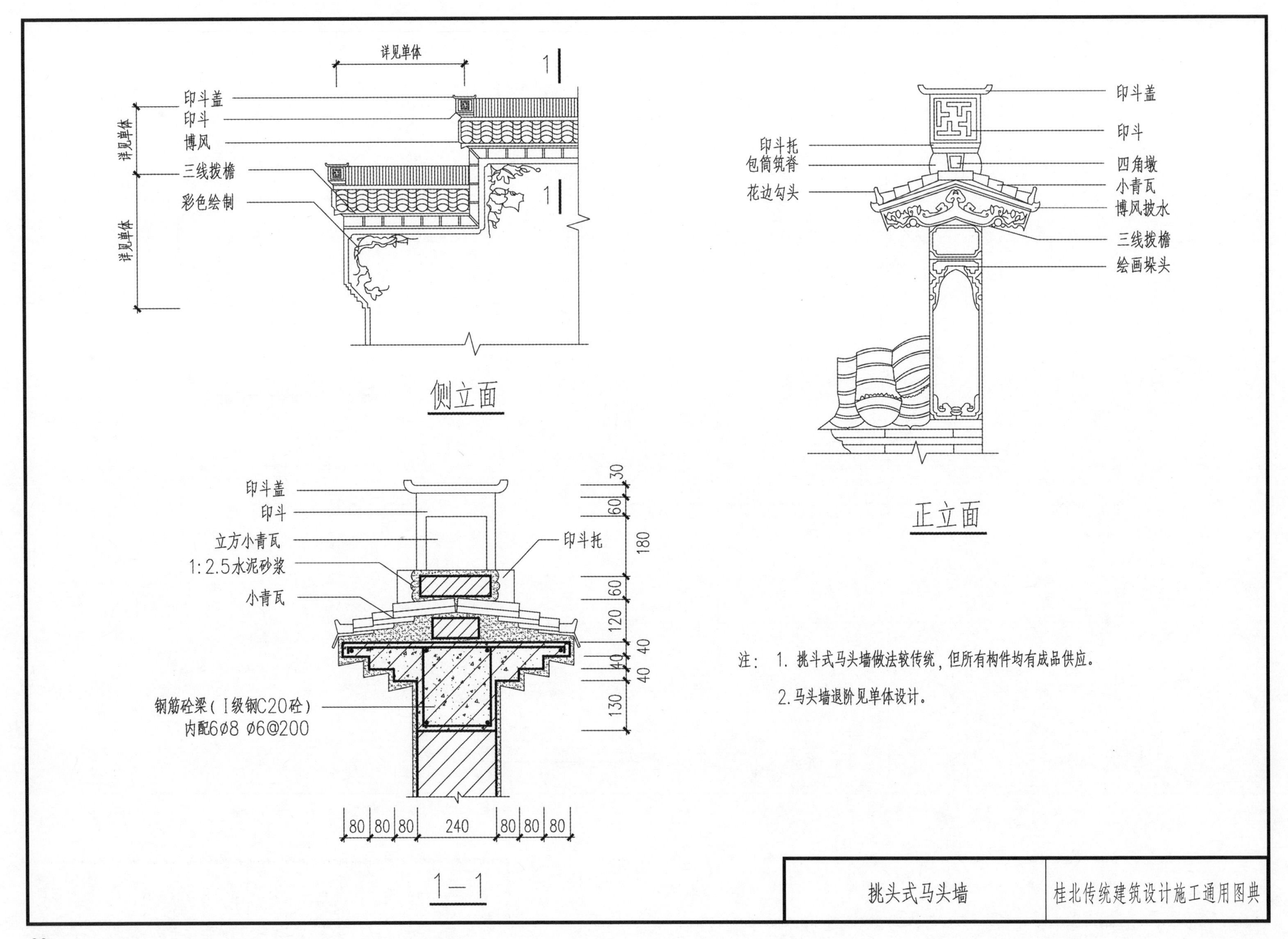
详见单体
印斗盖
印斗
博风
三线拨檐
彩色绘制
详见单体
详见单体
1
1
侧立面
印斗盖
印斗
印斗托
包筒筑脊
四角墩
花边勾头
小青瓦
博风拔水
三线拨檐
绘画垛头
正立面
印斗盖
印斗
立方小青瓦
1:2.5水泥砂浆
小青瓦
印斗托
钢筋砼梁（Ⅰ级钢C20砼）
内配6ø8 ø6@200
30
60
180
60
120
40
40
40
130
80
80
80
240
80
80
80
1—1
注： 1. 挑斗式马头墙做法较传统，但所有构件均有成品供应。
2. 马头墙退阶见单体设计。
挑头式马头墙
桂北传统建筑设计施工通用图典

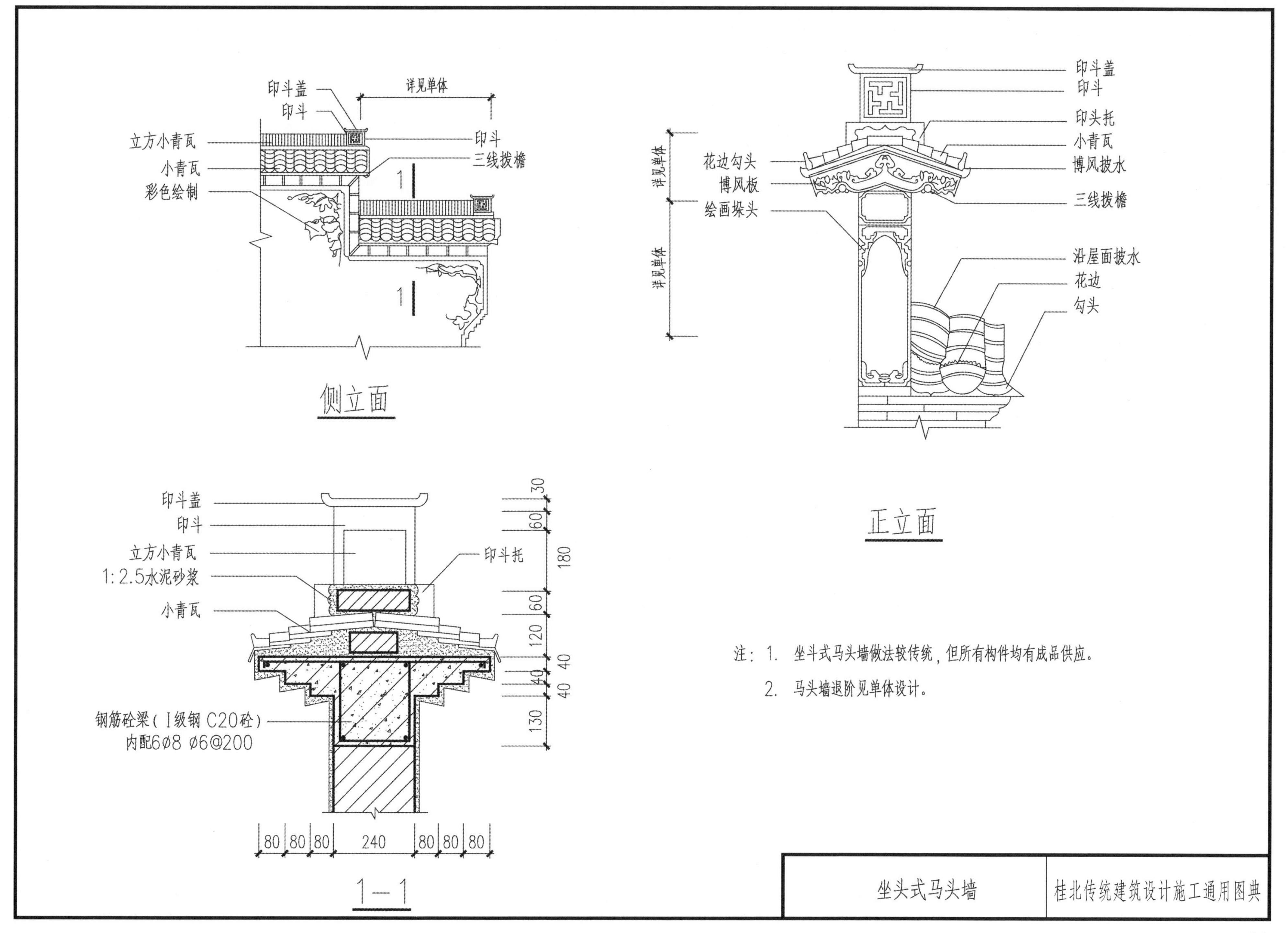

注：1. 坐斗式马头墙做法较传统，但所有构件均有成品供应。

2. 马头墙退阶见单体设计。

坐头式马头墙	桂北传统建筑设计施工通用图典

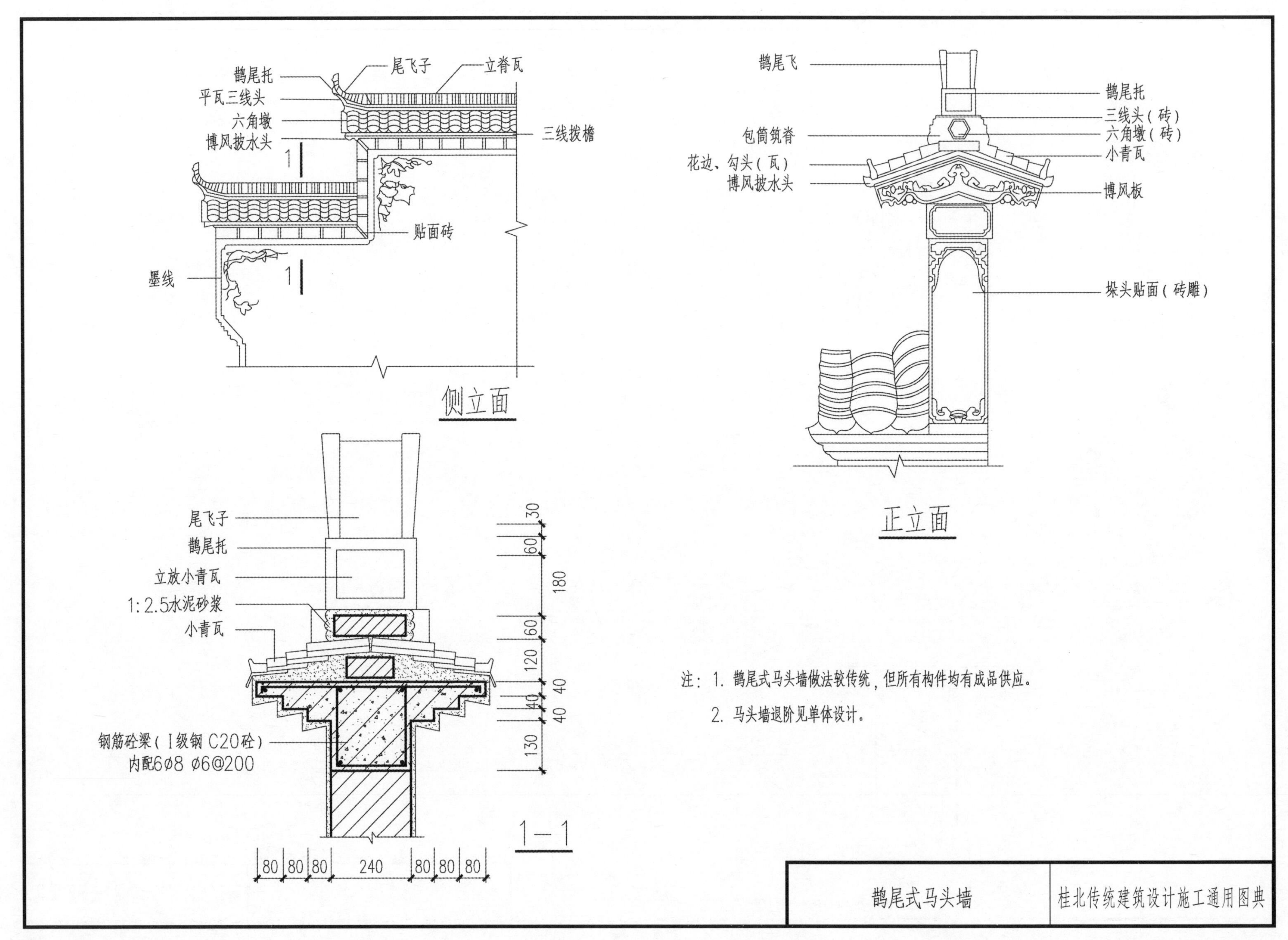

注：1. 鹊尾式马头墙做法较传统，但所有构件均有成品供应。

2. 马头墙退阶见单体设计。

鹊尾式马头墙	桂北传统建筑设计施工通用图典

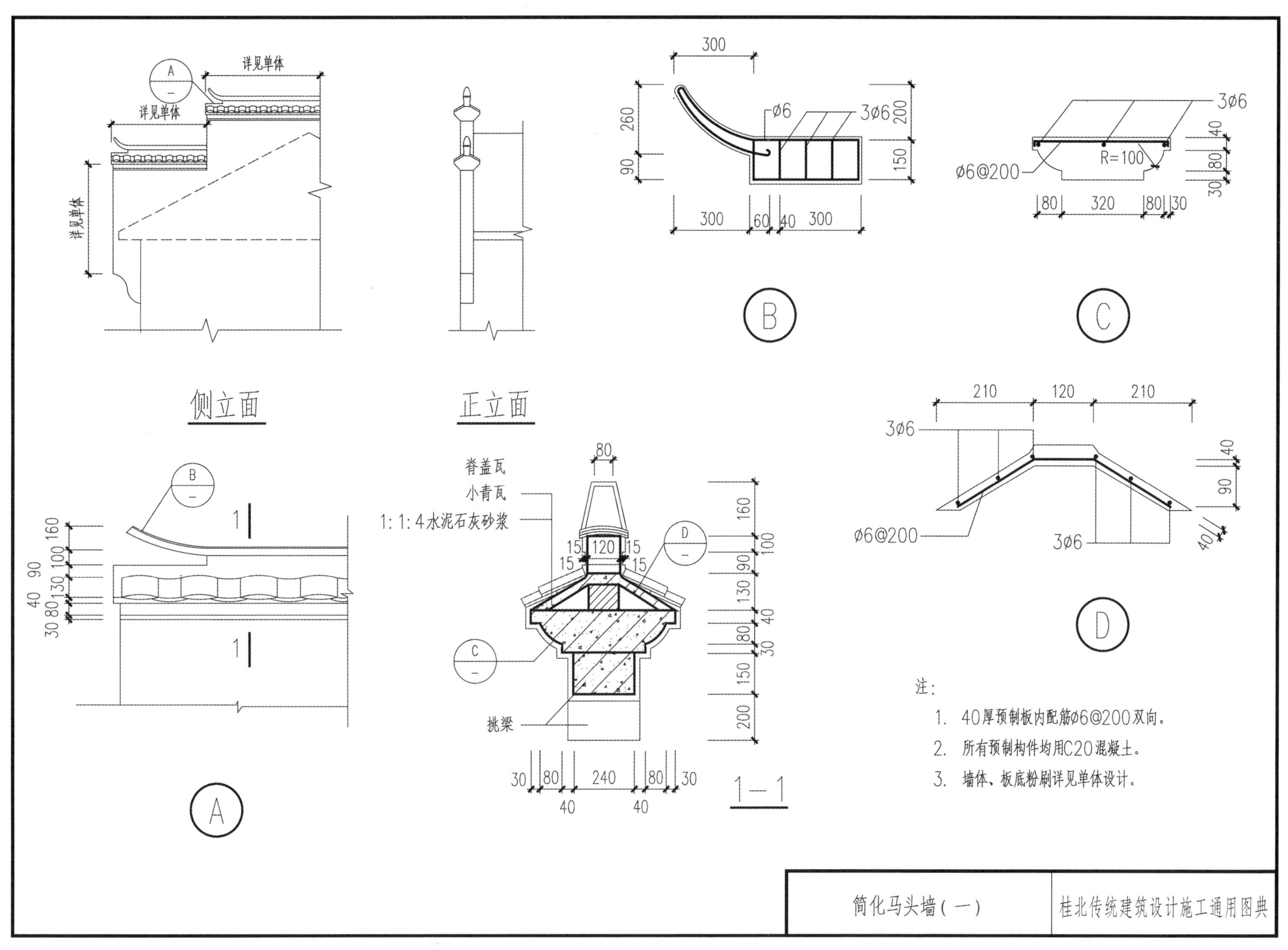

详见单体
详见单体
详见单体
侧立面
正立面
300
260
90
ø6
3ø6
200
150
300
60
40
300
B
3ø6
40
80
30
ø6@200
R=100
80
320
80
30
C
脊盖瓦
小青瓦
1:1:4水泥石灰砂浆
挑梁
1—1
A
D
注:
1. 40厚预制板内配筋ø6@200双向。
2. 所有预制构件均用C20混凝土。
3. 墙体、板底粉刷详见单体设计。
简化马头墙(一)
桂北传统建筑设计施工通用图典

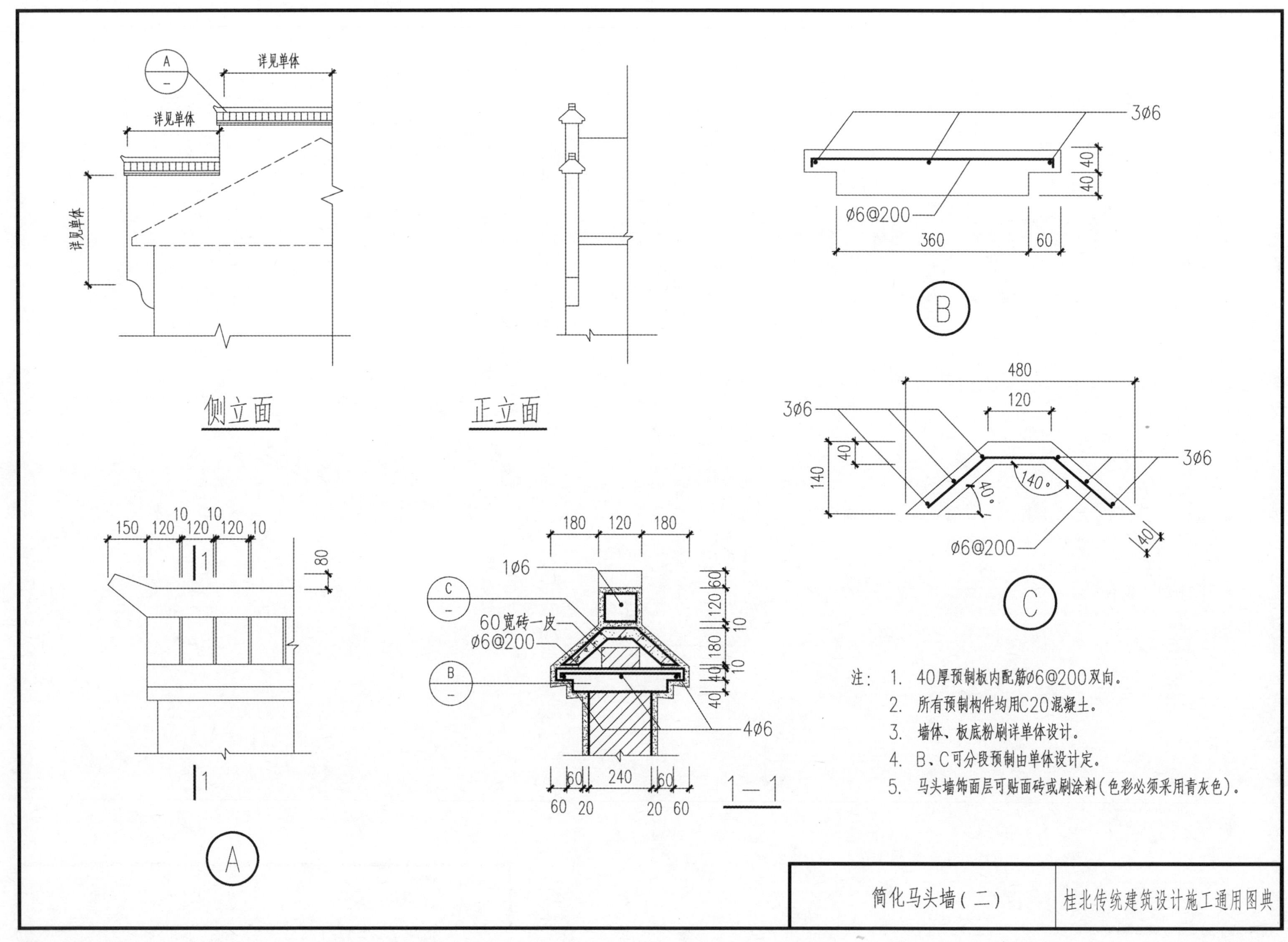

注：1. 40厚预制板内配筋ø6@200双向。
2. 所有预制构件均用C20混凝土。
3. 墙体、板底粉刷详单体设计。
4. B、C可分段预制由单体设计定。
5. 马头墙饰面层可贴面砖或刷涂料（色彩必须采用青灰色）。

简化马头墙（二）	桂北传统建筑设计施工通用图典

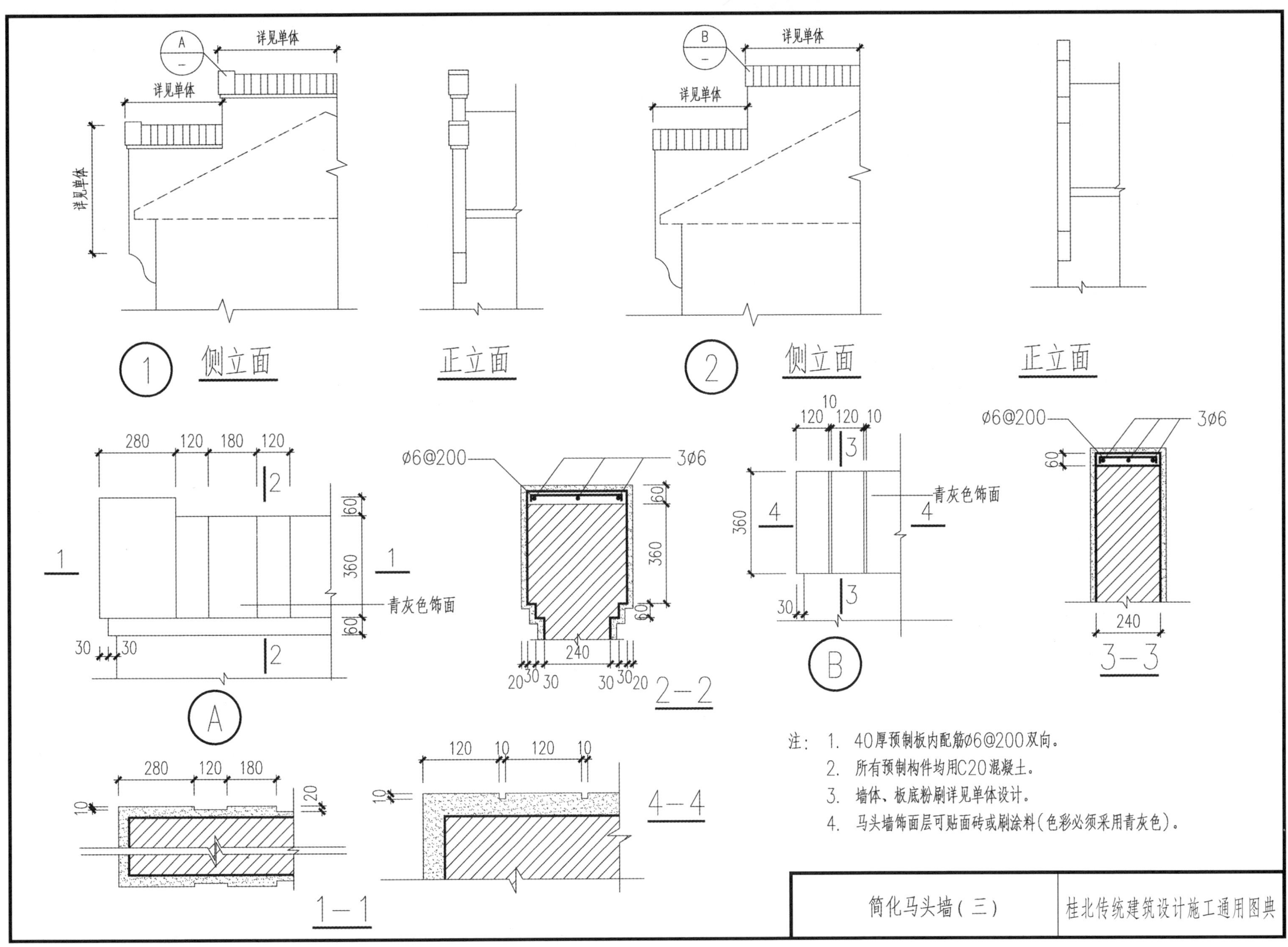
详见单体
详见单体
详见单体
A
B
侧立面
正立面
1
2
280
120
180
120
60
360
60
青灰色饰面
30
30
ø6@200
3ø6
240
20
30
30
30
30
20
2—2
10
120
120
10
3
4
360
3—3
1—1
4—4
10
20
注：1. 40厚预制板内配筋ø6@200双向。
2. 所有预制构件均用C20混凝土。
3. 墙体、板底粉刷详见单体设计。
4. 马头墙饰面层可贴面砖或刷涂料(色彩必须采用青灰色)。
简化马头墙（三）
桂北传统建筑设计施工通用图典

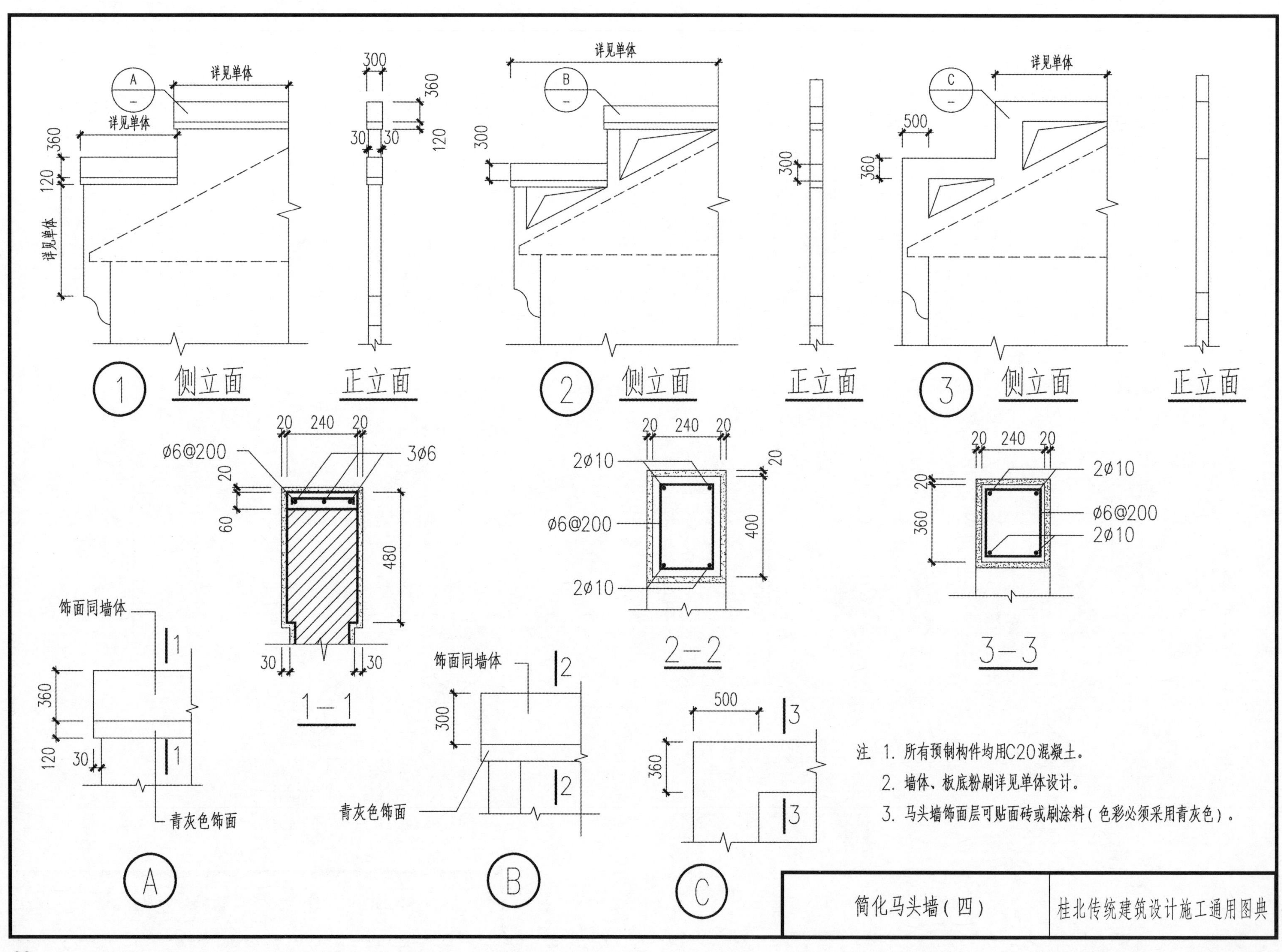
详见单体
详见单体
详见单体
360
120
300
30
30
360
120
① 侧立面
正立面
② 侧立面
正立面
500
③ 侧立面
正立面
20 240 20
ø6@200
3ø6
60
480
1-1
2ø10
ø6@200
2ø10
400
2-2
2ø10
ø6@200
2ø10
3-3
饰面同墙体
青灰色饰面
A
饰面同墙体
青灰色饰面
B
C
注 1. 所有预制构件均用C20混凝土。
2. 墙体、板底粉刷详见单体设计。
3. 马头墙饰面层可贴面砖或刷涂料（色彩必须采用青灰色）。
简化马头墙（四）
桂北传统建筑设计施工通用图典

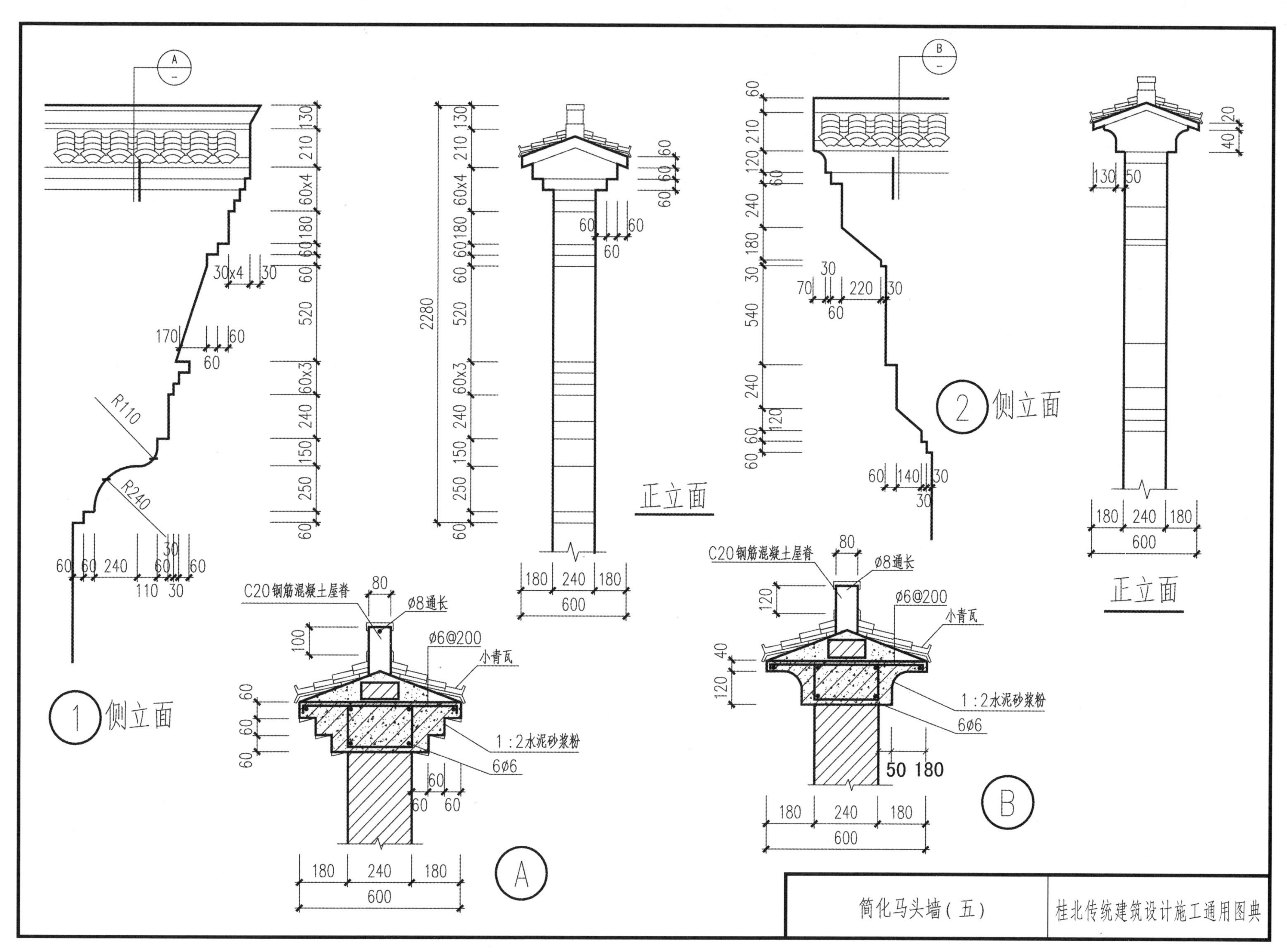

简化马头墙（五）

桂北传统建筑设计施工通用图典

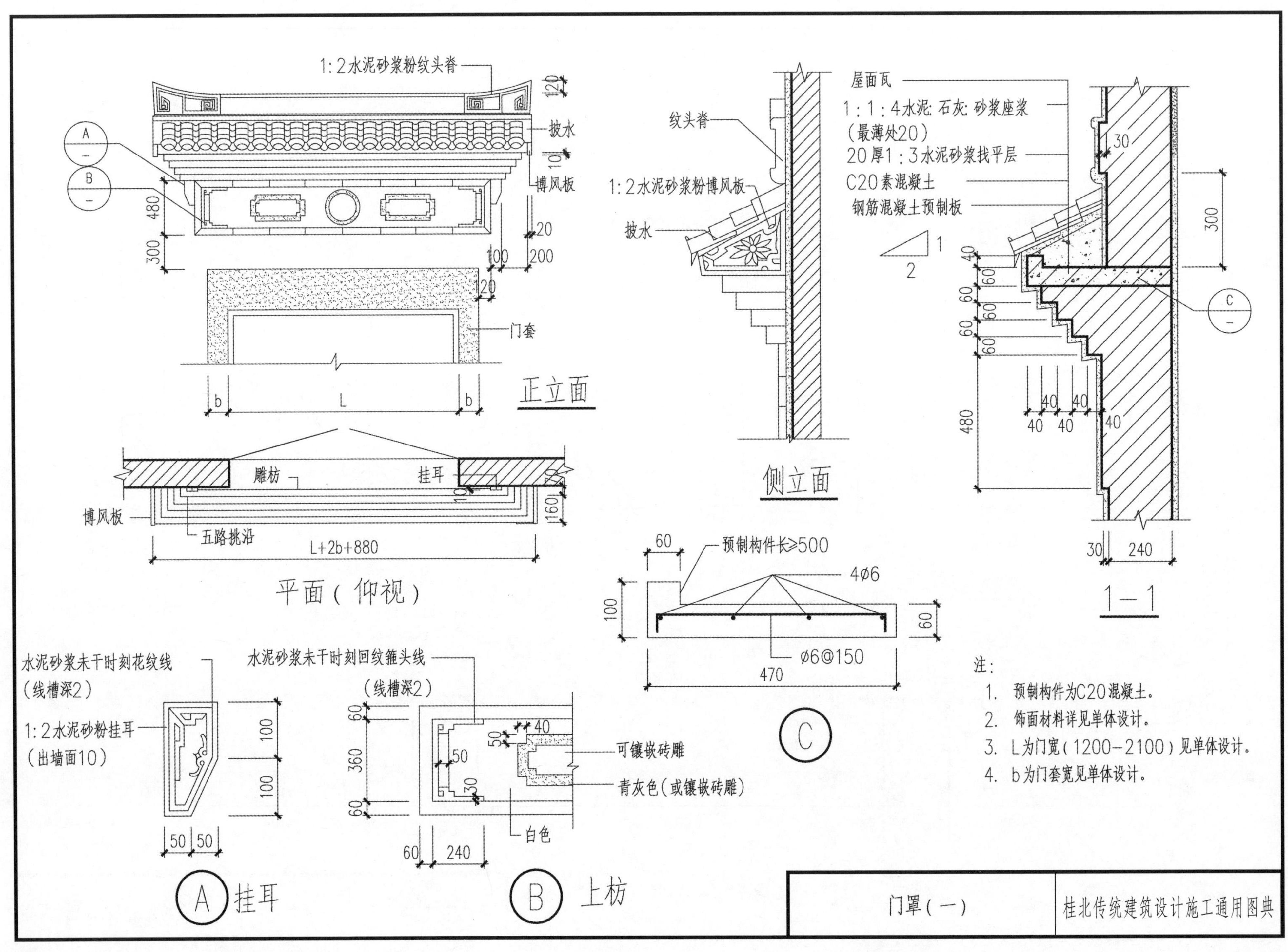

注：
1. 预制构件为C20混凝土。
2. 饰面材料详见单体设计。
3. L为门宽（1200—2100）见单体设计。
4. b为门套宽见单体设计。

门罩（一）	桂北传统建筑设计施工通用图典

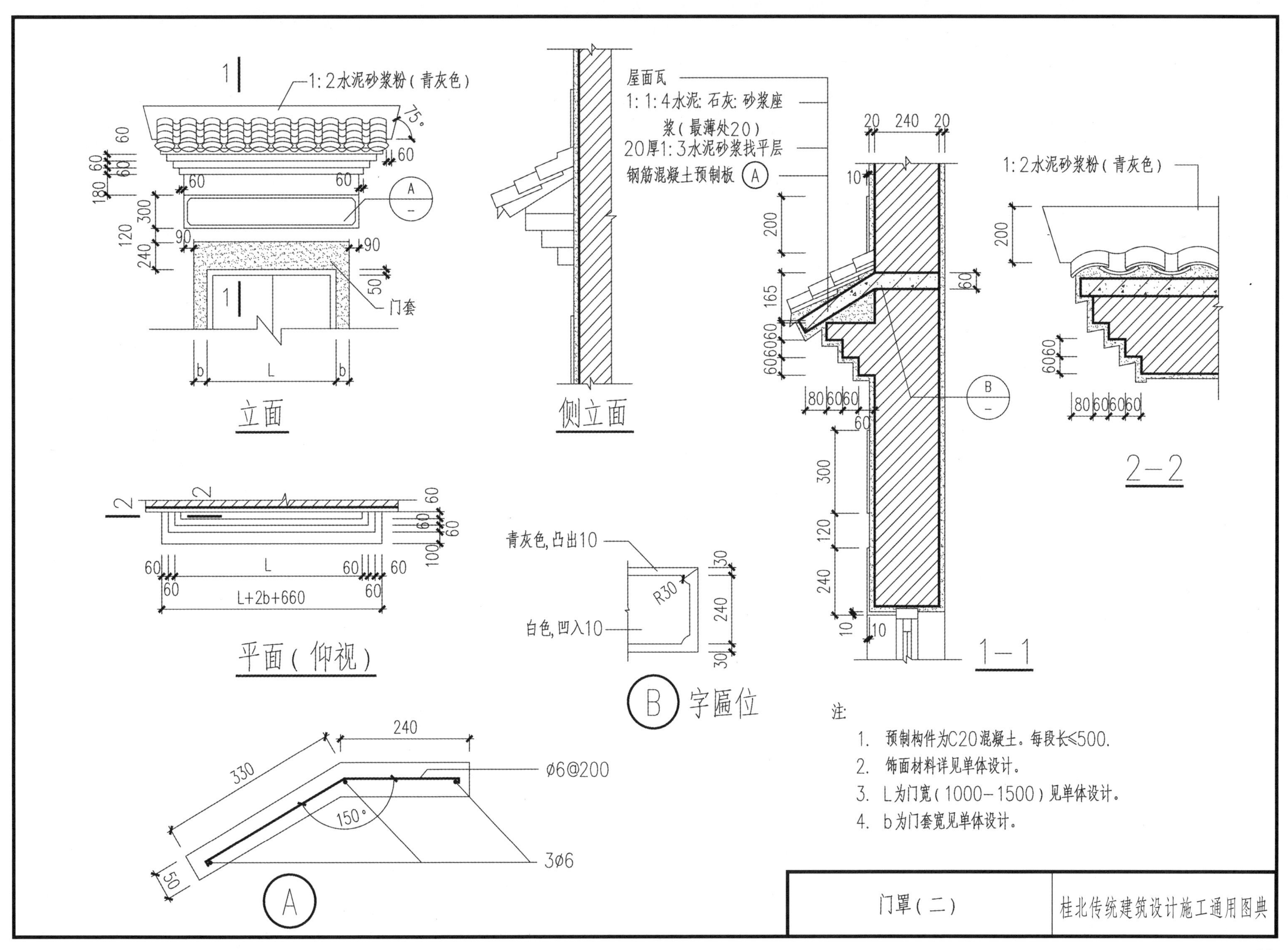

注：

1. 预制构件为C20混凝土。每段长≤500.
2. 饰面材料详见单体设计。
3. L为门宽（1000-1500）见单体设计。
4. b为门套宽见单体设计。

门罩（二）	桂北传统建筑设计施工通用图典

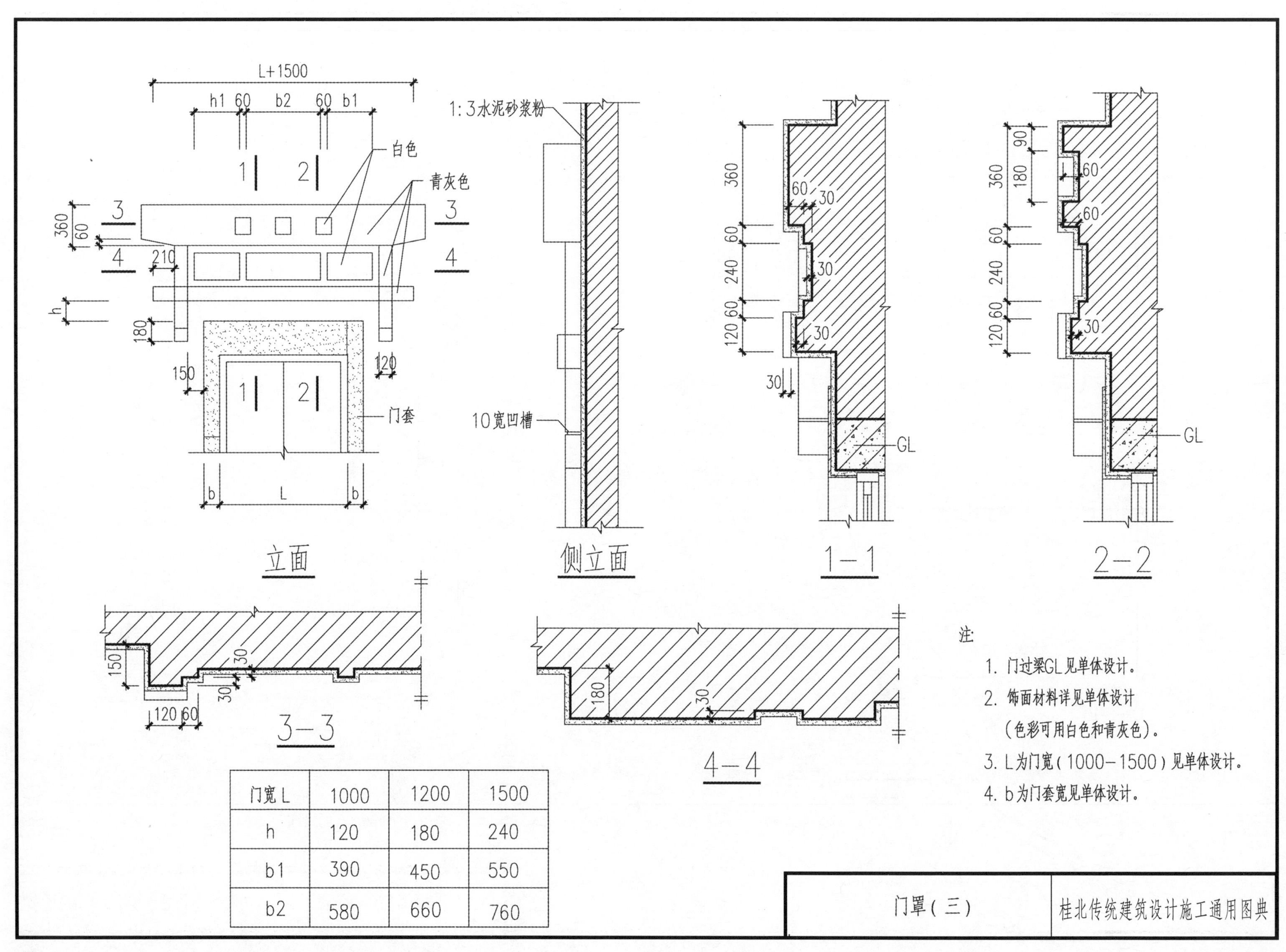

门宽 L	1000	1200	1500
h	120	180	240
b1	390	450	550
b2	580	660	760

注:

1. 门过梁GL见单体设计。
2. 饰面材料详见单体设计（色彩可用白色和青灰色）。
3. L为门宽（1000-1500）见单体设计。
4. b为门套宽见单体设计。

门罩（三）

桂北传统建筑设计施工通用图典

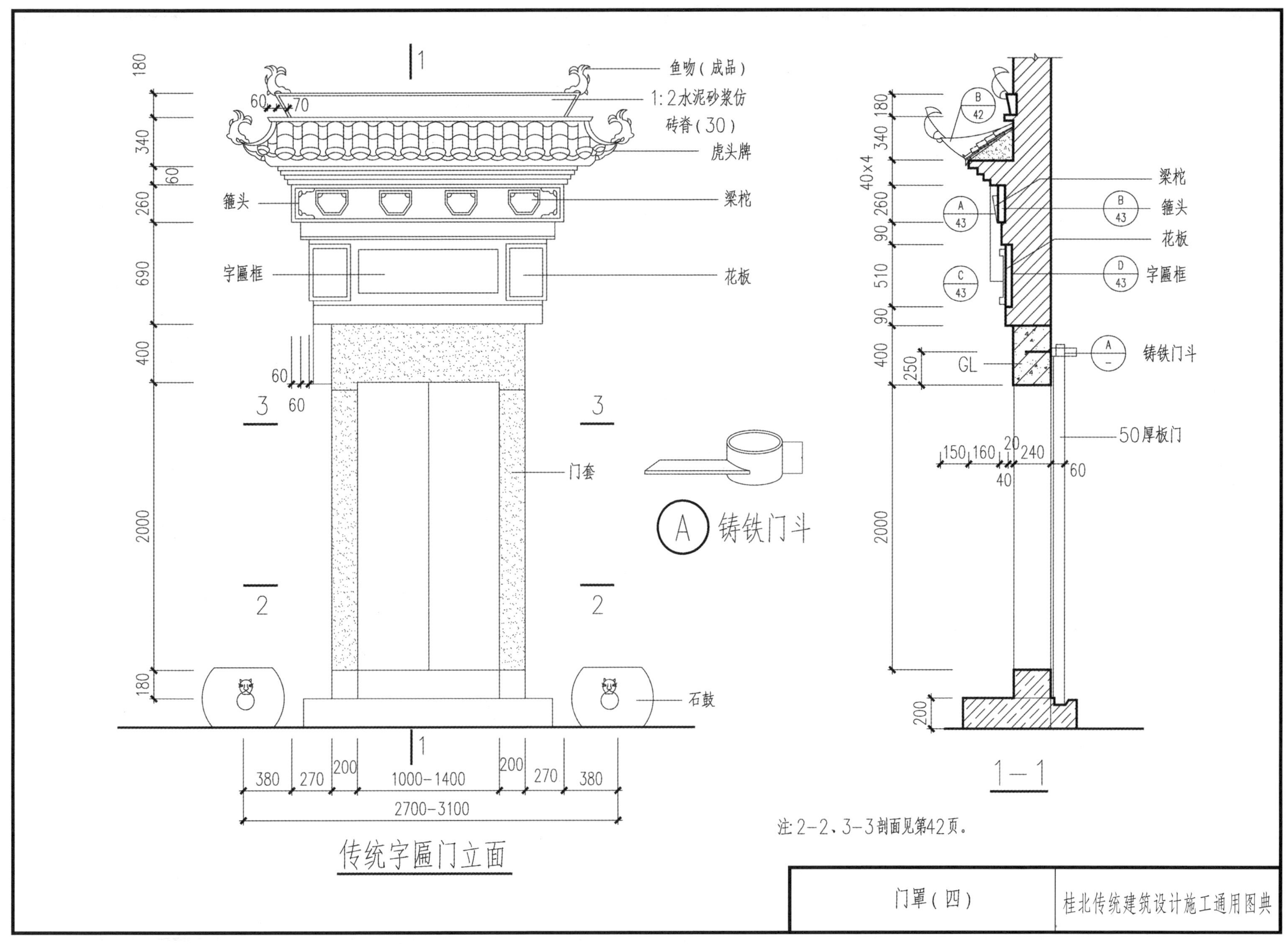

注:2-2、3-3剖面见第42页。

门罩(四)	桂北传统建筑设计施工通用图典

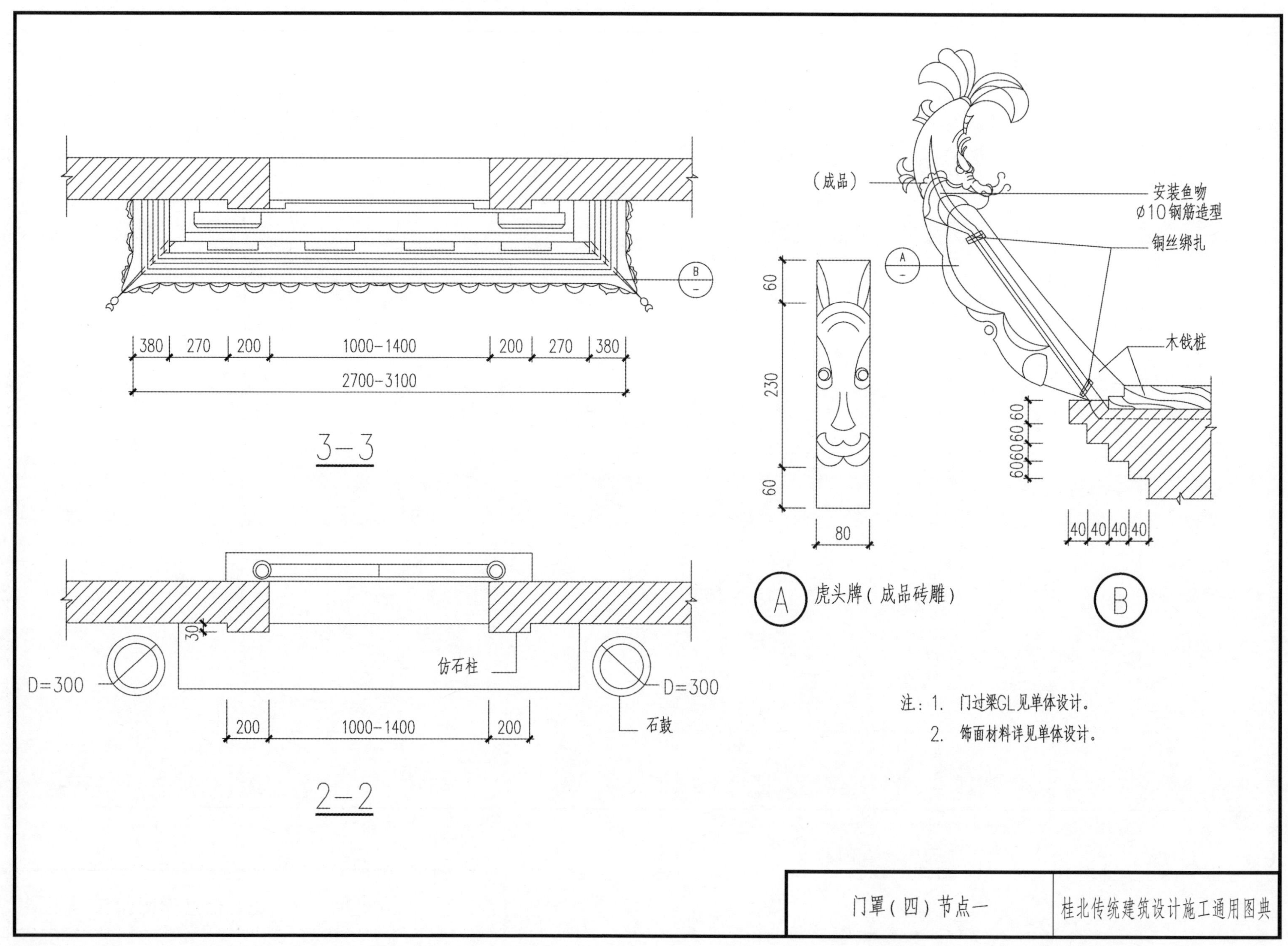

注：1. 门过梁GL见单体设计。
2. 饰面材料详见单体设计。

门罩(四)节点一	桂北传统建筑设计施工通用图典

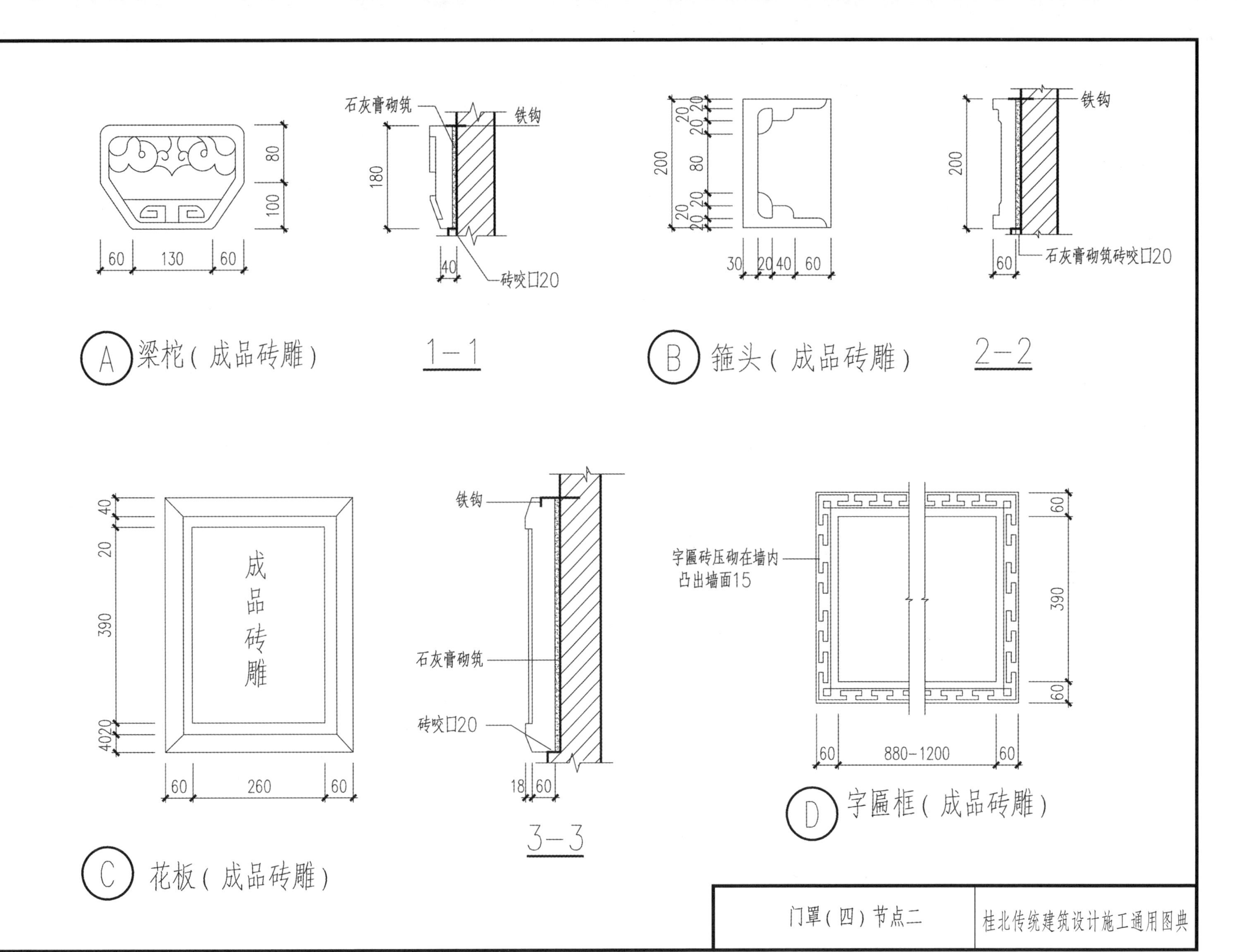

石灰膏砌筑
铁钩
砖咬口20
A 梁枕（成品砖雕）
1—1
B 箍头（成品砖雕）
2—2
石灰膏砌筑砖咬口20
成品砖雕
C 花板（成品砖雕）
3—3
字匾砖压砌在墙内凸出墙面15
880—1200
D 字匾框（成品砖雕）
门罩（四）节点二
桂北传统建筑设计施工通用图典

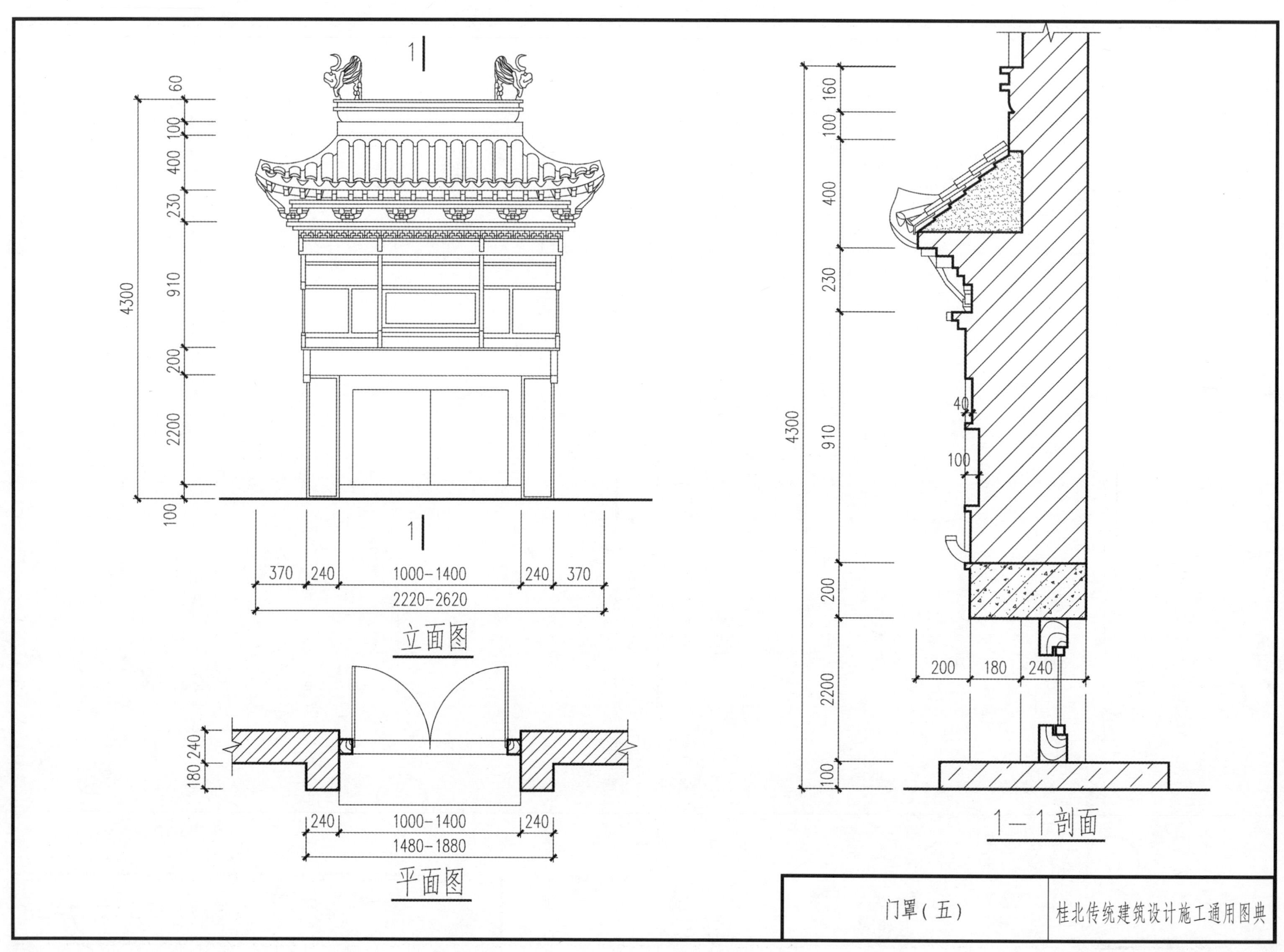
1
60
100
100
400
230
910
4300
200
2200
100
1
370
240
1000-1400
240
370
2220-2620
立面图
180
240
240
1000-1400
240
1480-1880
平面图
160
100
400
230
4300
910
40
100
200
200
180
240
2200
100
1—1剖面
门罩(五)
桂北传统建筑设计施工通用图典

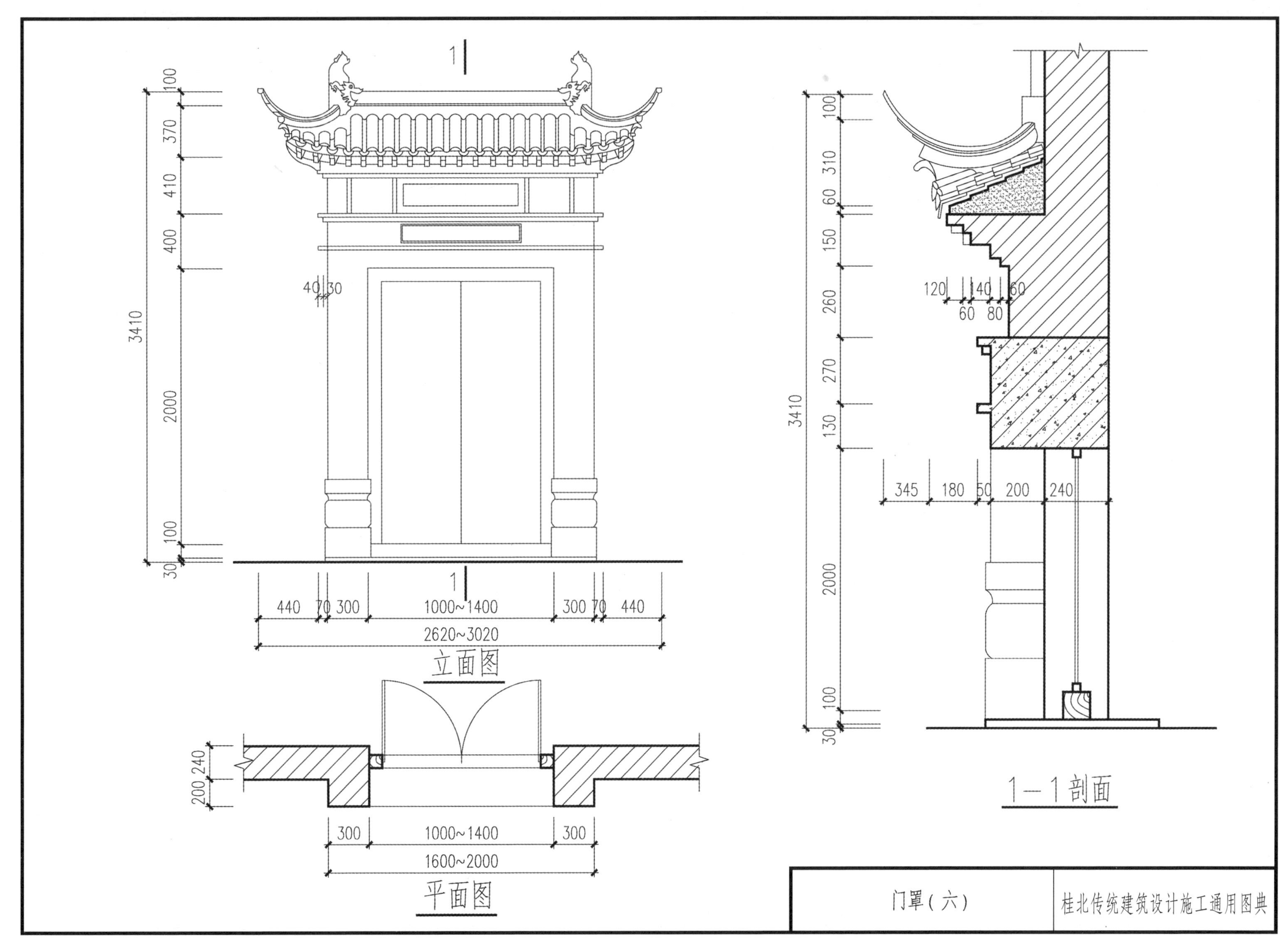
1
1
100
370
410
400
3410
2000
100
30
40 30
440
70
300
1000~1400
300
70
440
2620~3020
立面图
240
200
300
1000~1400
300
1600~2000
平面图
100
310
60
150
260
270
130
3410
2000
100
30
120
140
60
60
80
345
180
50
200
240
1—1剖面
门罩（六）
桂北传统建筑设计施工通用图典

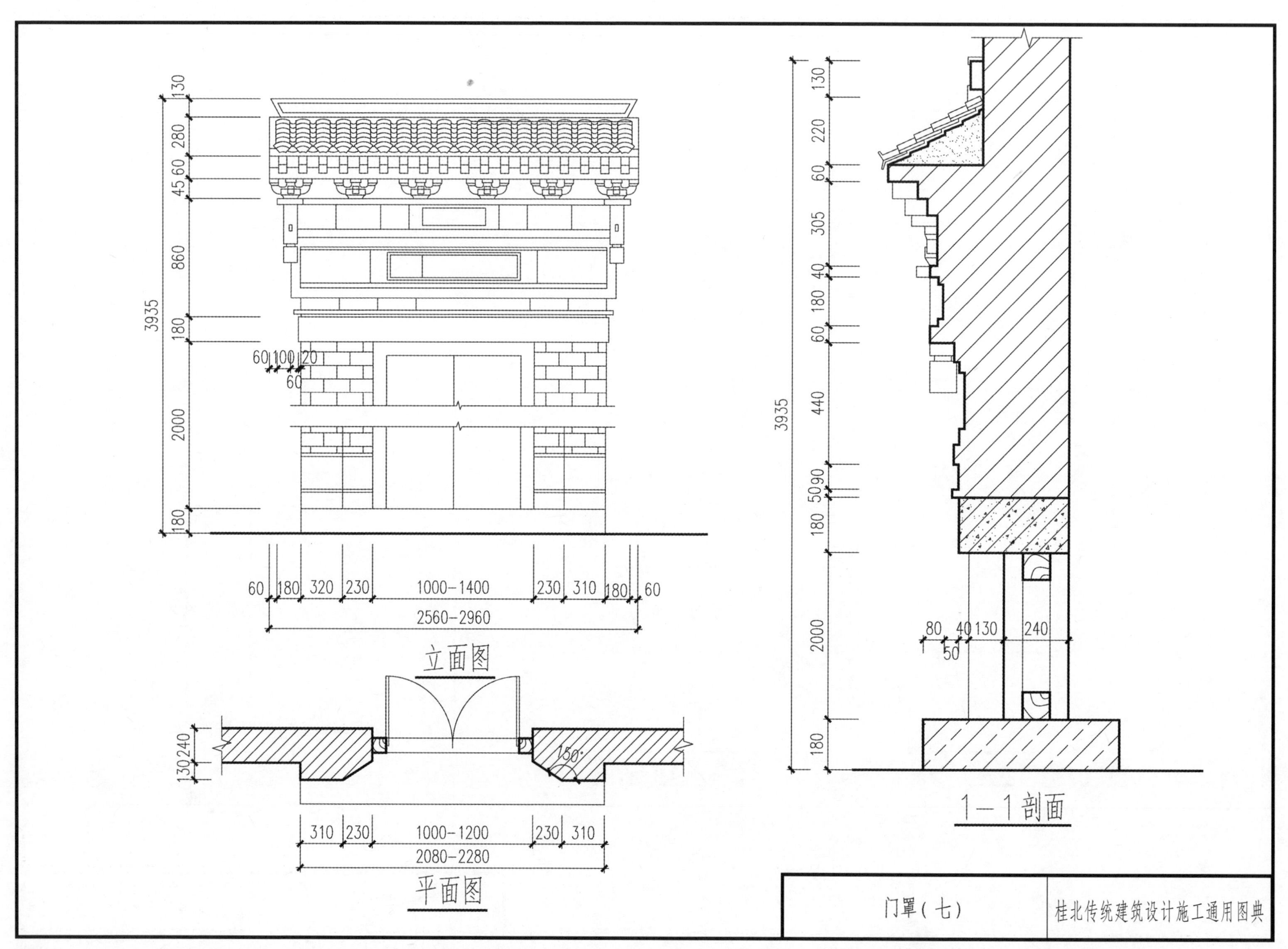

门罩（七）

桂北传统建筑设计施工通用图典

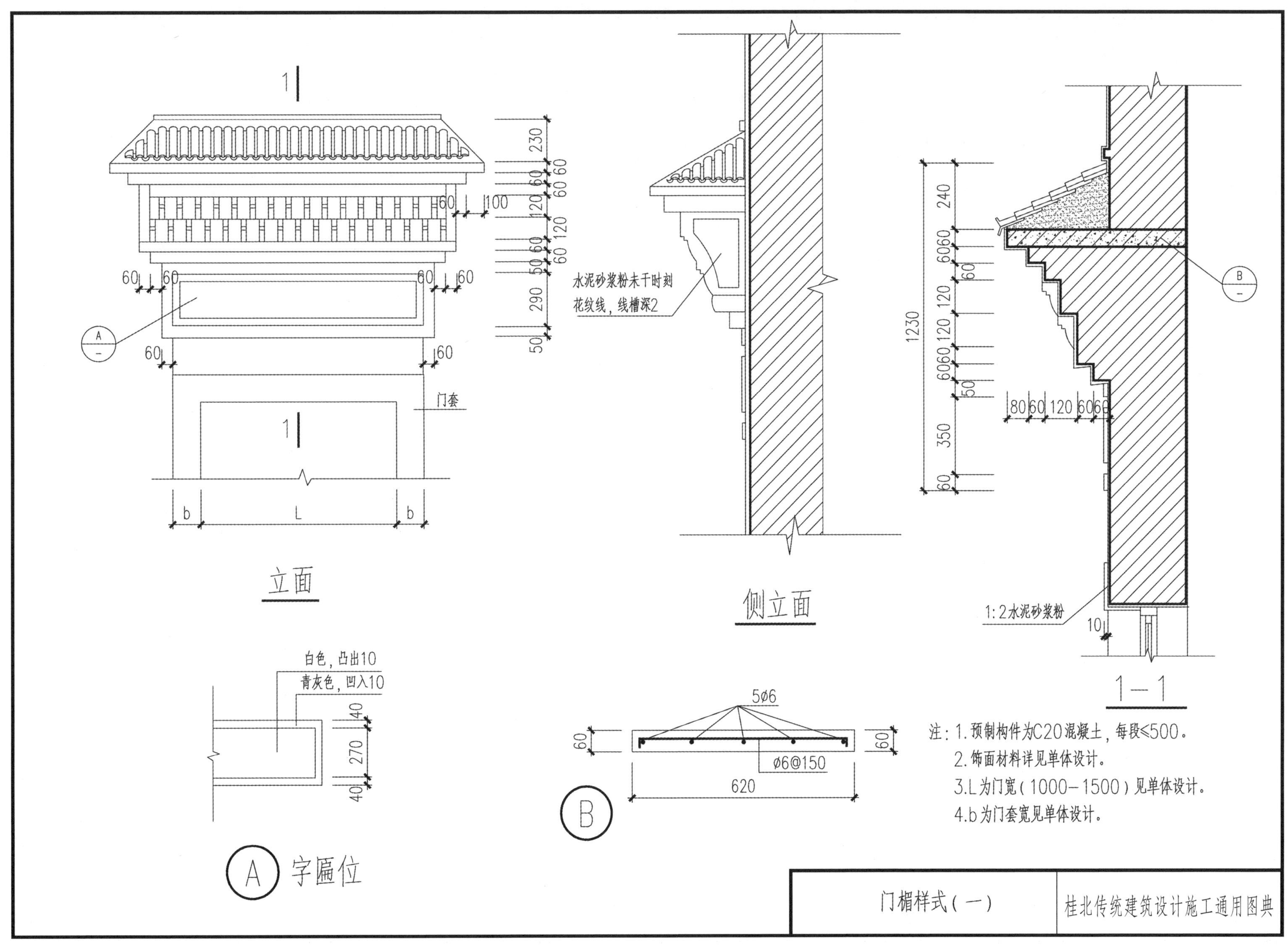

注：1. 预制构件为C20混凝土，每段≤500。
2. 饰面材料详见单体设计。
3.L为门宽（1000—1500）见单体设计。
4.b为门套宽见单体设计。

门楣样式（一）	桂北传统建筑设计施工通用图典

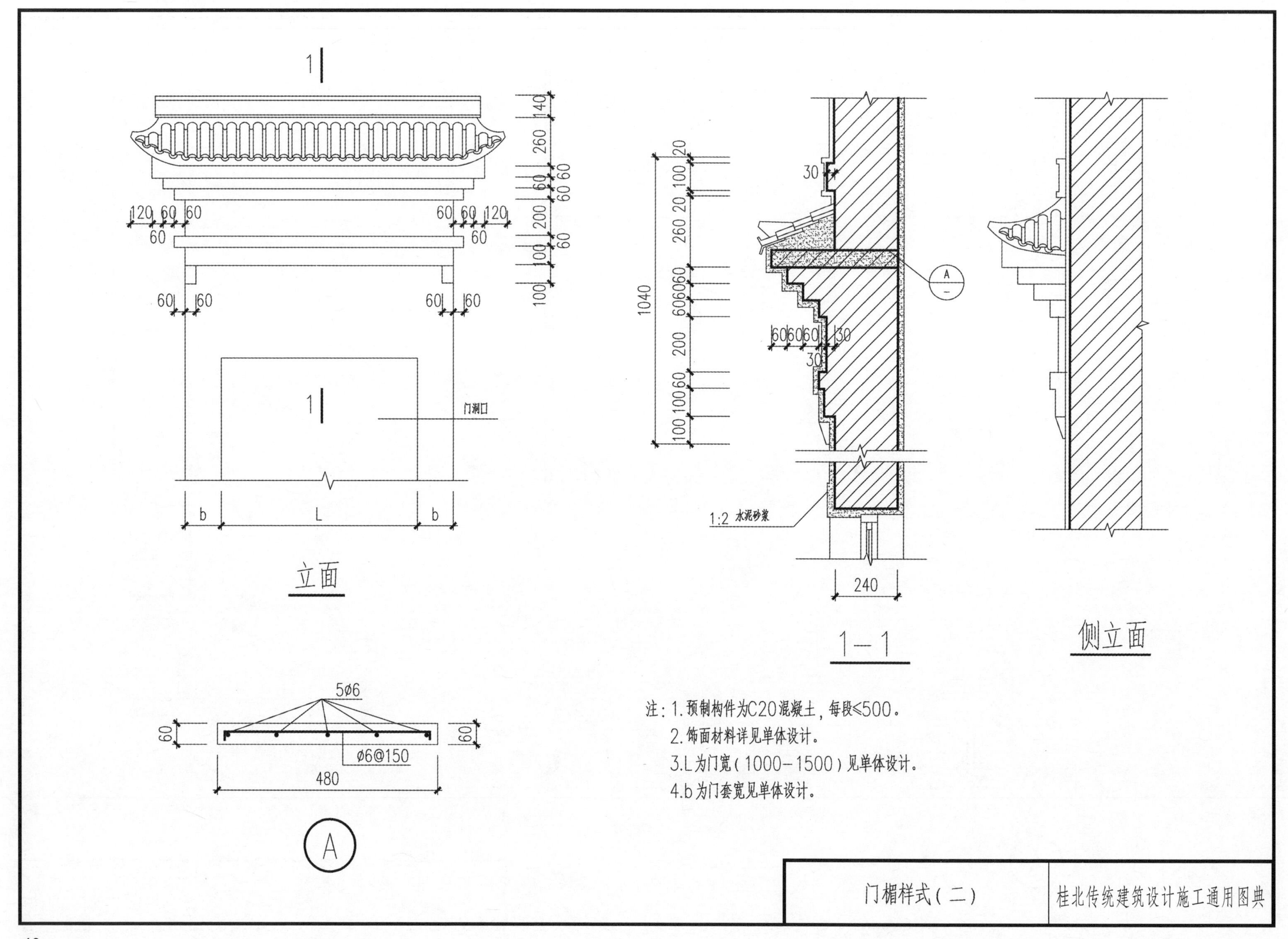

注：1.预制构件为C20混凝土，每段≤500。
2.饰面材料详见单体设计。
3.L为门宽（1000–1500）见单体设计。
4.b为门套宽见单体设计。

门楣样式（二）

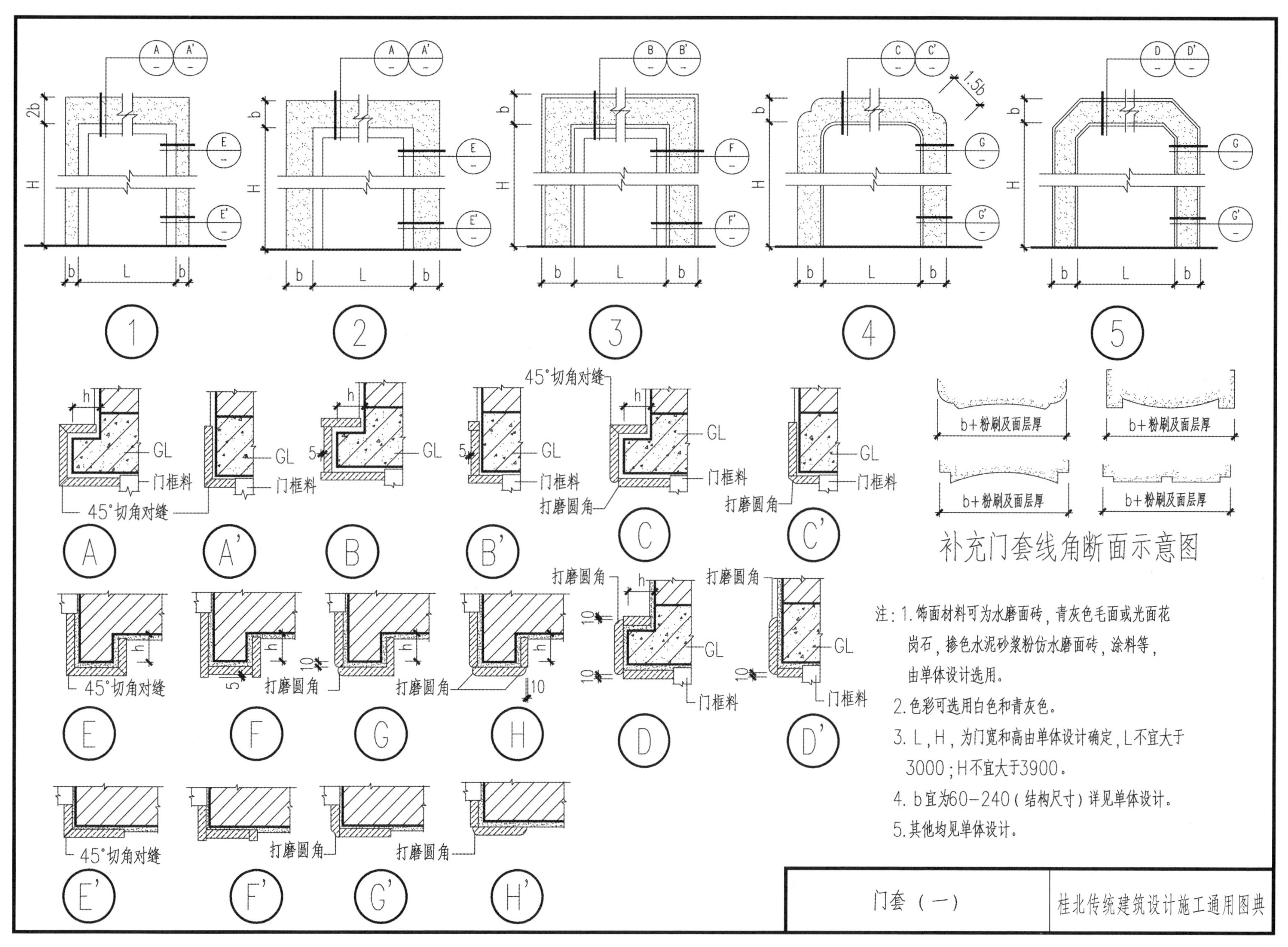

2b
H
b
L
1.5b
1
2
3
4
5
h
GL
门框料
45°切角对缝
打磨圆角
5
10
A
A'
B
B'
C
C'
D
D'
E
E'
F
F'
G
G'
H'
b+粉刷及面层厚
补充门套线角断面示意图
注：1. 饰面材料可为水磨面砖，青灰色毛面或光面花岗石，掺色水泥砂浆粉仿水磨面砖，涂料等，由单体设计选用。
2. 色彩可选用白色和青灰色。
3. L，H，为门宽和高由单体设计确定，L不宜大于3000；H不宜大于3900。
4. b宜为60−240（结构尺寸）详见单体设计。
5. 其他均见单体设计。
门套（一）
桂北传统建筑设计施工通用图典

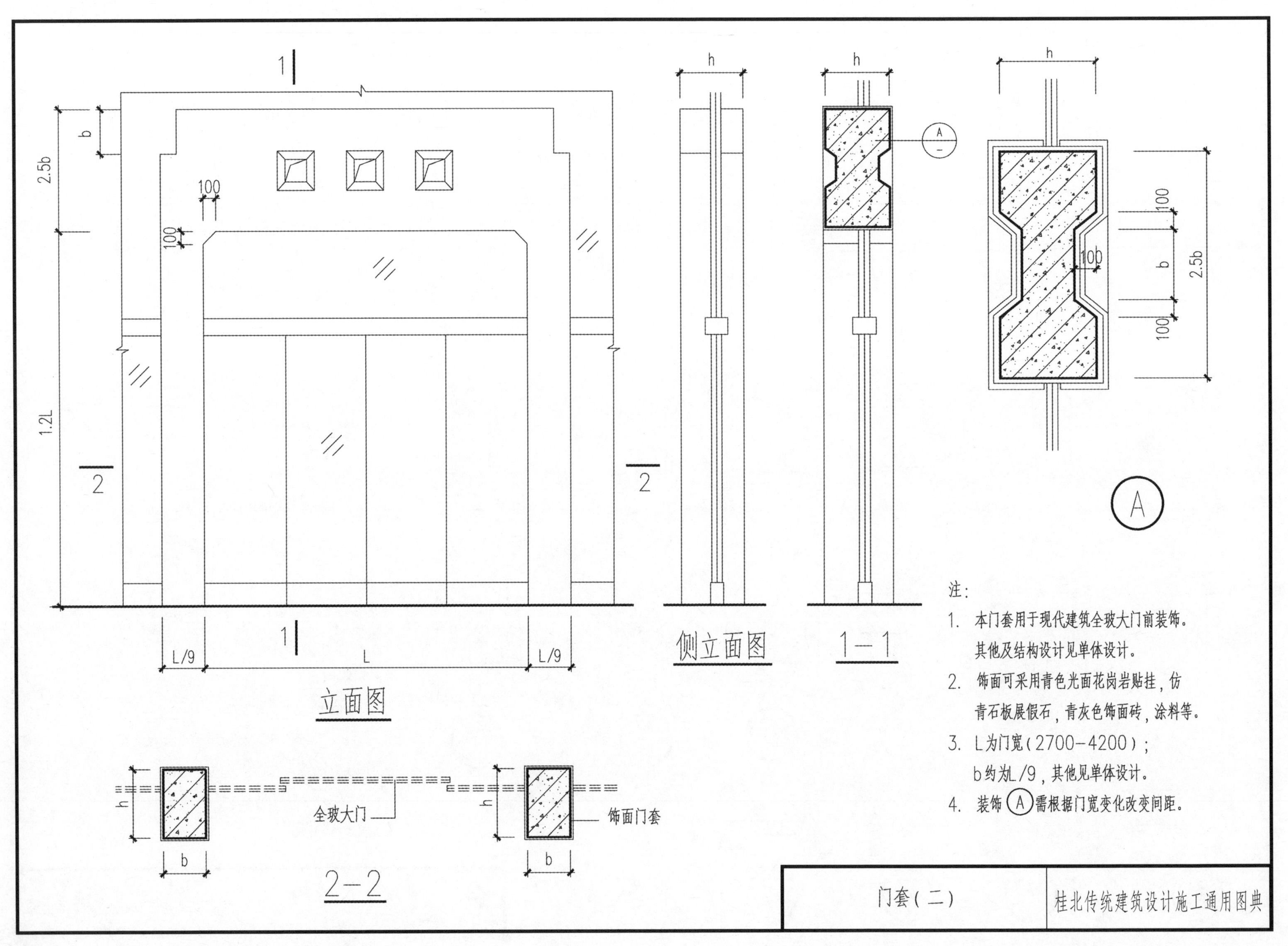
1
2.5b
b
100
100
1.2L
2
2
1
L/9
L
L/9
立面图
h
侧立面图
h
A
1—1
h
100
b
2.5b
10b
100
A
注:
1. 本门套用于现代建筑全玻大门前装饰。
其他及结构设计见单体设计。
2. 饰面可采用青色光面花岗岩贴挂，仿
青石板展假石，青灰色饰面砖，涂料等。
3. L为门宽（2700-4200）；
b约为L/9，其他见单体设计。
4. 装饰 A 需根据门宽变化改变间距。
h
全玻大门
h
饰面门套
b
b
2-2
门套（二）
桂北传统建筑设计施工通用图典

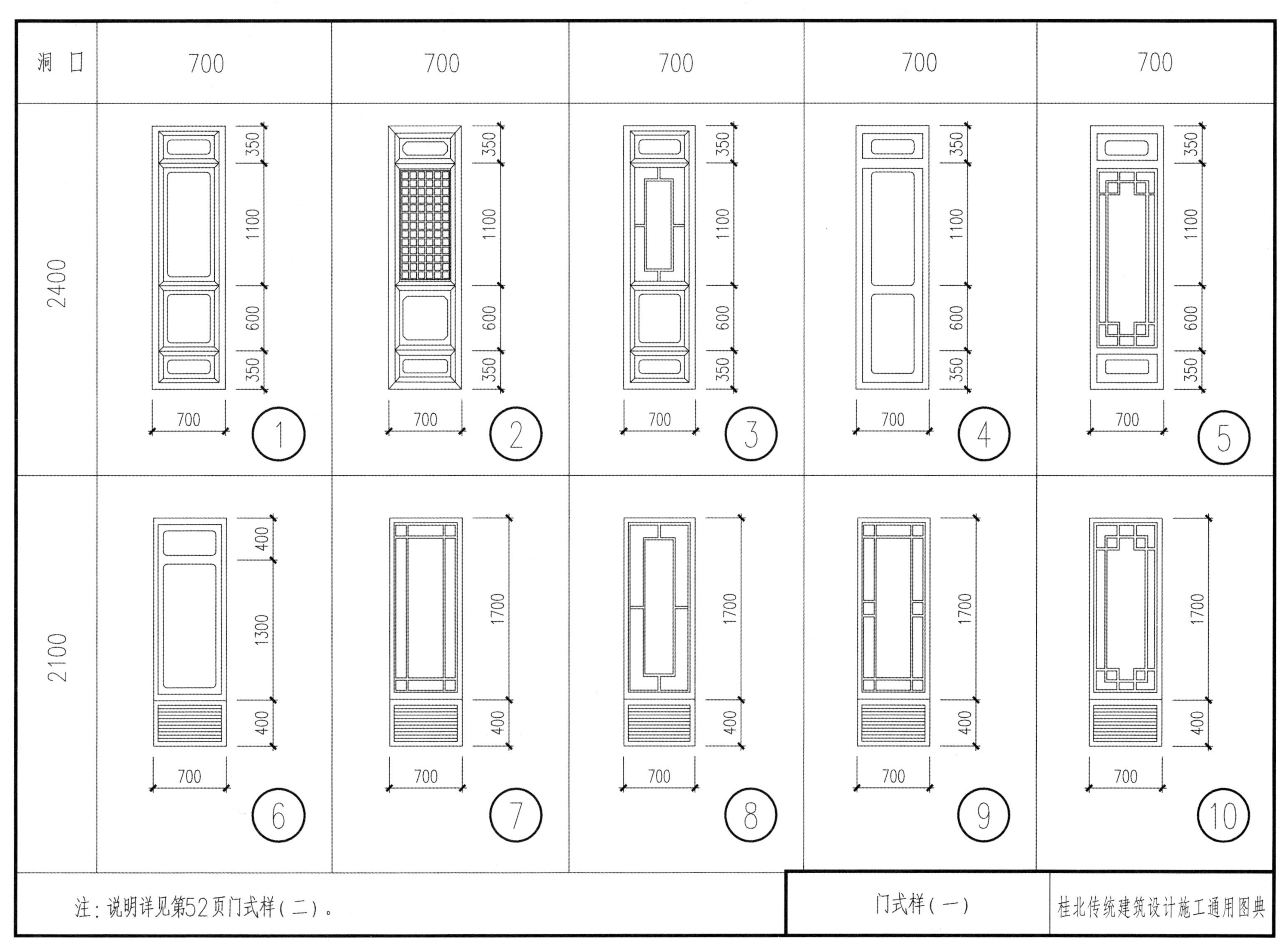

注：说明详见第52页门式样（二）。

门式样（一）

桂北传统建筑设计施工通用图典

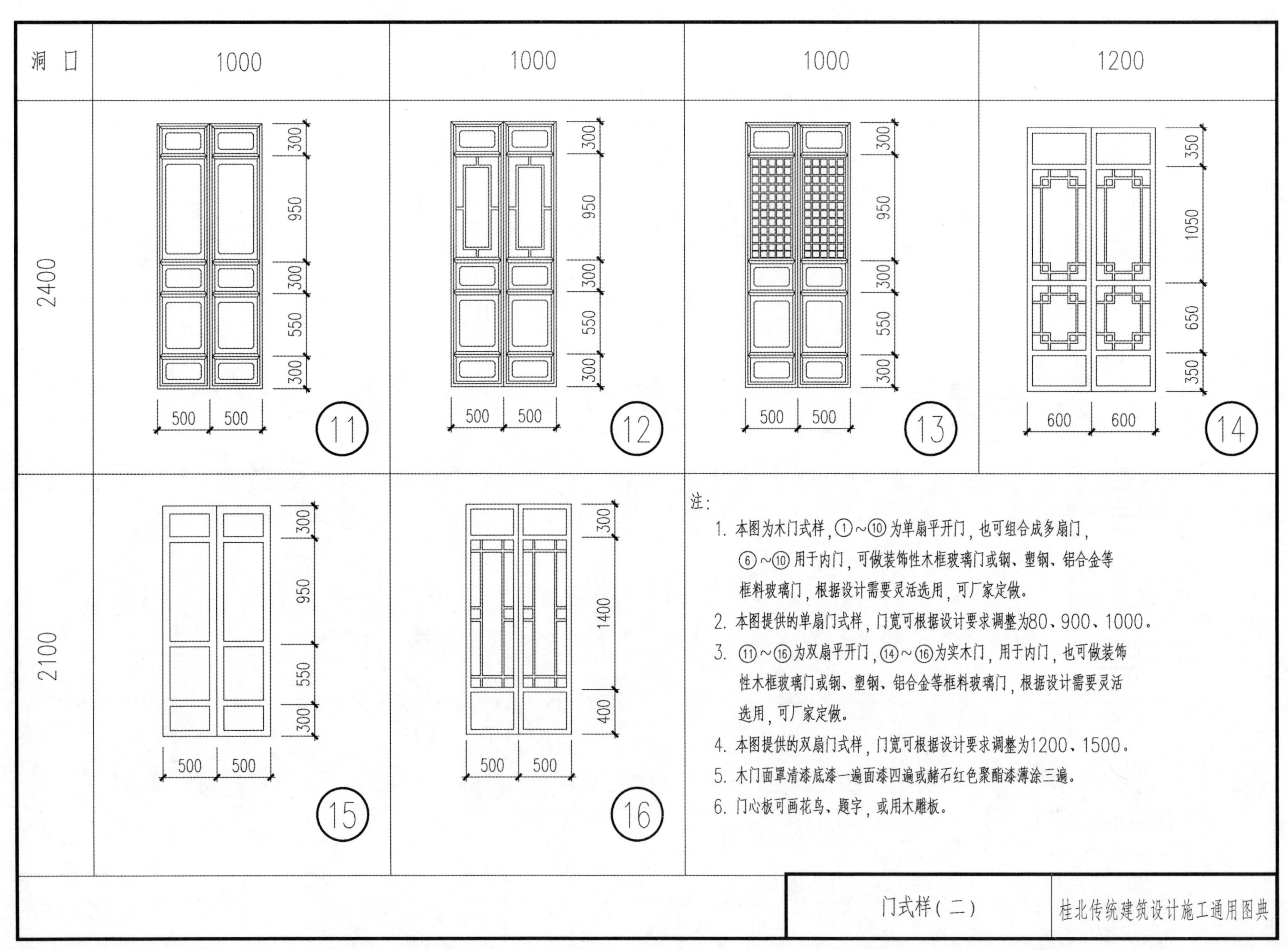

注：

1. 本图为木门式样，①～⑩为单扇平开门，也可组合成多扇门，⑥～⑩用于内门，可做装饰性木框玻璃门或钢、塑钢、铝合金等框料玻璃门，根据设计需要灵活选用，可厂家定做。
2. 本图提供的单扇门式样，门宽可根据设计要求调整为80、900、1000。
3. ⑪～⑯为双扇平开门，⑭～⑯为实木门，用于内门，也可做装饰性木框玻璃门或钢、塑钢、铝合金等框料玻璃门，根据设计需要灵活选用，可厂家定做。
4. 本图提供的双扇门式样，门宽可根据设计要求调整为1200、1500。
5. 木门面罩清漆底漆一遍面漆四遍或赭石红色聚酯漆薄涂三遍。
6. 门心板可画花鸟、题字，或用木雕板。

门式样（二）

桂北传统建筑设计施工通用图典

注：1.本图为木门式样，木棂条断面 可为10X10、20X20，采用杂木制作，
榫卯工艺按传统做法。
2.也可做成金属防盗门，方钢断面同木棂条，根据设计灵活选用，厂家定做。
3.本图所列单扇门可组合成多扇门，门宽可根据设计调整为600、750。

门式样（三）	桂北传统建筑设计施工通用图典

1
2
3
4
5
6
7
8
9
10
注：实样图尺寸由设计者定
木制格子门（一）
桂北传统建筑设计施工通用图典

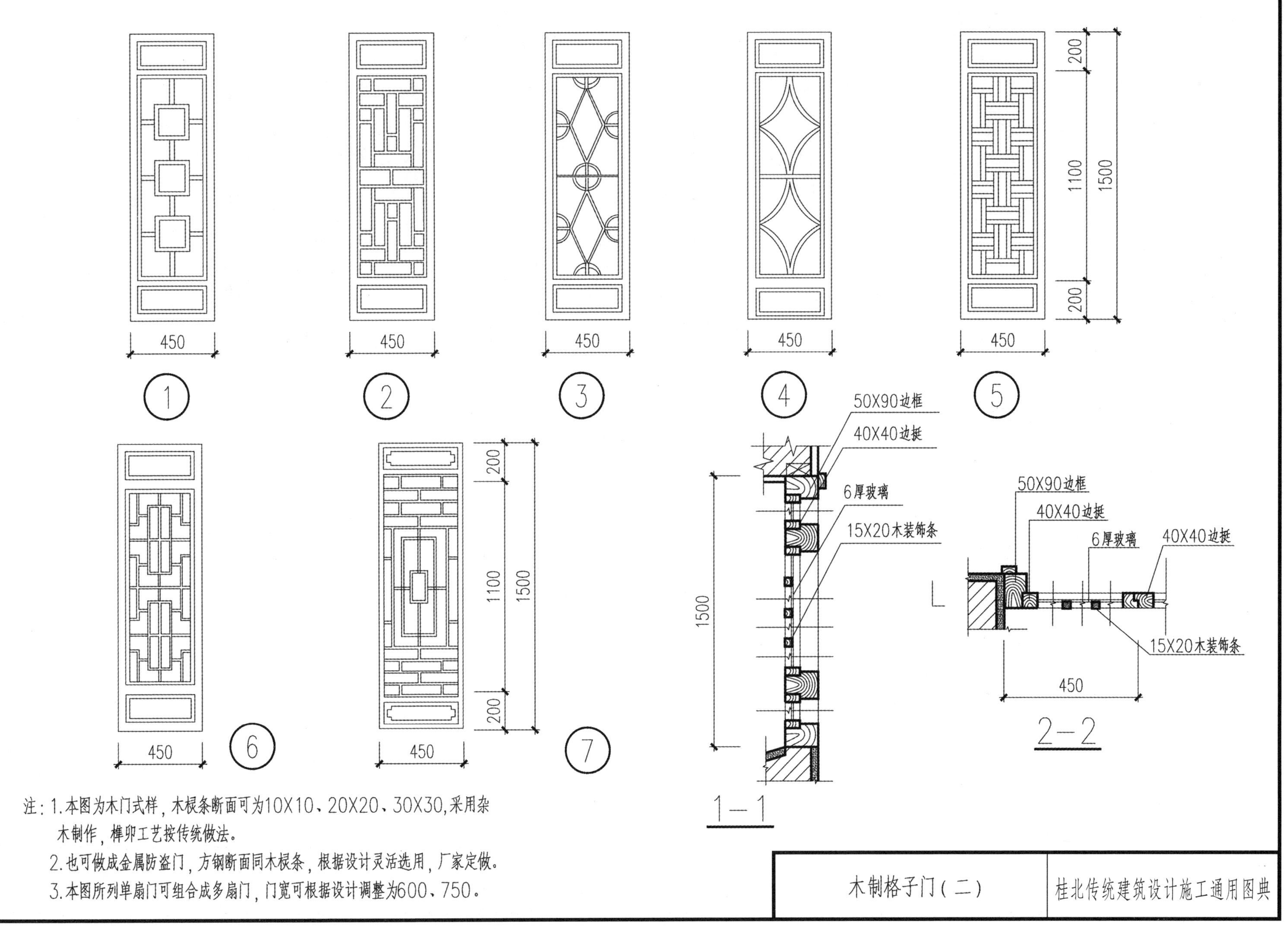

注：1.本图为木门式样，木棂条断面可为10X10、20X20、30X30，采用杂木制作，榫卯工艺按传统做法。

2.也可做成金属防盗门，方钢断面同木棂条，根据设计灵活选用，厂家定做。

3.本图所列单扇门可组合成多扇门，门宽可根据设计调整为600、750。

木制格子门（二）	桂北传统建筑设计施工通用图典

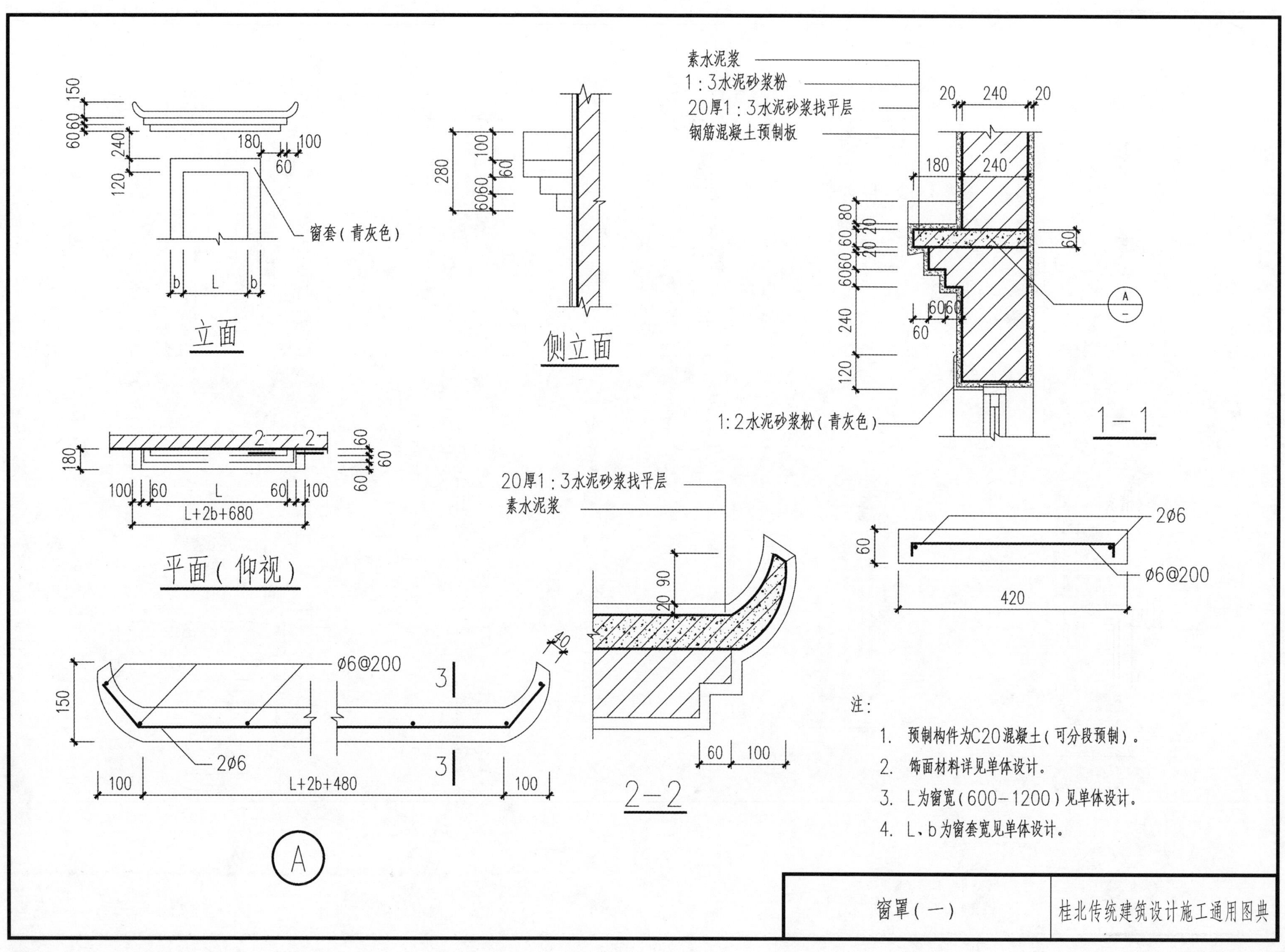

窗罩（一）

桂北传统建筑设计施工通用图典

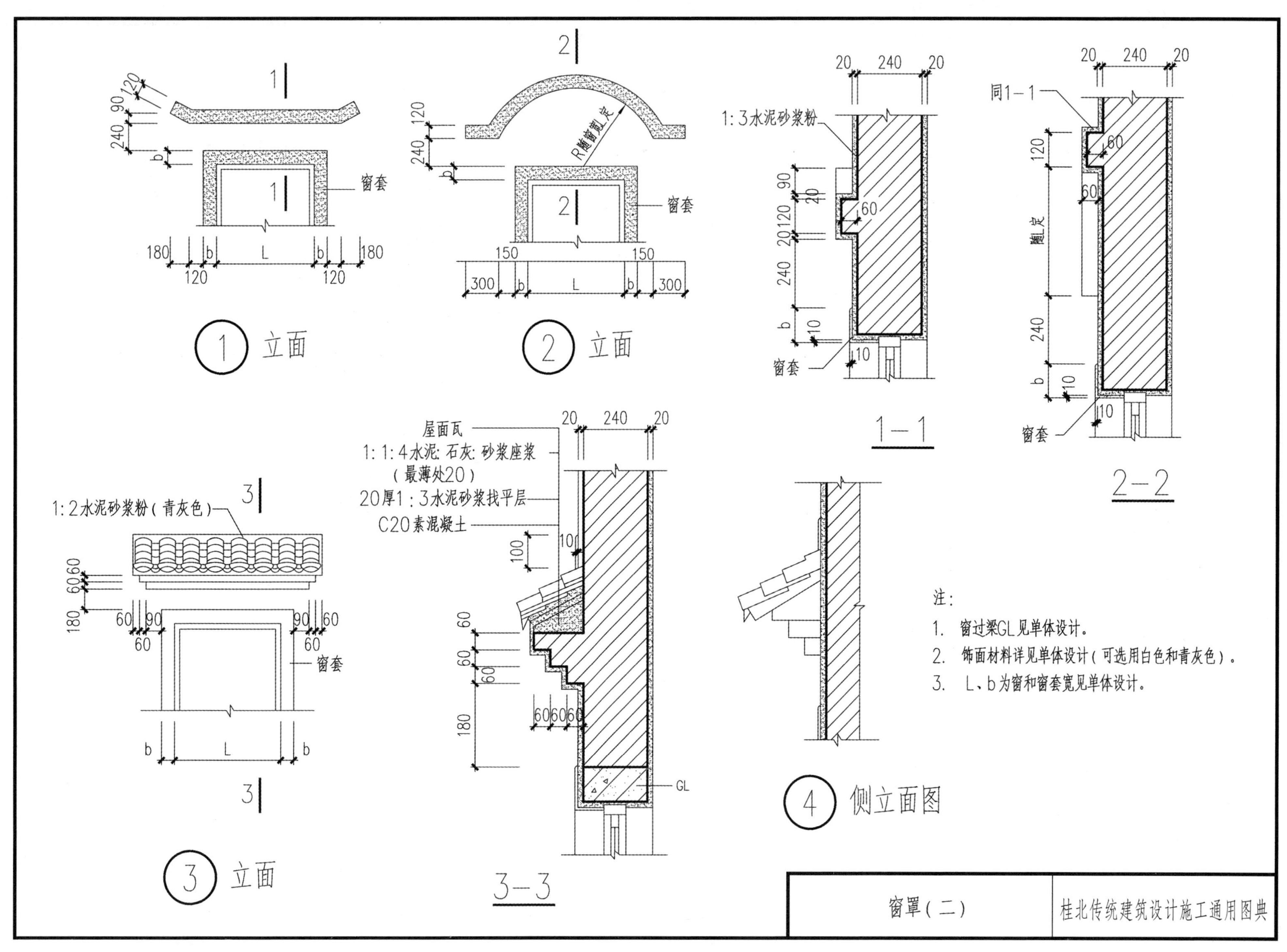

注:

1. 窗过梁GL见单体设计。
2. 饰面材料详见单体设计(可选用白色和青灰色)。
3. L、b为窗和窗套宽见单体设计。

窗罩(二)

桂北传统建筑设计施工通用图典

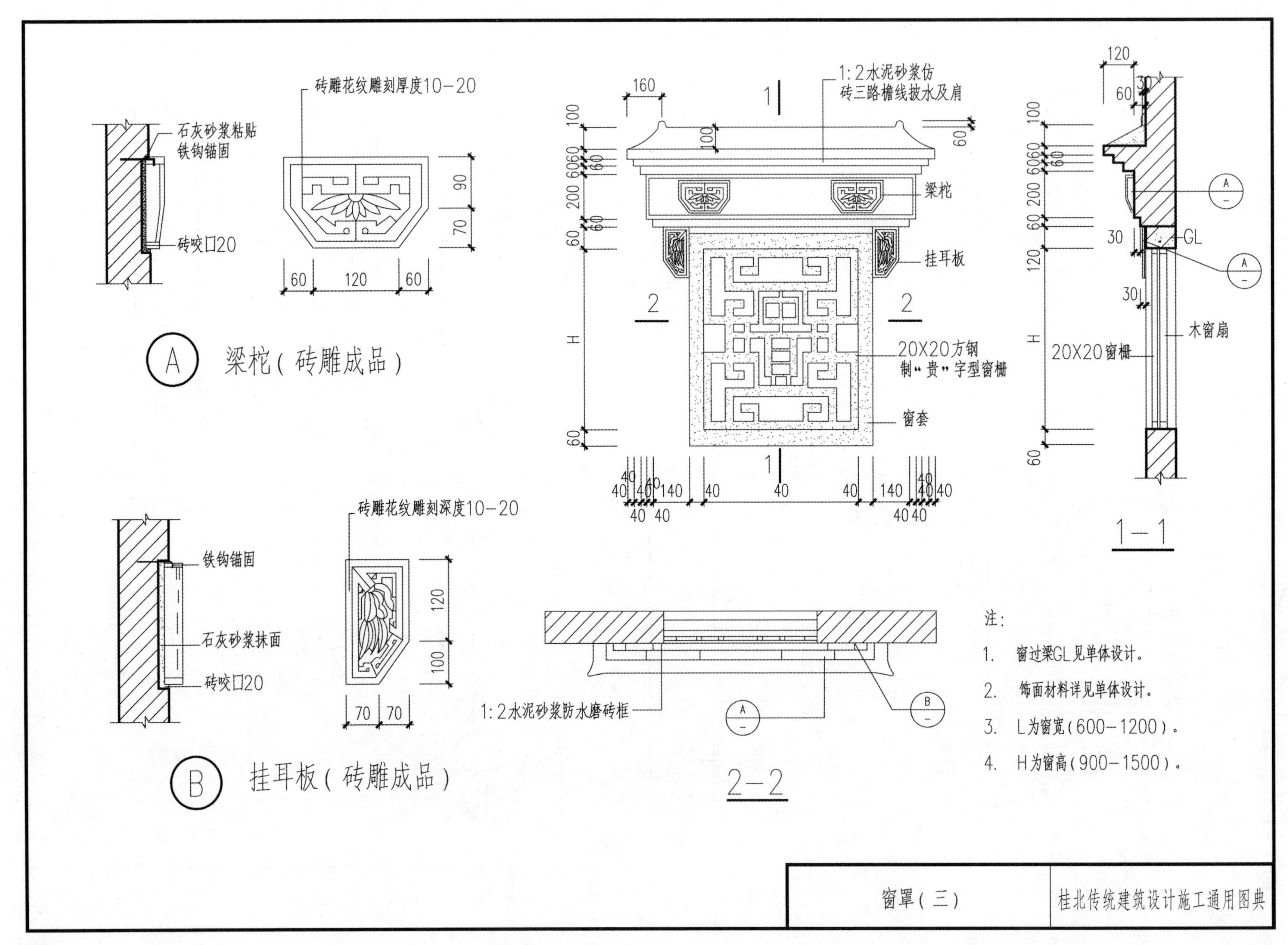

注：

1. 窗过梁GL见单体设计。
2. 饰面材料详见单体设计。
3. L为窗宽（600-1200）。
4. H为窗高（900-1500）。

窗罩（三）

桂北传统建筑设计施工通用图典

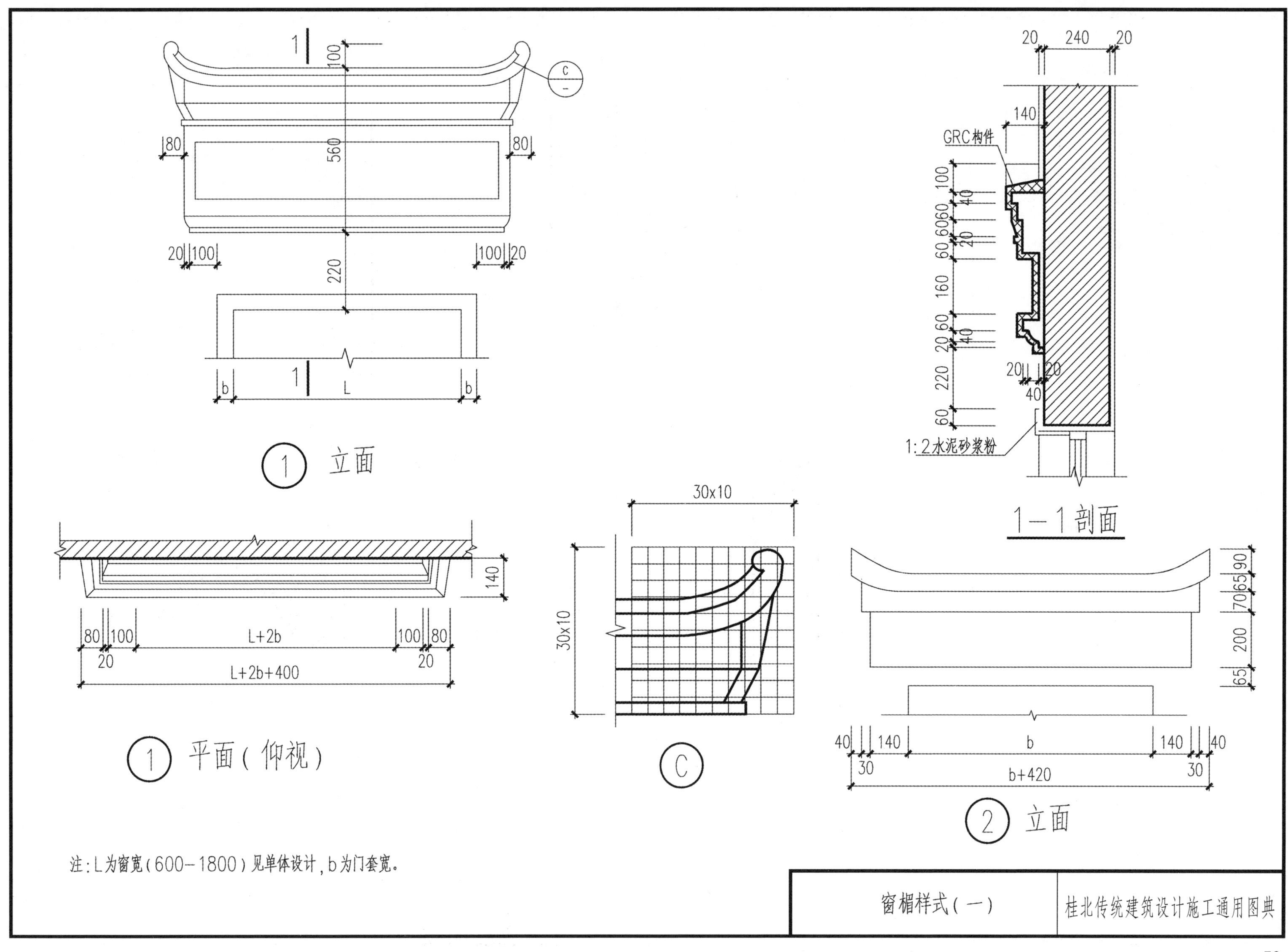

注：L为窗宽（600—1800）见单体设计，b为门套宽。

窗楣样式（一）	桂北传统建筑设计施工通用图典

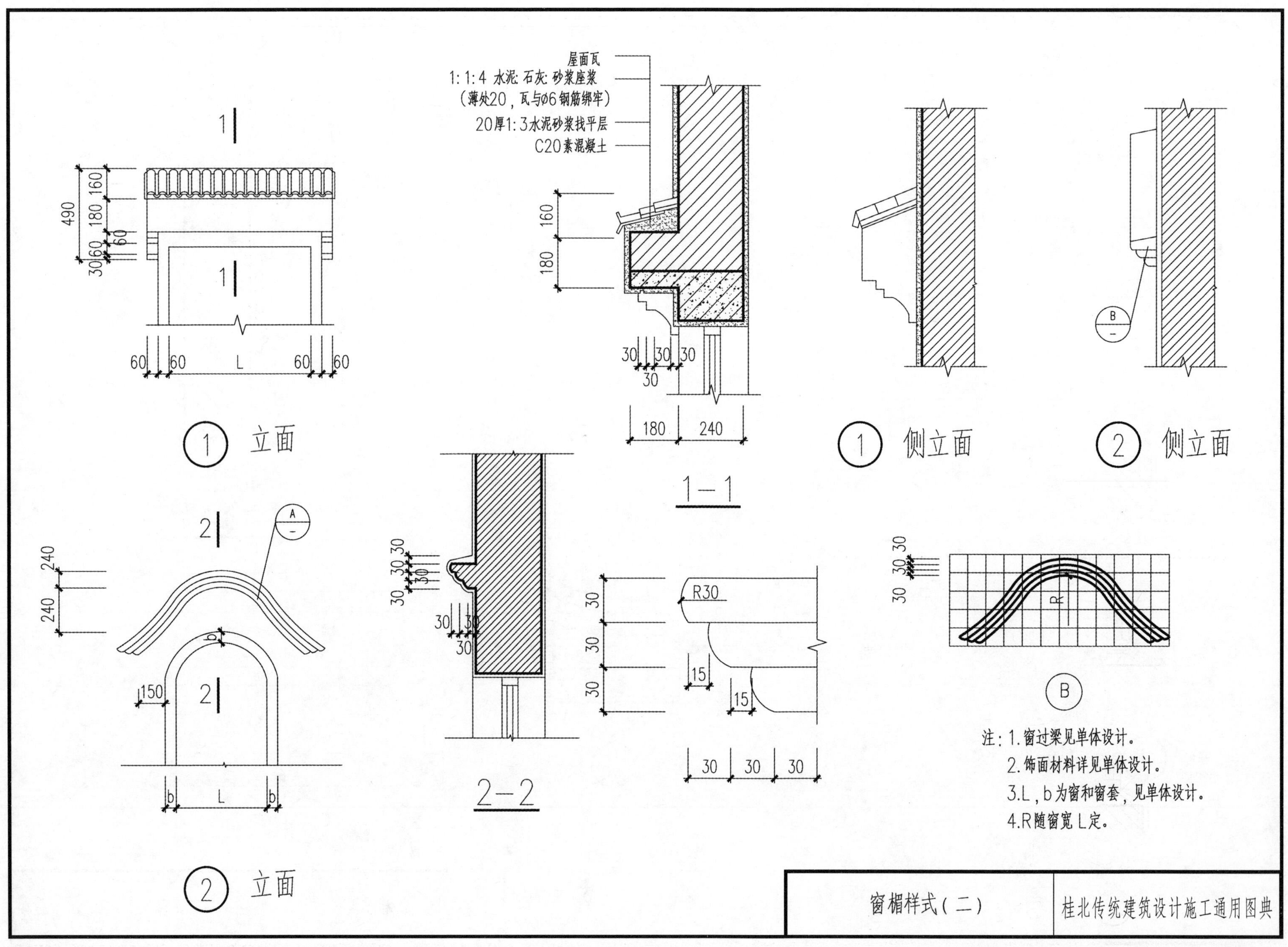
屋面瓦
1:1:4 水泥:石灰:砂浆座浆
（薄处20，瓦与ø6钢筋绑牢）
20厚1:3水泥砂浆找平层
C20素混凝土
① 立面
① 侧立面
② 侧立面
1—1
② 立面
2—2
B
R30
注：1.窗过梁见单体设计。
2.饰面材料详见单体设计。
3.L，b为窗和窗套，见单体设计。
4.R随窗宽L定。
窗楣样式（二）
桂北传统建筑设计施工通用图典

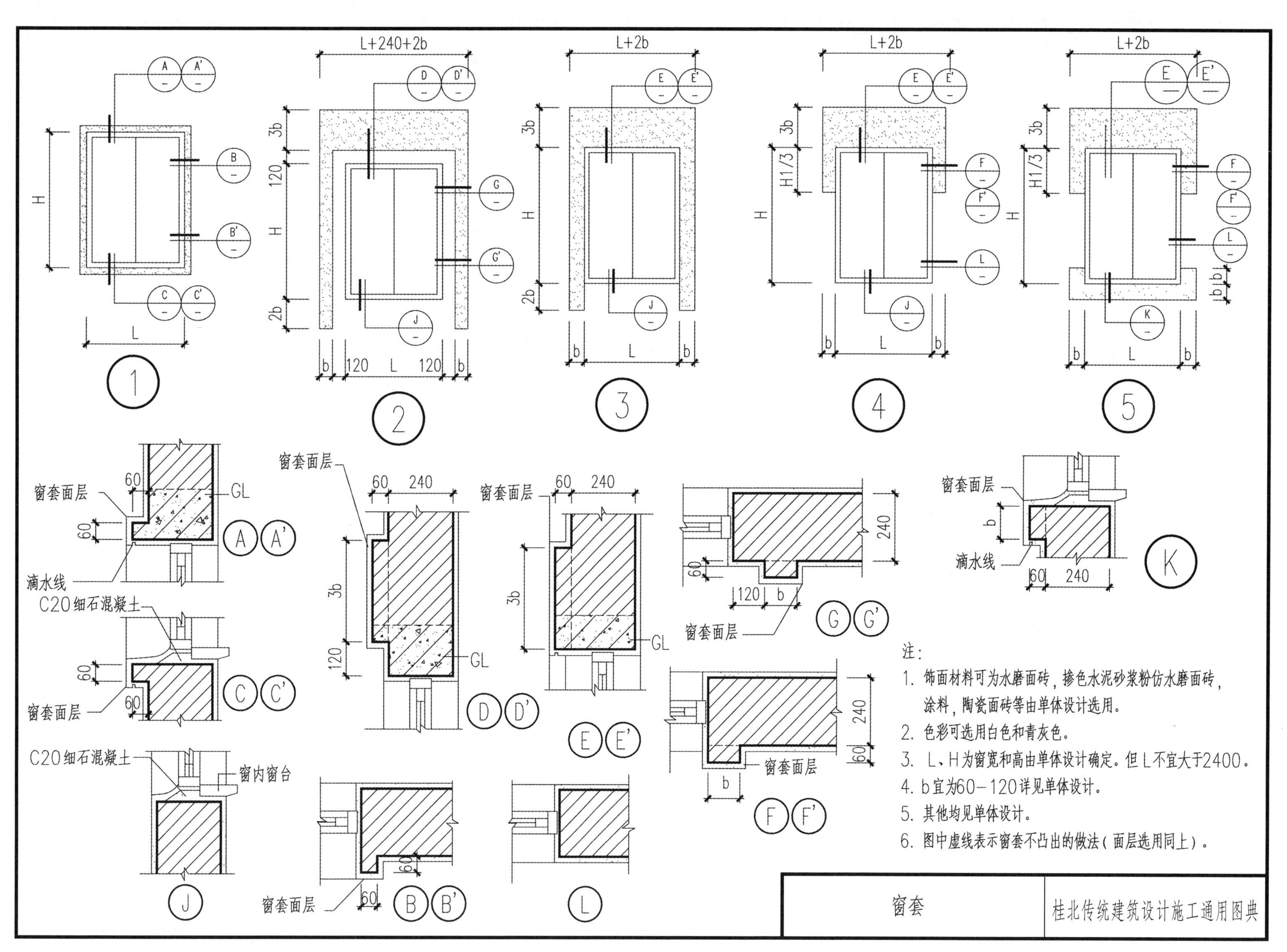

注:
1. 饰面材料可为水磨面砖，掺色水泥砂浆粉仿水磨面砖，涂料，陶瓷面砖等由单体设计选用。
2. 色彩可选用白色和青灰色。
3. L、H为窗宽和高由单体设计确定。但L不宜大于2400。
4. b宜为60－120详见单体设计。
5. 其他均见单体设计。
6. 图中虚线表示窗套不凸出的做法（面层选用同上）。

窗套	桂北传统建筑设计施工通用图典

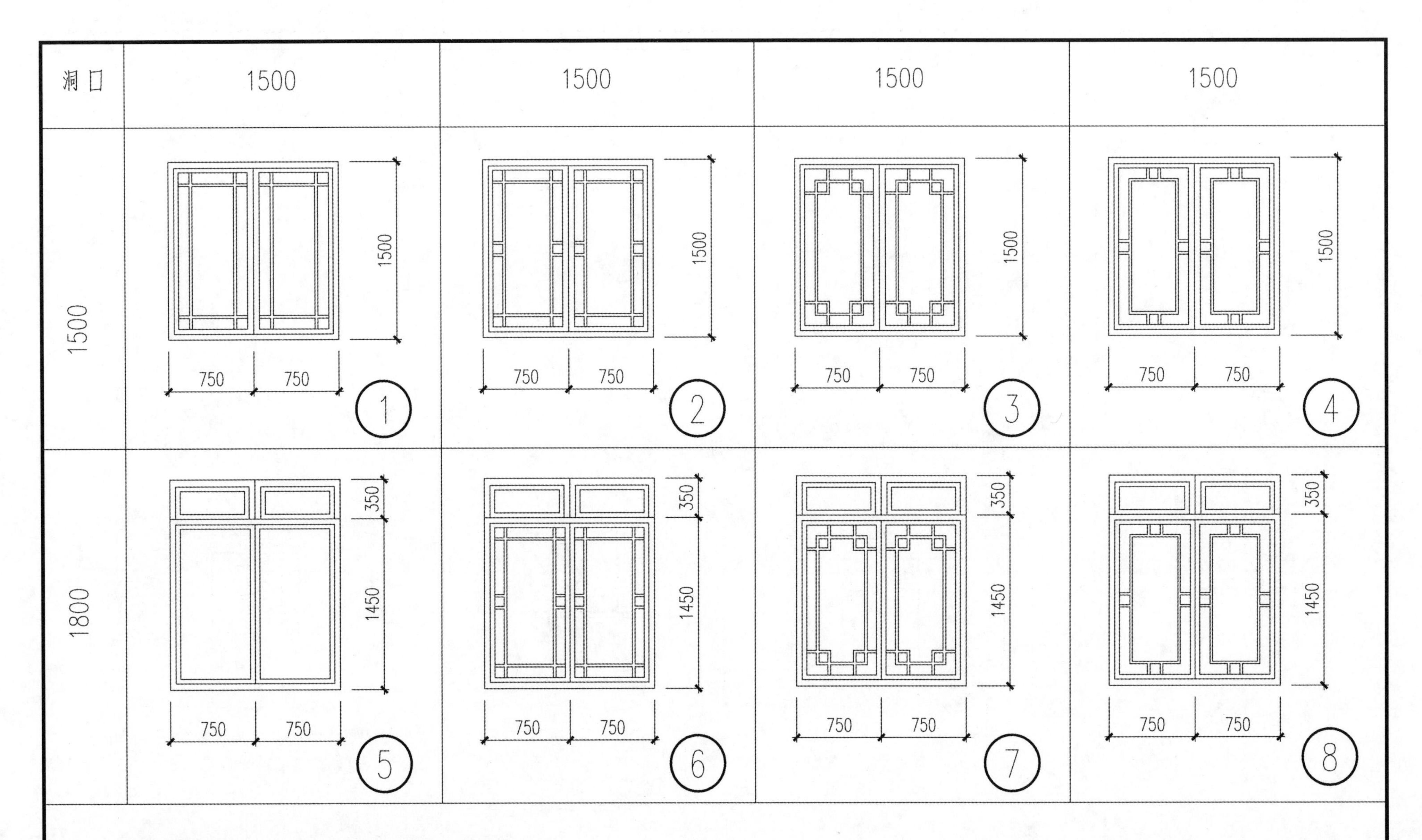

注：1. 本图为木窗式样，①～⑧为双扇平开窗，可组合成多扇窗，也可做装饰性木框玻璃窗或钢、塑钢、铝合金等框料玻璃窗，根据设计需要灵活选用，可厂家定做。

2. 本图提供的双扇窗式样，窗宽可根据设计要求调整为1200、1800。

3. 本窗面罩清漆底漆一遍，面漆四遍或赭石红色聚酯漆薄涂三遍。

窗式样（一）	桂北传统建筑设计施工通用图典

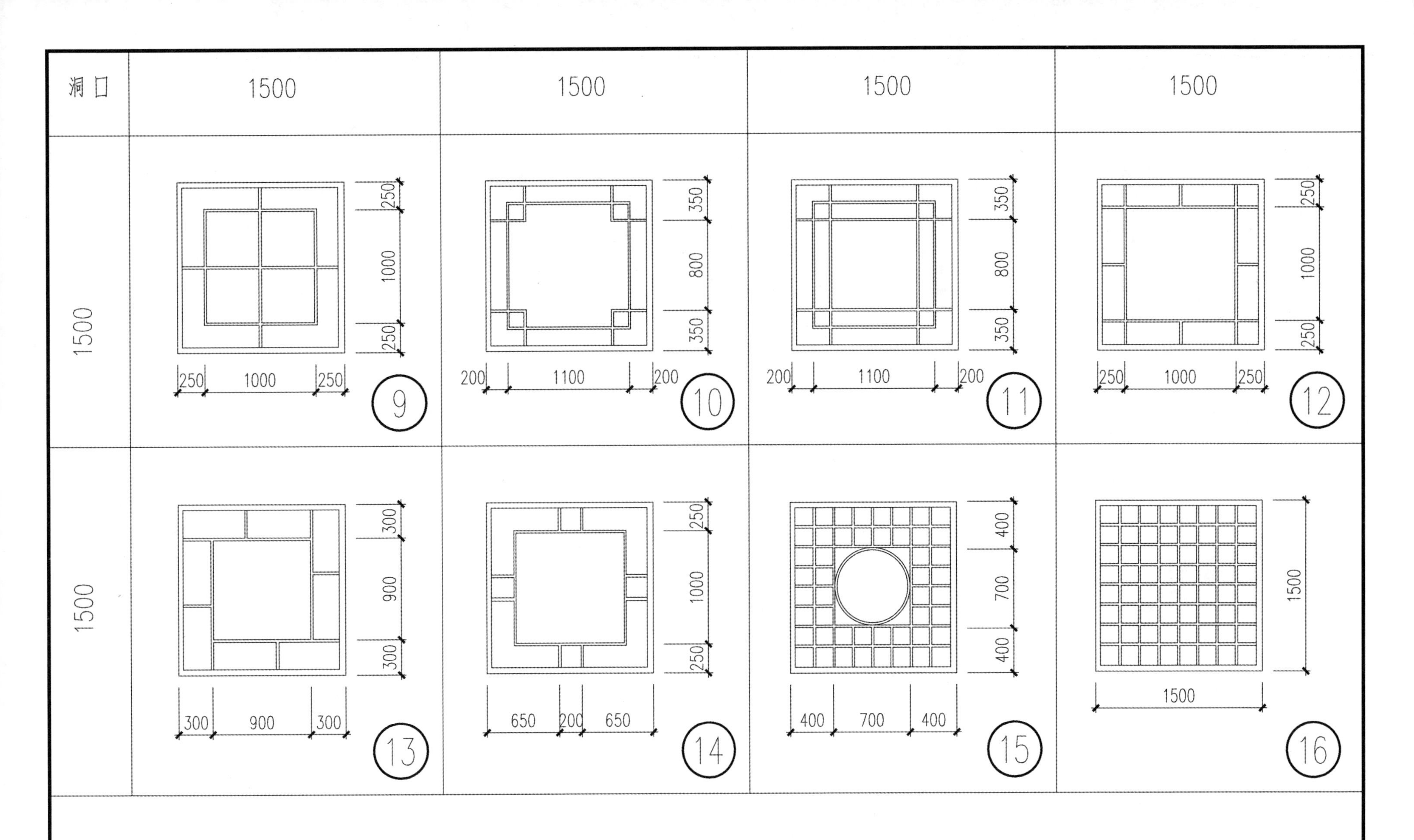

注：1. 本图为木窗式样，⑨～⑯为固定窗，也可做成透空花格或做装饰性木框玻璃窗或钢、塑钢、铝合金等框料玻璃窗，根据设计需要灵活选用，可厂家定做。

2. 本图提供的固定窗式样，窗宽可根据设计要求调整为900x900，1200x1200。

3. 木窗面罩清漆底漆一遍，面漆四遍或赭石红色聚酯漆薄涂三遍。

窗式样（二）	桂北传统建筑设计施工通用图典

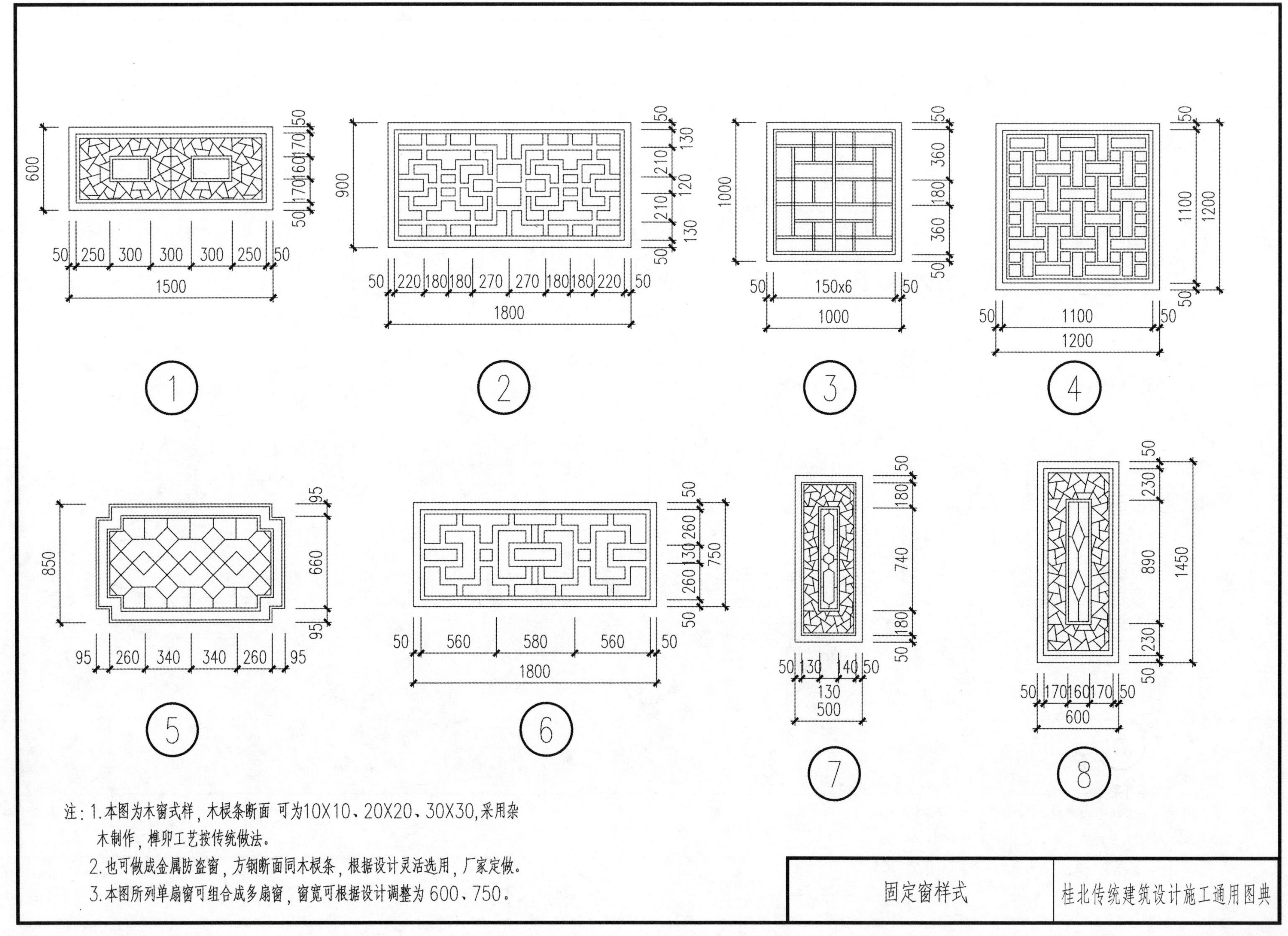

注：1.本图为木窗式样，木棂条断面 可为10X10、20X20、30X30,采用杂木制作，榫卯工艺按传统做法。

2.也可做成金属防盗窗，方钢断面同木棂条，根据设计灵活选用，厂家定做。

3.本图所列单扇窗可组合成多扇窗，窗宽可根据设计调整为600、750。

固定窗样式	桂北传统建筑设计施工通用图典

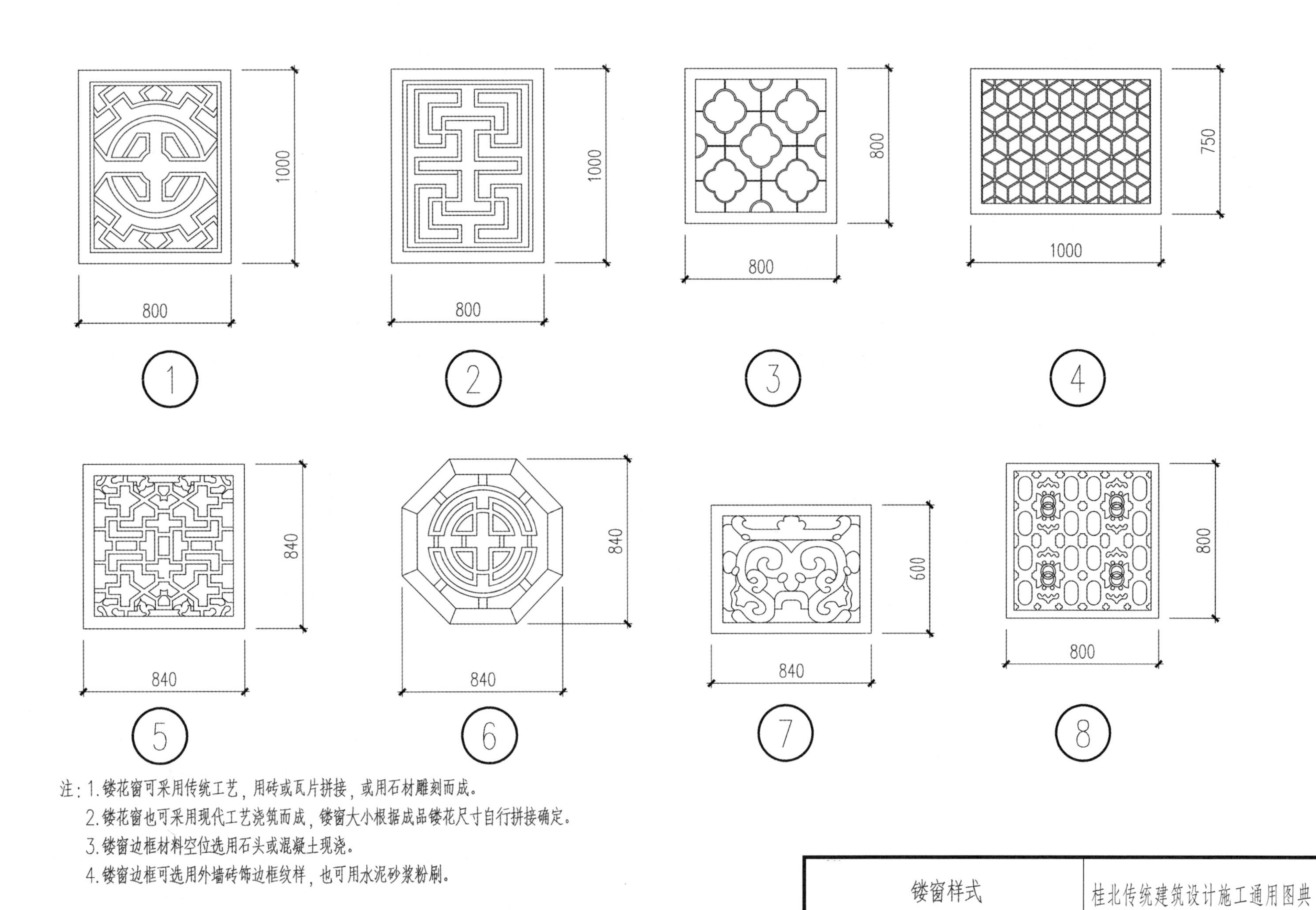

注：1.镂花窗可采用传统工艺，用砖或瓦片拼接，或用石材雕刻而成。

2.镂花窗也可采用现代工艺浇筑而成，镂窗大小根据成品镂花尺寸自行拼接确定。

3.镂窗边框材料空位选用石头或混凝土现浇。

4.镂窗边框可选用外墙砖饰边框纹样，也可用水泥砂浆粉刷。

镂窗样式	桂北传统建筑设计施工通用图典

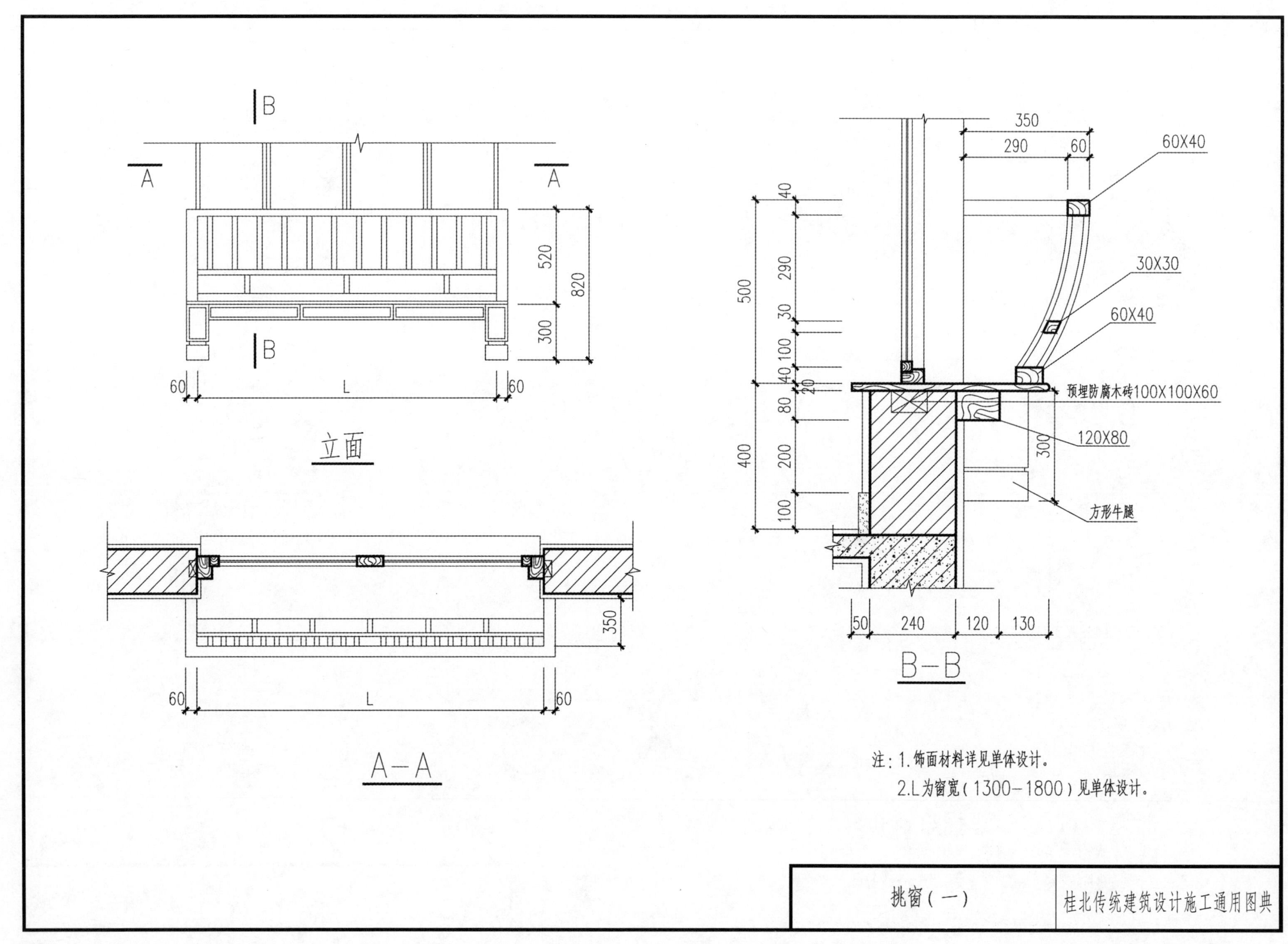

注：1.饰面材料详见单体设计。

2.L为窗宽（1300—1800）见单体设计。

挑窗（一）	桂北传统建筑设计施工通用图典

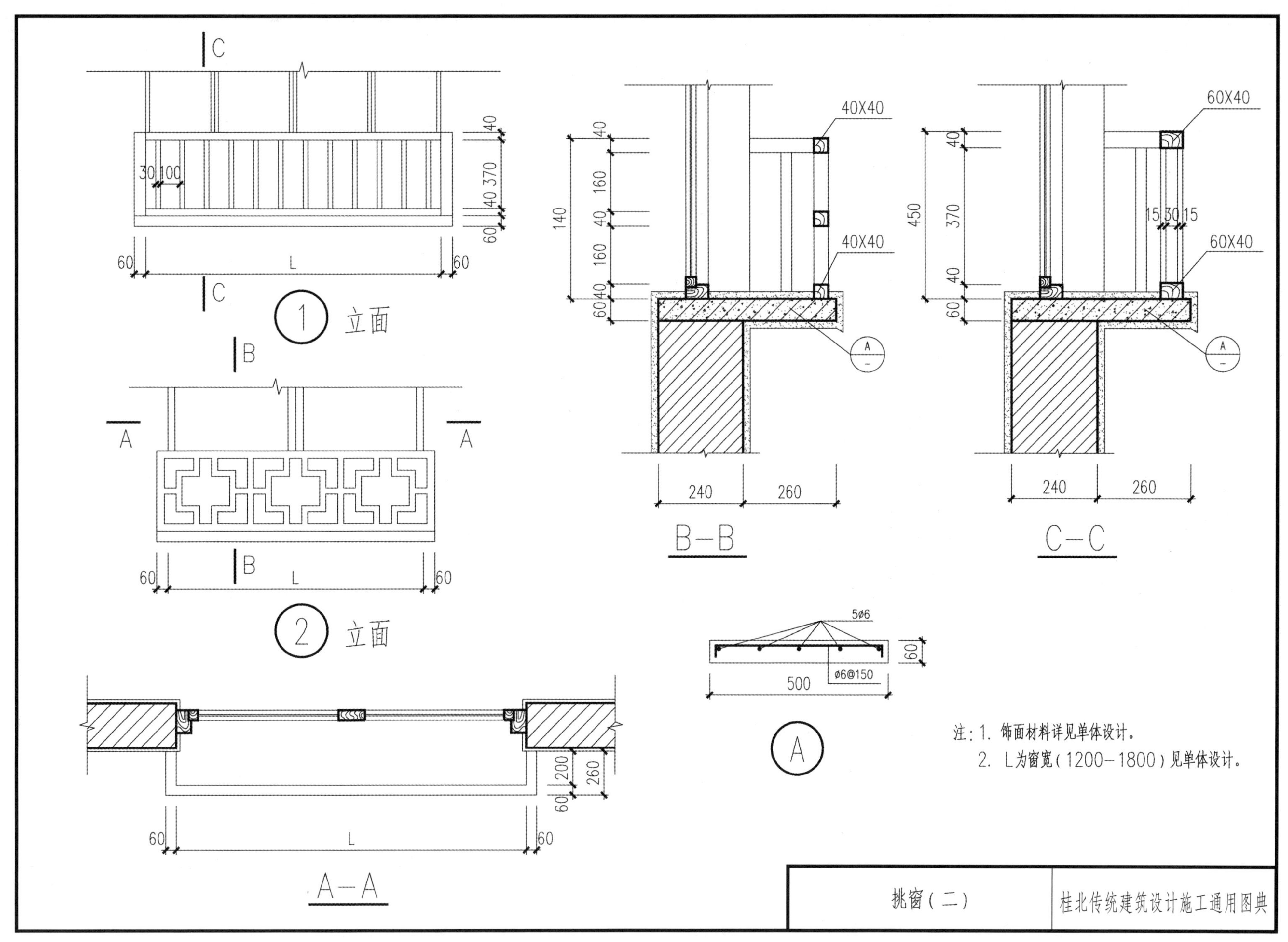

注：1. 饰面材料详见单体设计。

2. L为窗宽（1200—1800）见单体设计。

挑窗（二）	桂北传统建筑设计施工通用图典

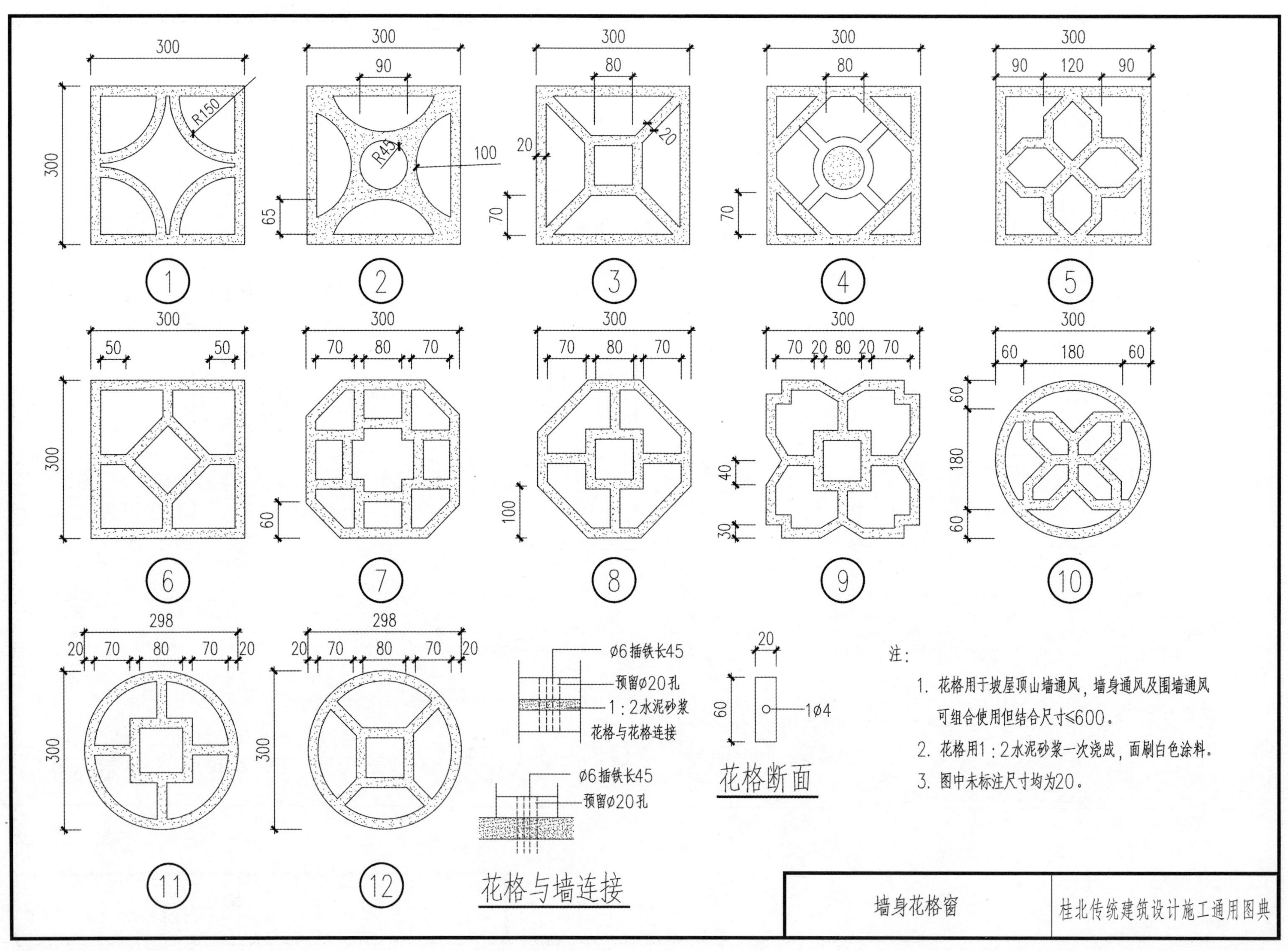

花格与墙连接

花格断面

注：

1. 花格用于坡屋顶山墙通风，墙身通风及围墙通风可组合使用但结合尺寸≤600。
2. 花格用1:2水泥砂浆一次浇成，面刷白色涂料。
3. 图中未标注尺寸均为20。

墙身花格窗	桂北传统建筑设计施工通用图典

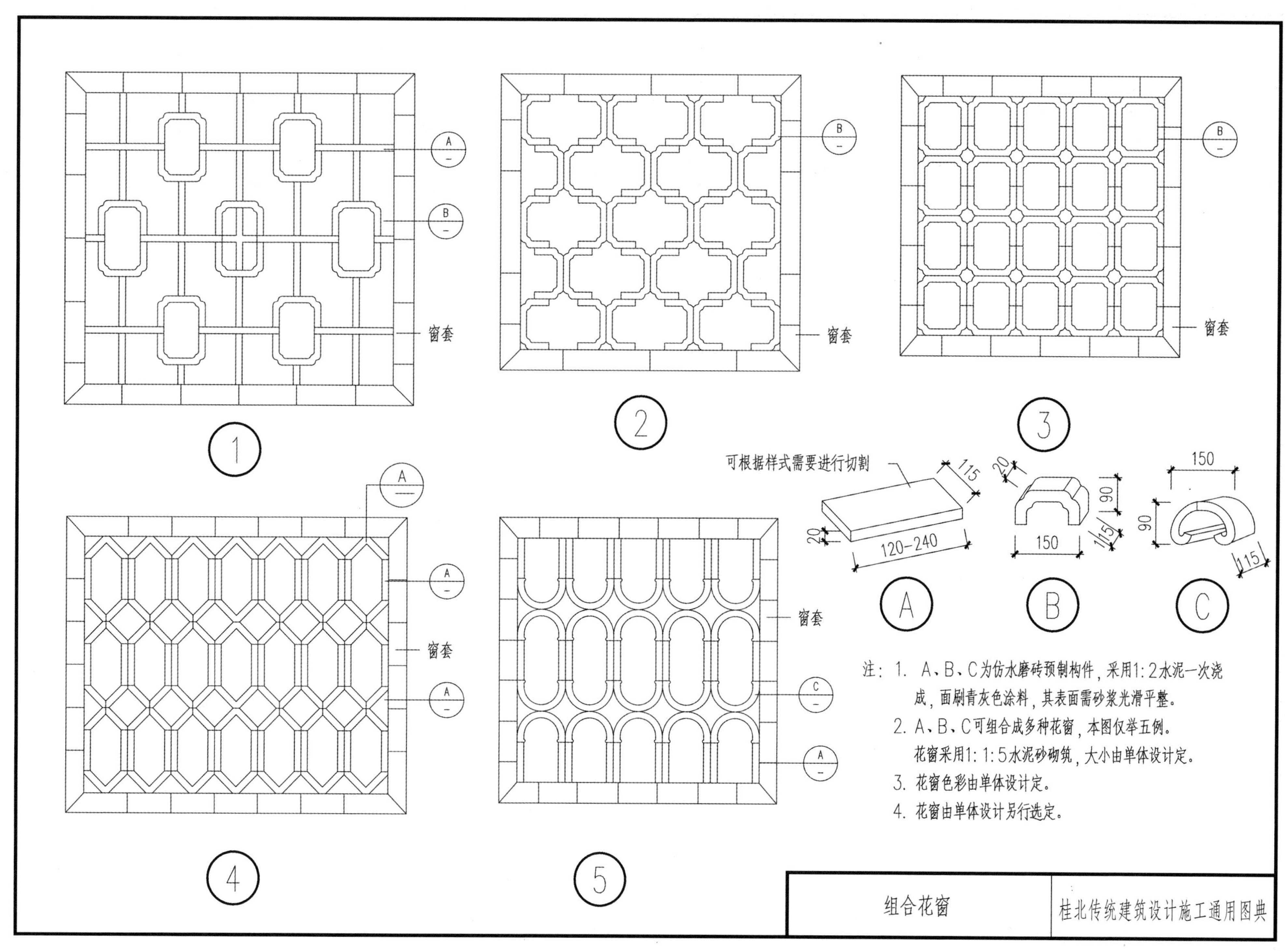

A
B
窗套
1
2
3
4
5
可根据样式需要进行切割
115
20
120-240
90
150
150
115
A
B
C
注：1. A、B、C为仿水磨砖预制构件，采用1:2水泥一次浇成，面刷青灰色涂料，其表面需砂浆光滑平整。
2. A、B、C可组合成多种花窗，本图仅举五例。花窗采用1:1:5水泥砂砌筑，大小由单体设计定。
3. 花窗色彩由单体设计定。
4. 花窗由单体设计另行选定。
组合花窗
桂北传统建筑设计施工通用图典

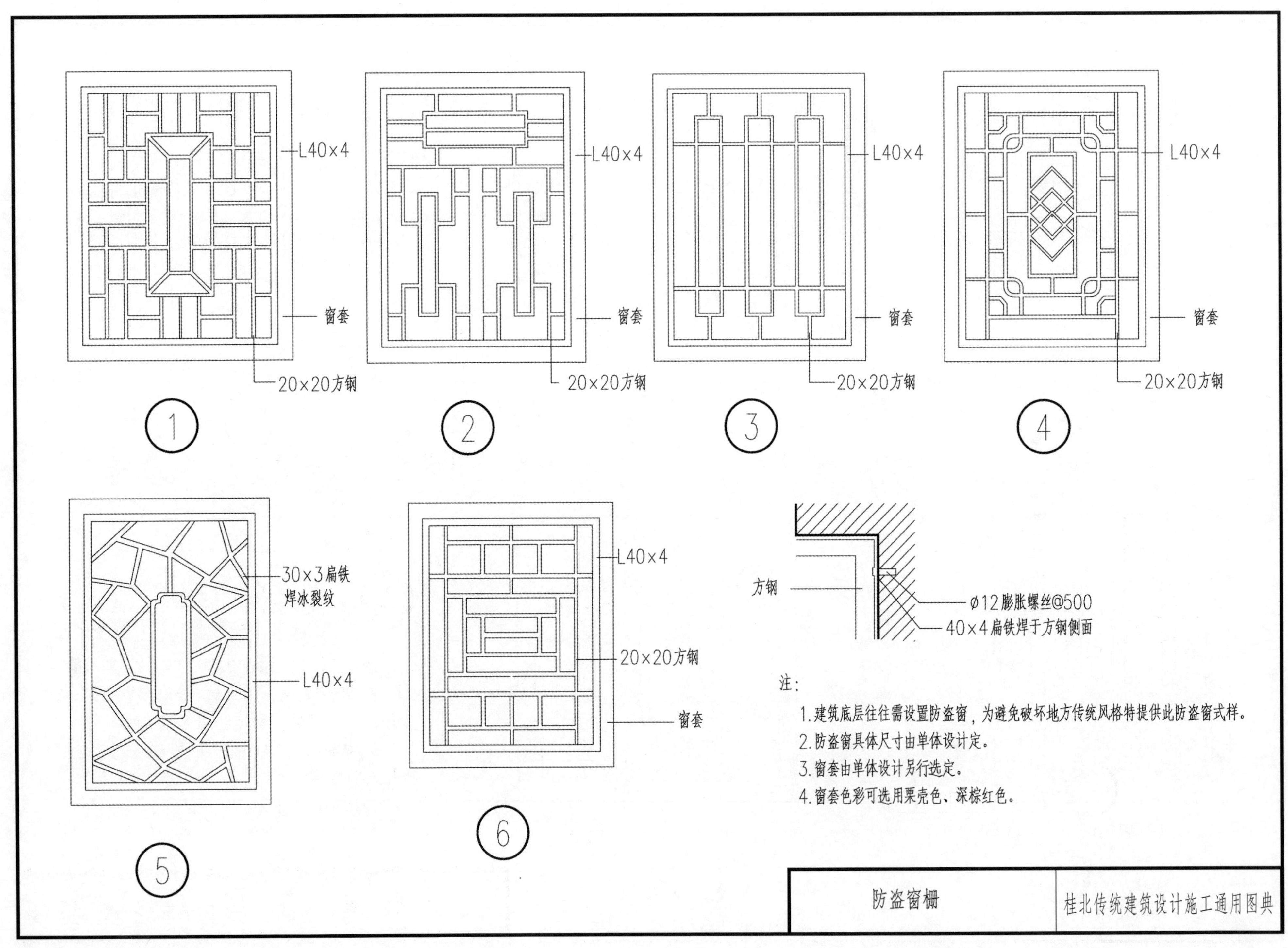

注:

1. 建筑底层往往需设置防盗窗，为避免破坏地方传统风格特提供此防盗窗式样。
2. 防盗窗具体尺寸由单体设计定。
3. 窗套由单体设计另行选定。
4. 窗套色彩可选用栗壳色、深棕红色。

防盗窗栅

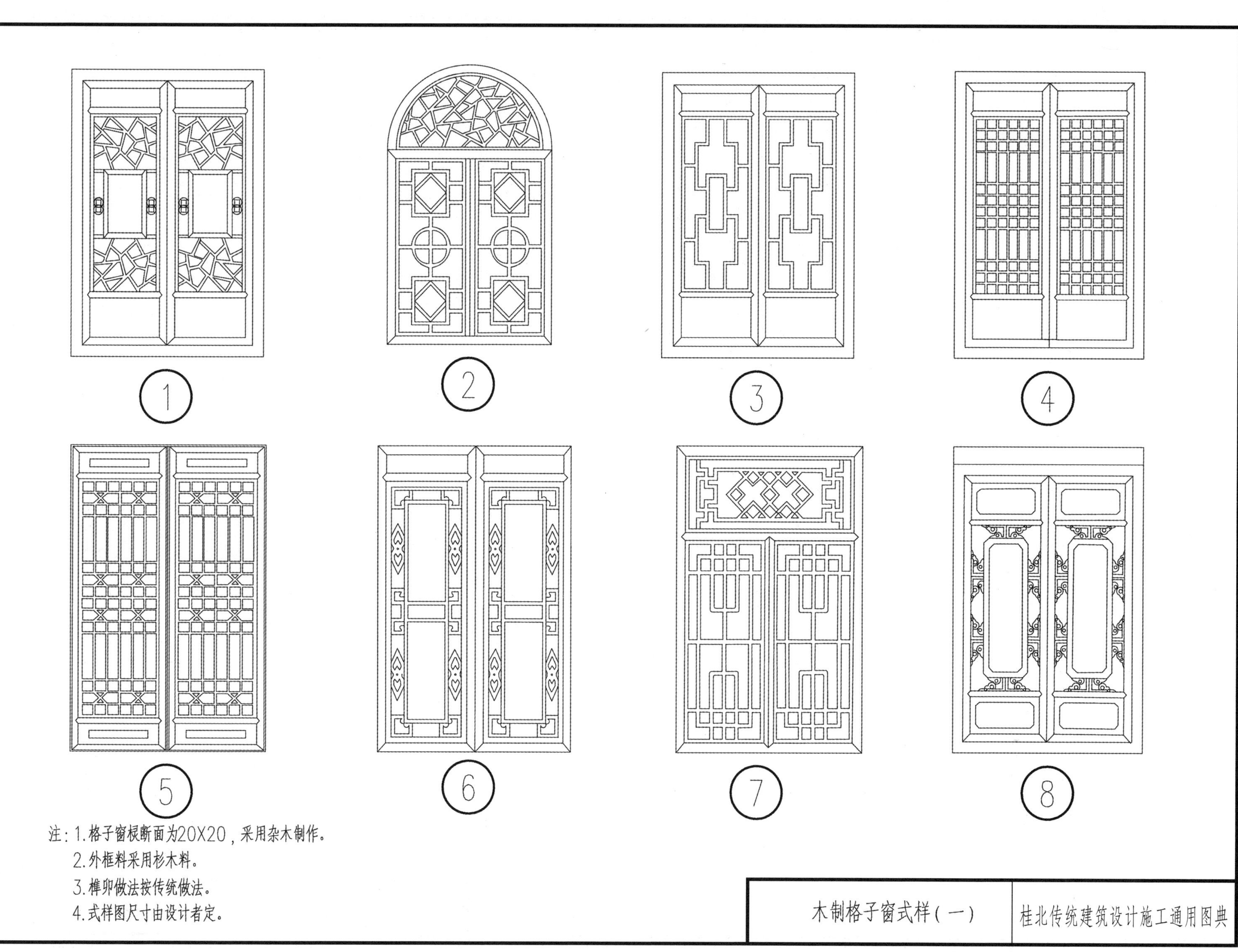
1
2
3
4
5
6
7
8
注：1.格子窗棂断面为20X20，采用杂木制作。
2.外框料采用杉木料。
3.榫卯做法按传统做法。
4.式样图尺寸由设计者定。
木制格子窗式样（一）
桂北传统建筑设计施工通用图典

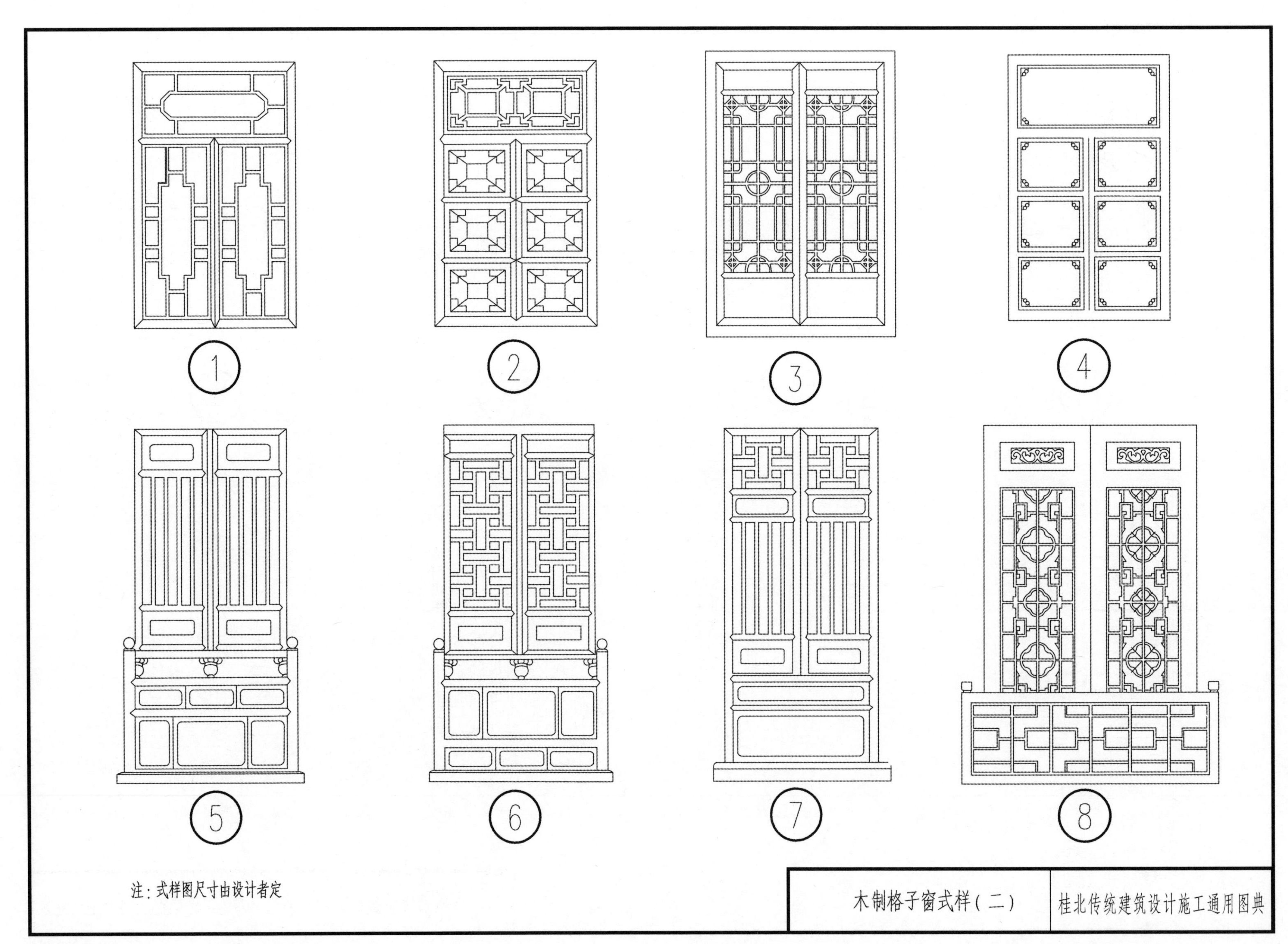
1
2
3
4
5
6
7
8
注：式样图尺寸由设计者定
木制格子窗式样（二）
桂北传统建筑设计施工通用图典

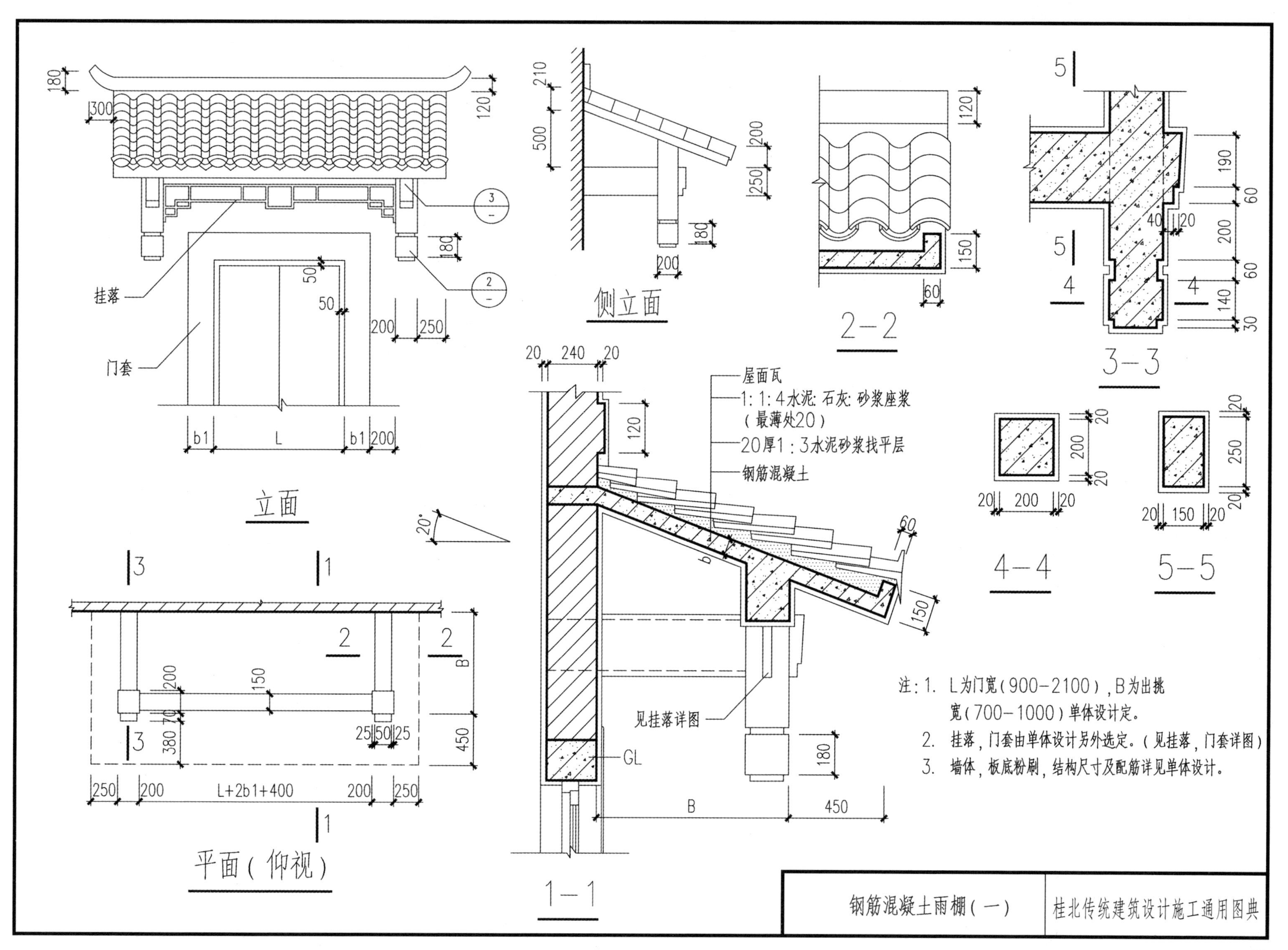

挂落
门套
立面
侧立面
2-2
3-3
4-4
5-5
1-1
平面(仰视)
屋面瓦
1:1:4水泥:石灰:砂浆座浆
(最薄处20)
20厚1:3水泥砂浆找平层
钢筋混凝土
见挂落详图
GL
注:1. L为门宽(900-2100),B为出挑宽(700-1000)单体设计定。
2. 挂落,门套由单体设计另外选定。(见挂落,门套详图)
3. 墙体,板底粉刷,结构尺寸及配筋详见单体设计。
钢筋混凝土雨棚(一)
桂北传统建筑设计施工通用图典

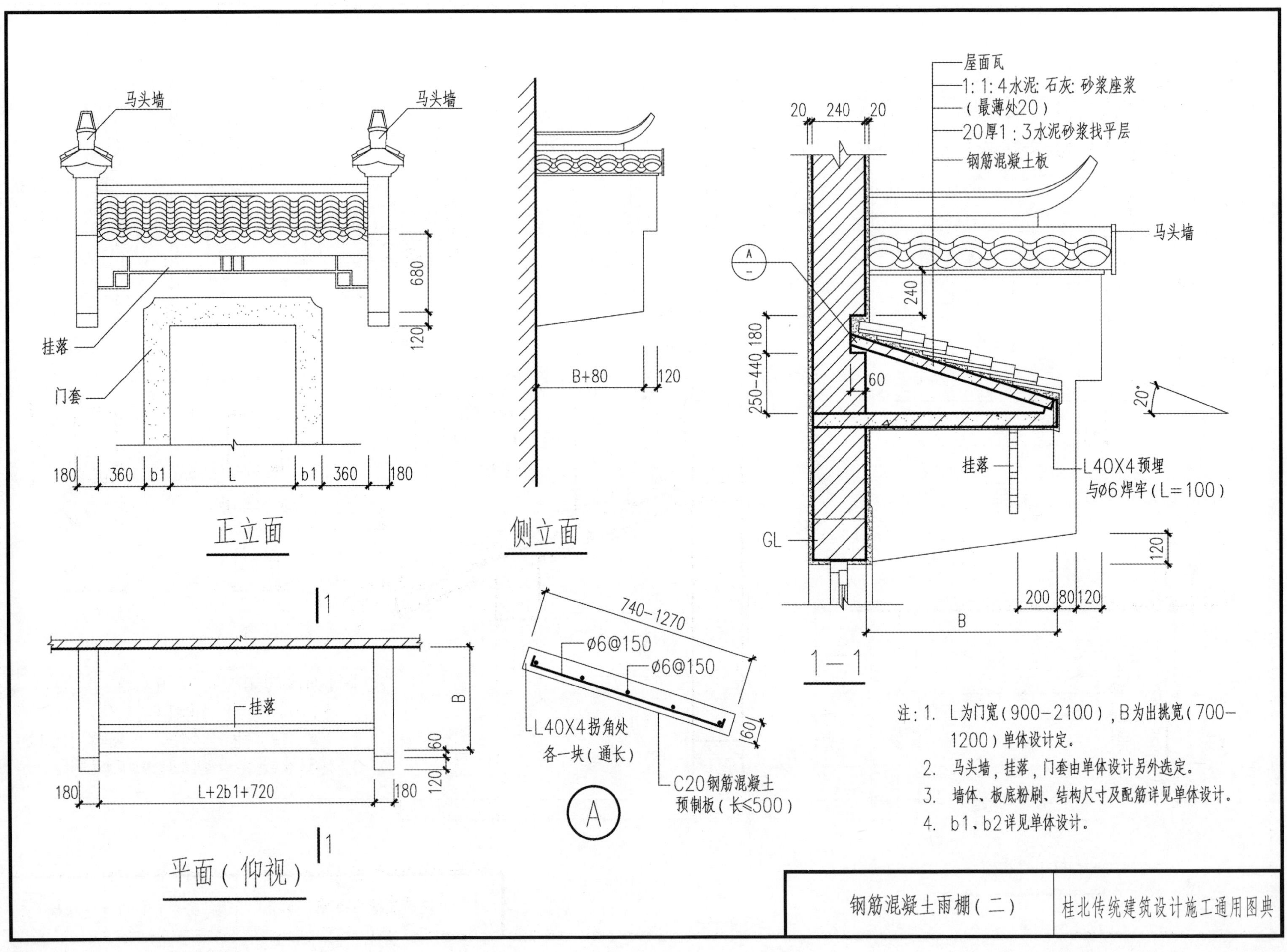

注:1. L为门宽(900-2100),B为出挑宽(700-1200)单体设计定。
2. 马头墙,挂落,门套由单体设计另外选定。
3. 墙体、板底粉刷、结构尺寸及配筋详见单体设计。
4. b1、b2详见单体设计。

钢筋混凝土雨棚(二)	桂北传统建筑设计施工通用图典

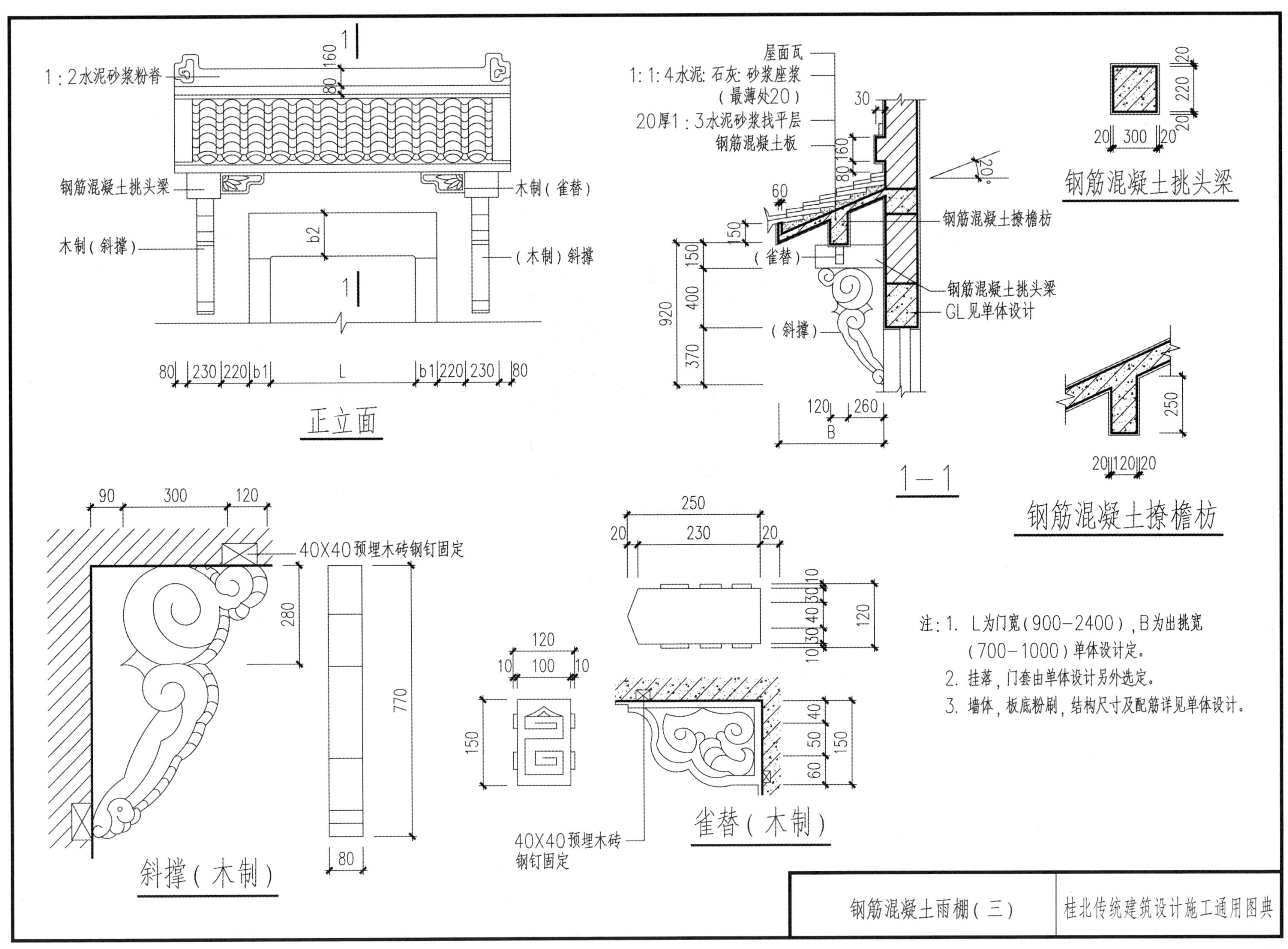
1:2水泥砂浆粉脊
钢筋混凝土挑头梁
木制（斜撑）
木制（雀替）
（木制）斜撑
正立面
屋面瓦
1:1:4水泥:石灰:砂浆座浆（最薄处20）
20厚1:3水泥砂浆找平层
钢筋混凝土板
钢筋混凝土撩檐枋
（雀替）
（斜撑）
钢筋混凝土挑头梁
GL见单体设计
1—1
钢筋混凝土挑头梁
钢筋混凝土撩檐枋
40X40预埋木砖钢钉固定
斜撑（木制）
40X40预埋木砖钢钉固定
雀替（木制）
注：1. L为门宽（900–2400），B为出挑宽（700–1000）单体设计定。
2. 挂落，门套由单体设计另外选定。
3. 墙体，板底粉刷，结构尺寸及配筋详见单体设计。
钢筋混凝土雨棚（三）
桂北传统建筑设计施工通用图典

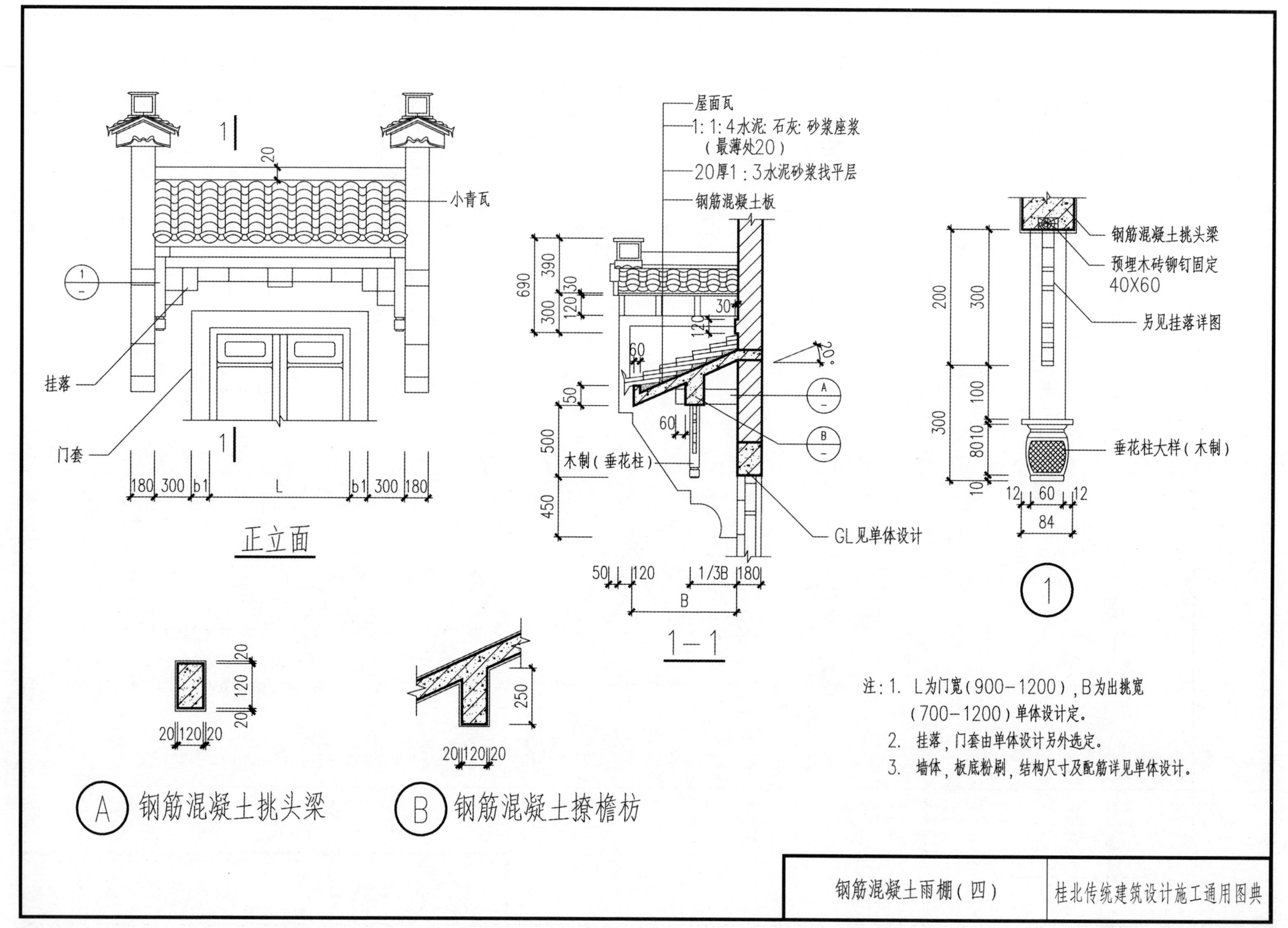

注：1. L为门宽（900—1200），B为出挑宽（700—1200）单体设计定。
2. 挂落，门套由单体设计另外选定。
3. 墙体，板底粉刷，结构尺寸及配筋详见单体设计。

钢筋混凝土雨棚（四）	桂北传统建筑设计施工通用图典

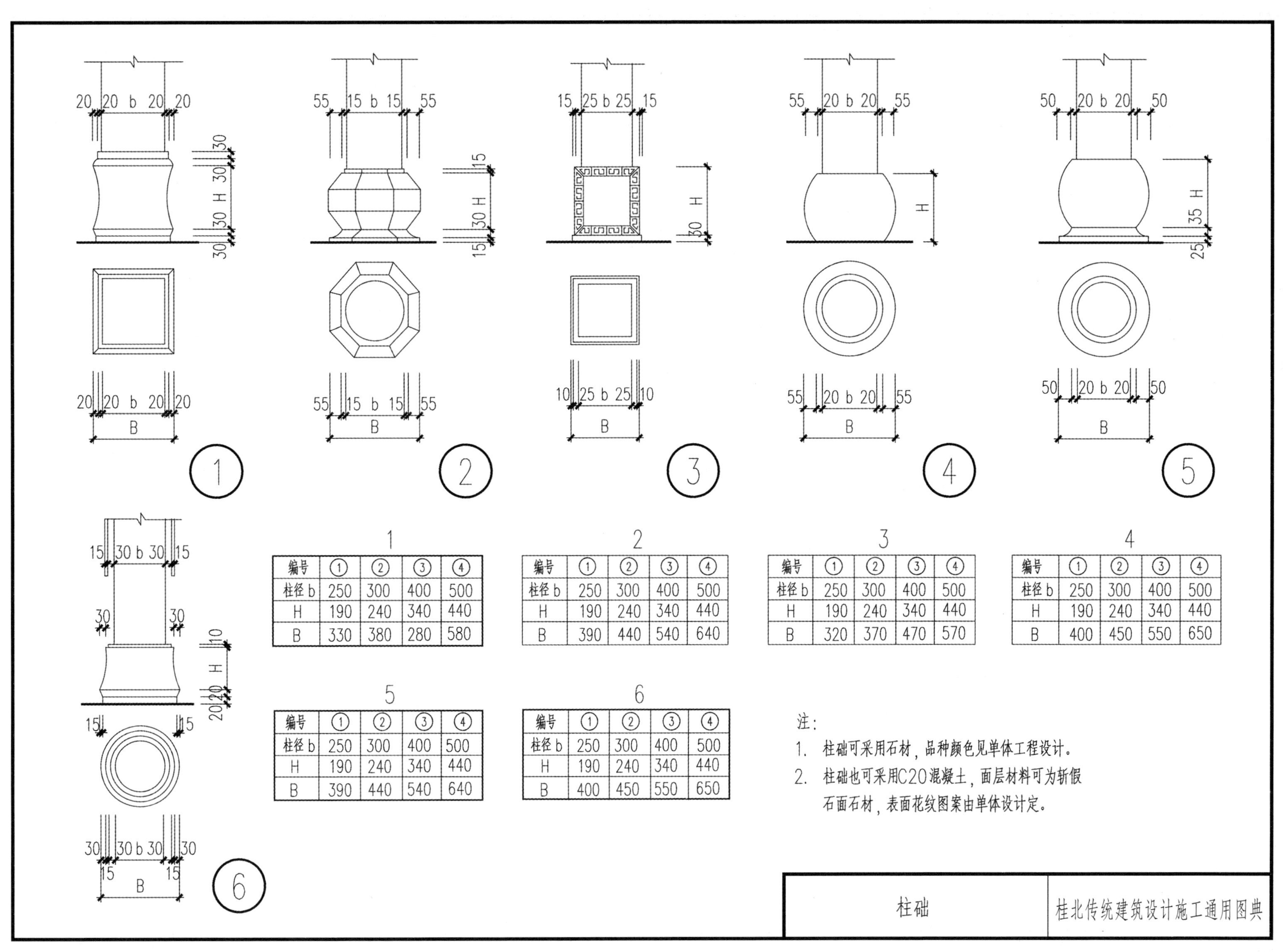

1

编号	①	②	③	④
柱径b	250	300	400	500
H	190	240	340	440
B	330	380	280	580

2

编号	①	②	③	④
柱径b	250	300	400	500
H	190	240	340	440
B	390	440	540	640

3

编号	①	②	③	④
柱径b	250	300	400	500
H	190	240	340	440
B	320	370	470	570

4

编号	①	②	③	④
柱径b	250	300	400	500
H	190	240	340	440
B	400	450	550	650

5

编号	①	②	③	④
柱径b	250	300	400	500
H	190	240	340	440
B	390	440	540	640

6

编号	①	②	③	④
柱径b	250	300	400	500
H	190	240	340	440
B	400	450	550	650

注：

1. 柱础可采用石材，品种颜色见单体工程设计。
2. 柱础也可采用C20混凝土，面层材料可为斩假石面石材，表面花纹图案由单体设计定。

柱础	桂北传统建筑设计施工通用图典

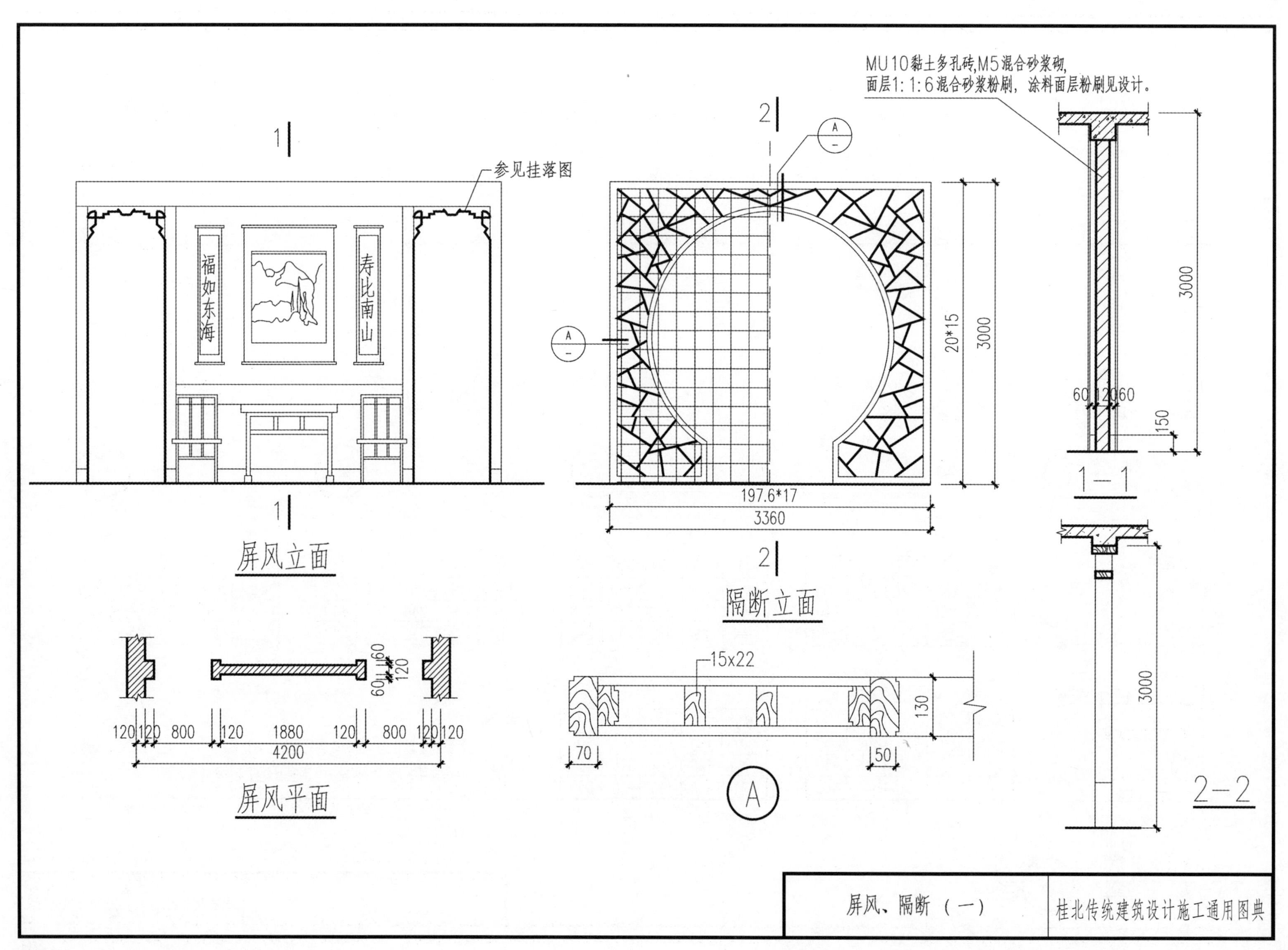
MU10黏土多孔砖,M5混合砂浆砌,
面层1:1:6混合砂浆粉刷，涂料面层粉刷见设计。
参见挂落图
福如东海
寿比南山
屏风立面
隔断立面
屏风平面
1—1
2—2
197.6*17
3360
20*15
3000
4200
15x22
130
70
50
A
屏风、隔断（一）
桂北传统建筑设计施工通用图典

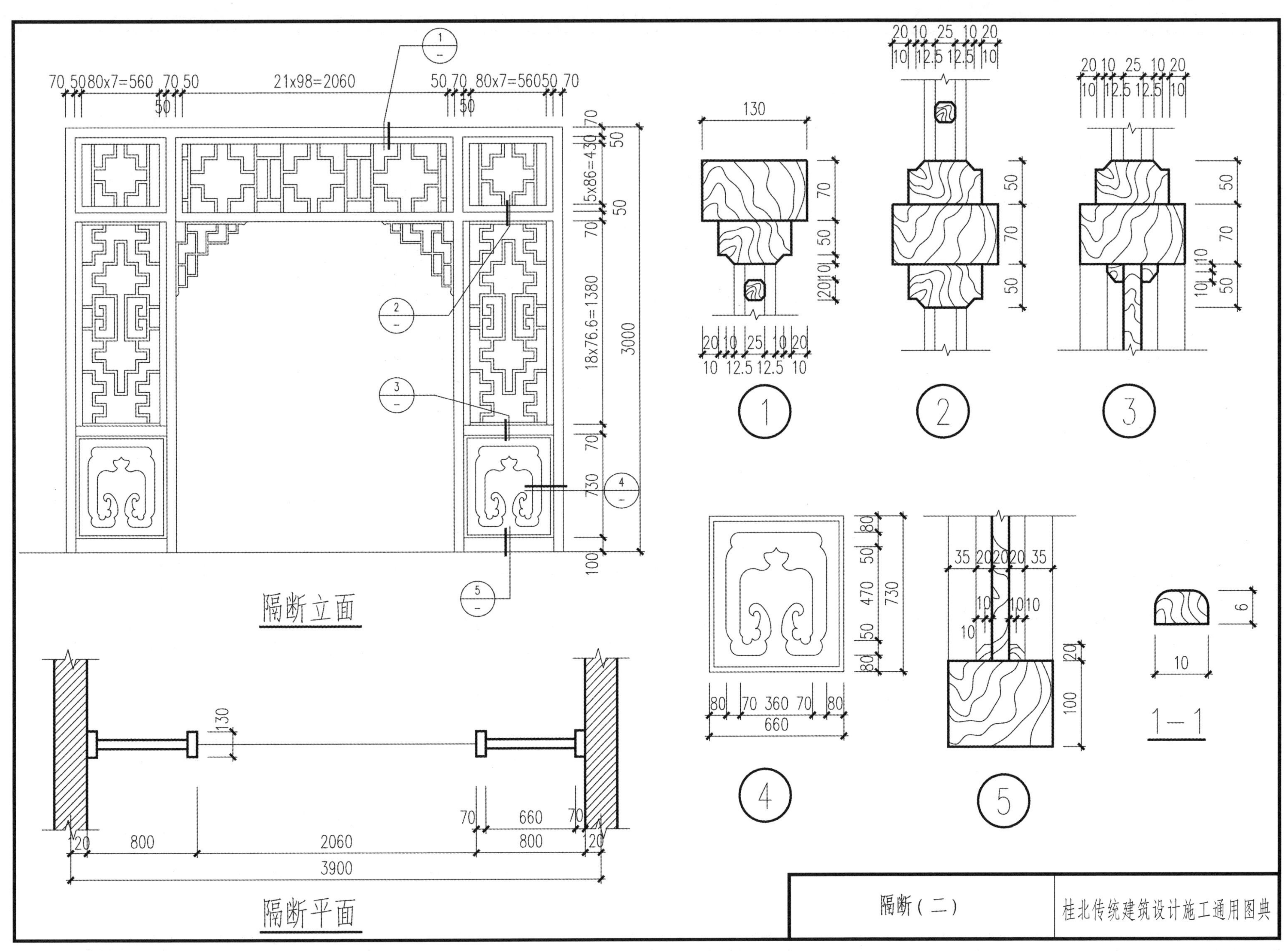

隔断立面
隔断平面
1—1
隔断（二）
桂北传统建筑设计施工通用图典

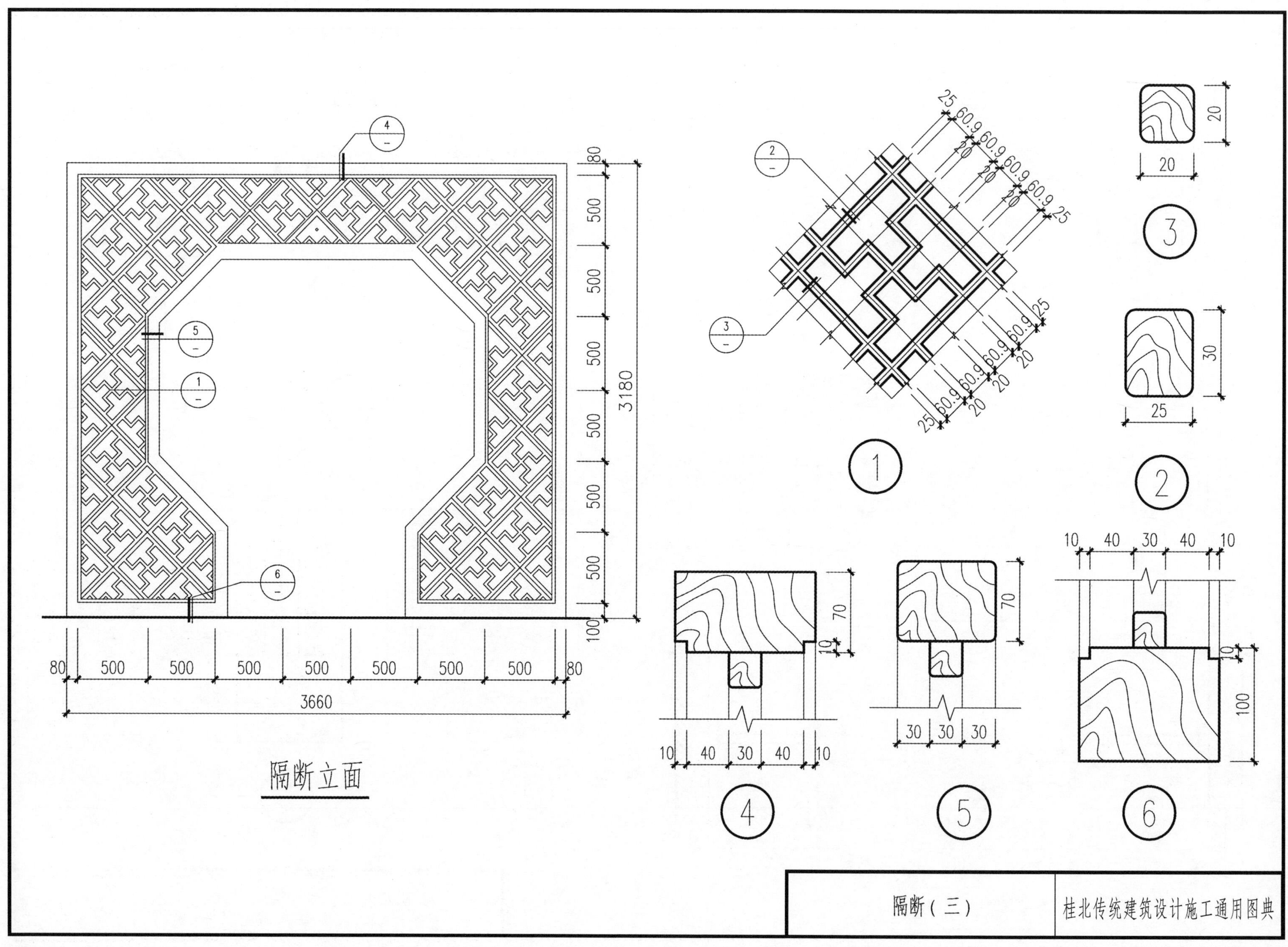

隔断（三）

桂北传统建筑设计施工通用图典

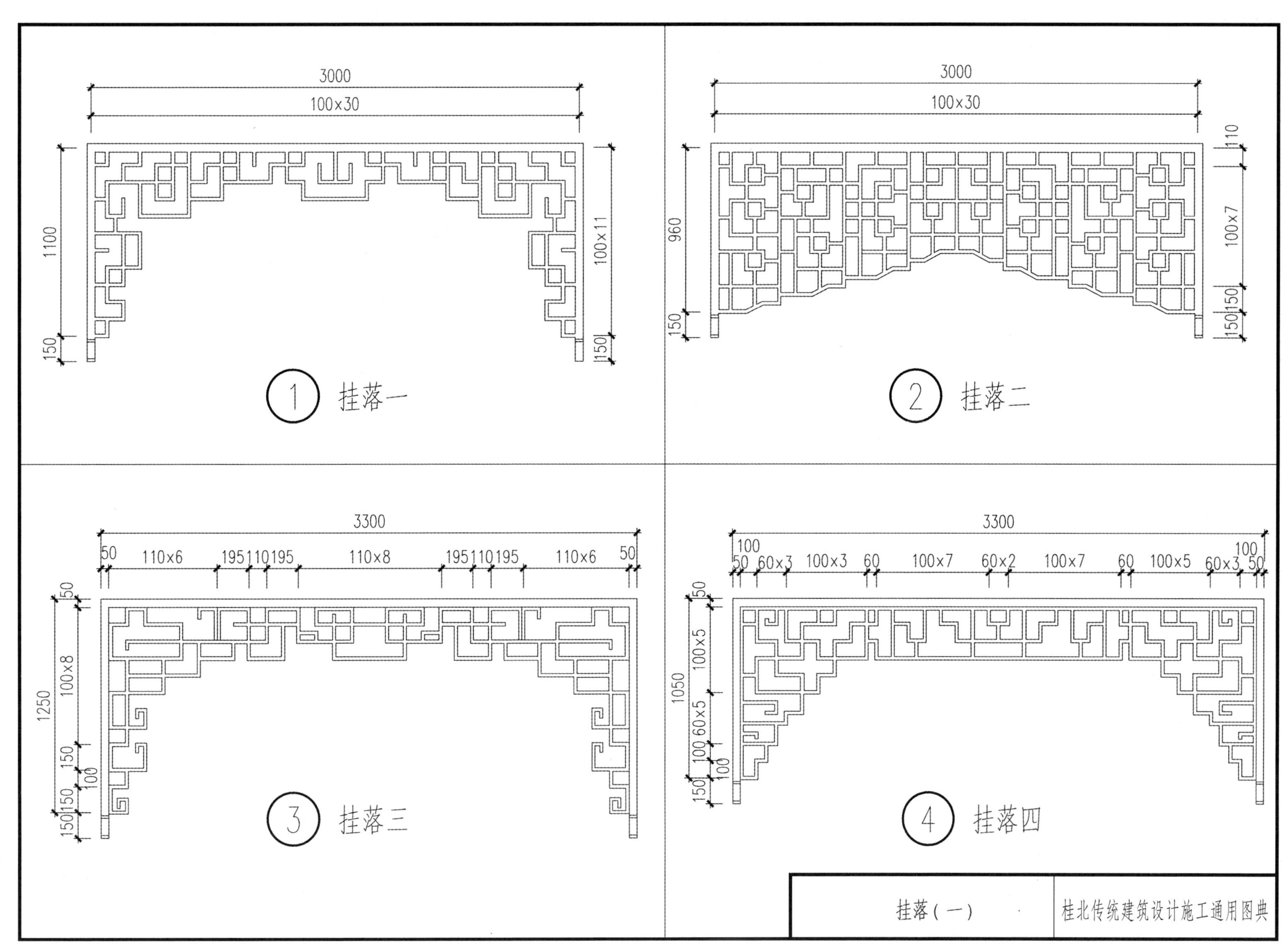
3000
100x30
1100
150
100x11
150
① 挂落一
3000
100x30
960
150
110
100x7
150
150
② 挂落二
3300
50
110x6
195
110
195
110x8
195
110
195
110x6
50
1250
50
100x8
150
100
150
150
③ 挂落三
3300
100
50
60x3
100x3
60
100x7
60x2
100x7
60
100x5
60x3
100
50
1050
50
100x5
60x5
100
100
150
④ 挂落四
挂落（一）
桂北传统建筑设计施工通用图典

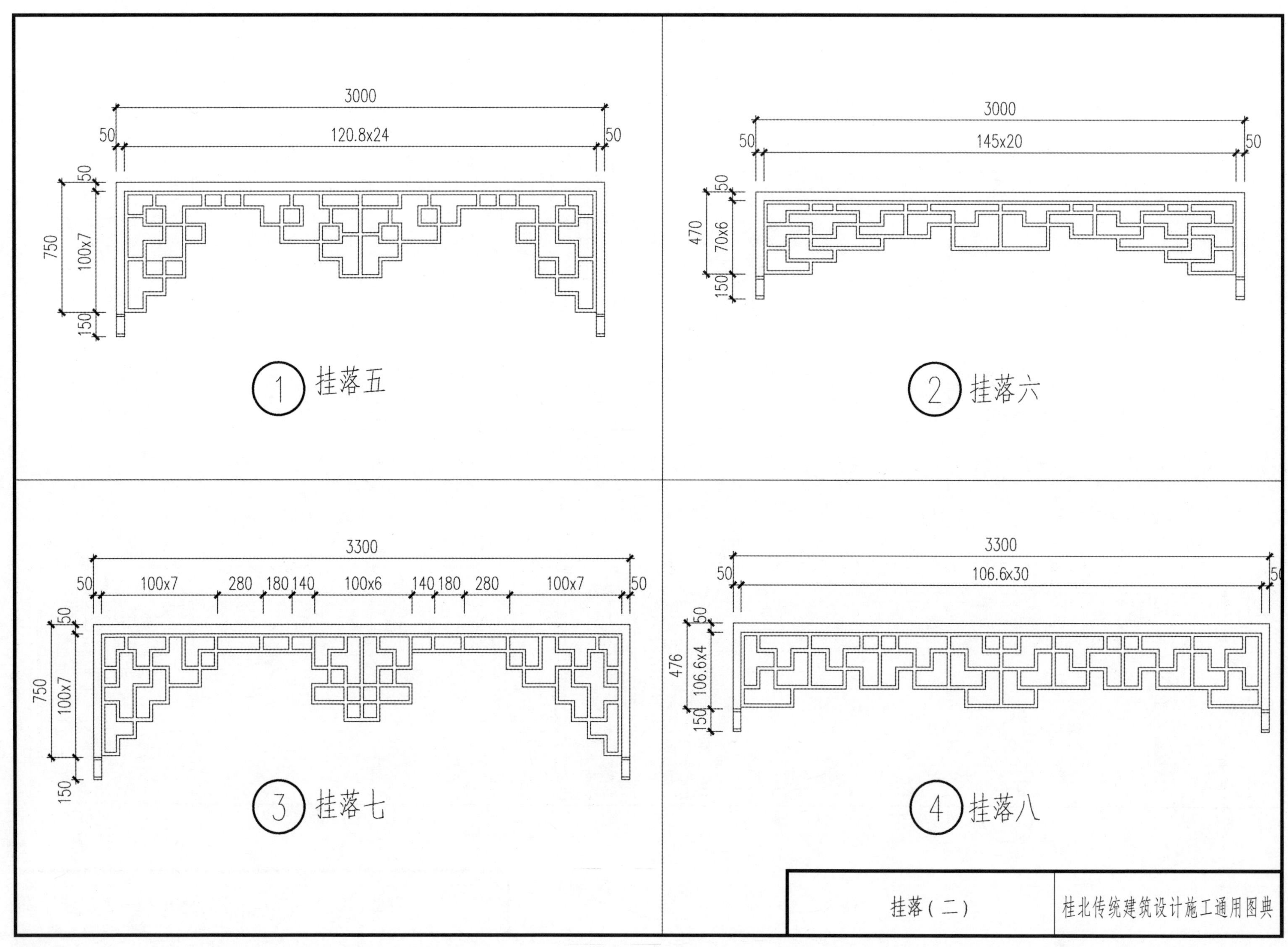
3000
50
120.8x24
50
50
750
100x7
150
1 挂落五
3000
50
145x20
50
50
470
70x6
150
2 挂落六
3300
50
100x7
280
180
140
100x6
140
180
280
100x7
50
50
750
100x7
150
3 挂落七
3300
50
106.6x30
50
476
106.6x4
150
4 挂落八
挂落（二）
桂北传统建筑设计施工通用图典

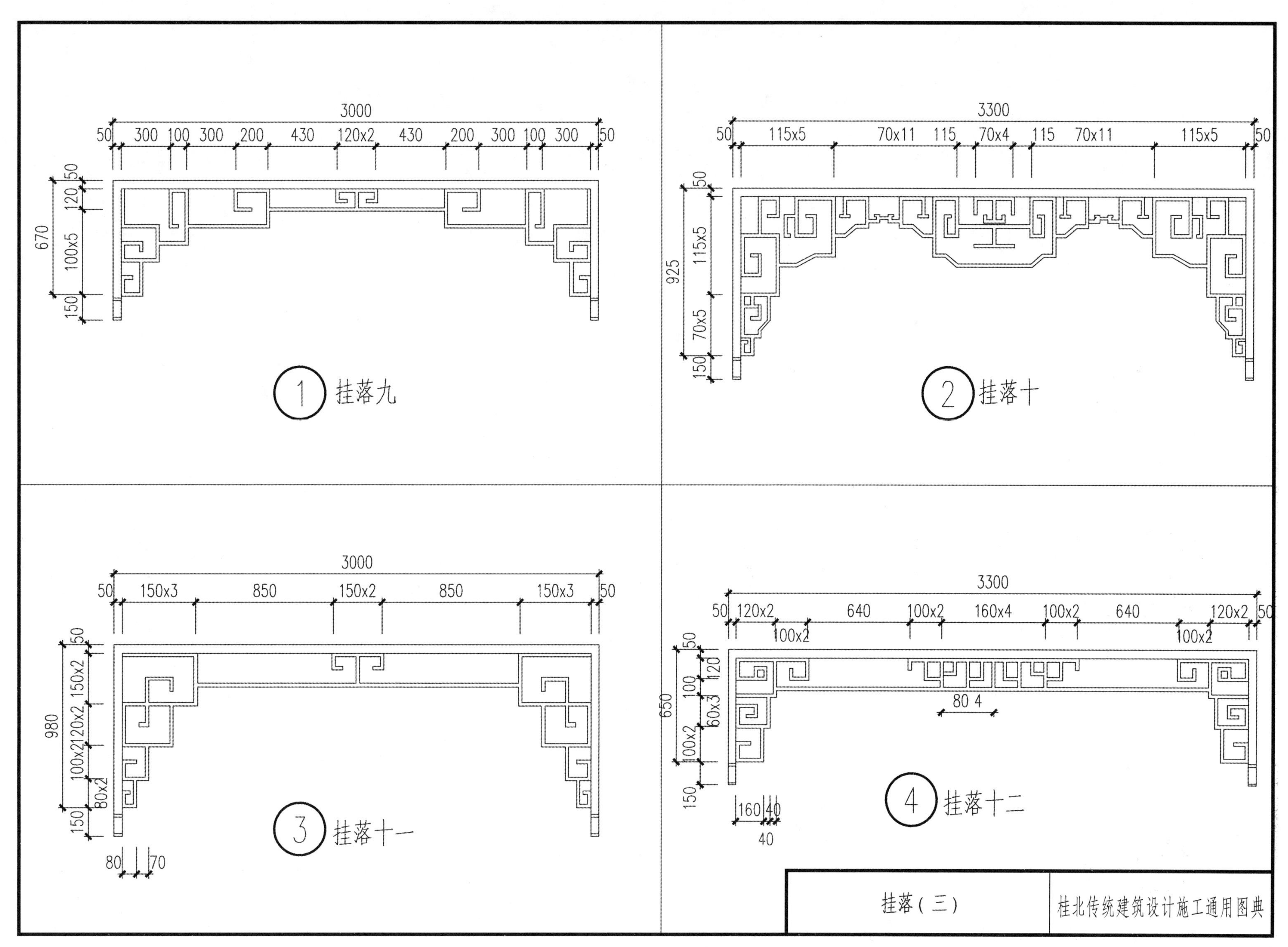
3000
50
300
100
300
200
430
120x2
430
200
300
100
300
50
670
50
120
100x5
150
1 挂落九
3300
50
115x5
70x11
115
70x4
115
70x11
115x5
50
925
50
115x5
70x5
150
2 挂落十
3000
50
150x3
850
150x2
850
150x3
50
980
50
150x2
120x2
100x2
80x2
150
80
70
3 挂落十一
3300
50
120x2
640
100x2
160x4
100x2
640
120x2
50
100x2
100x2
650
50
120
100
60x3
100x2
150
80 4
160
40
40
4 挂落十二
挂落（三）
桂北传统建筑设计施工通用图典

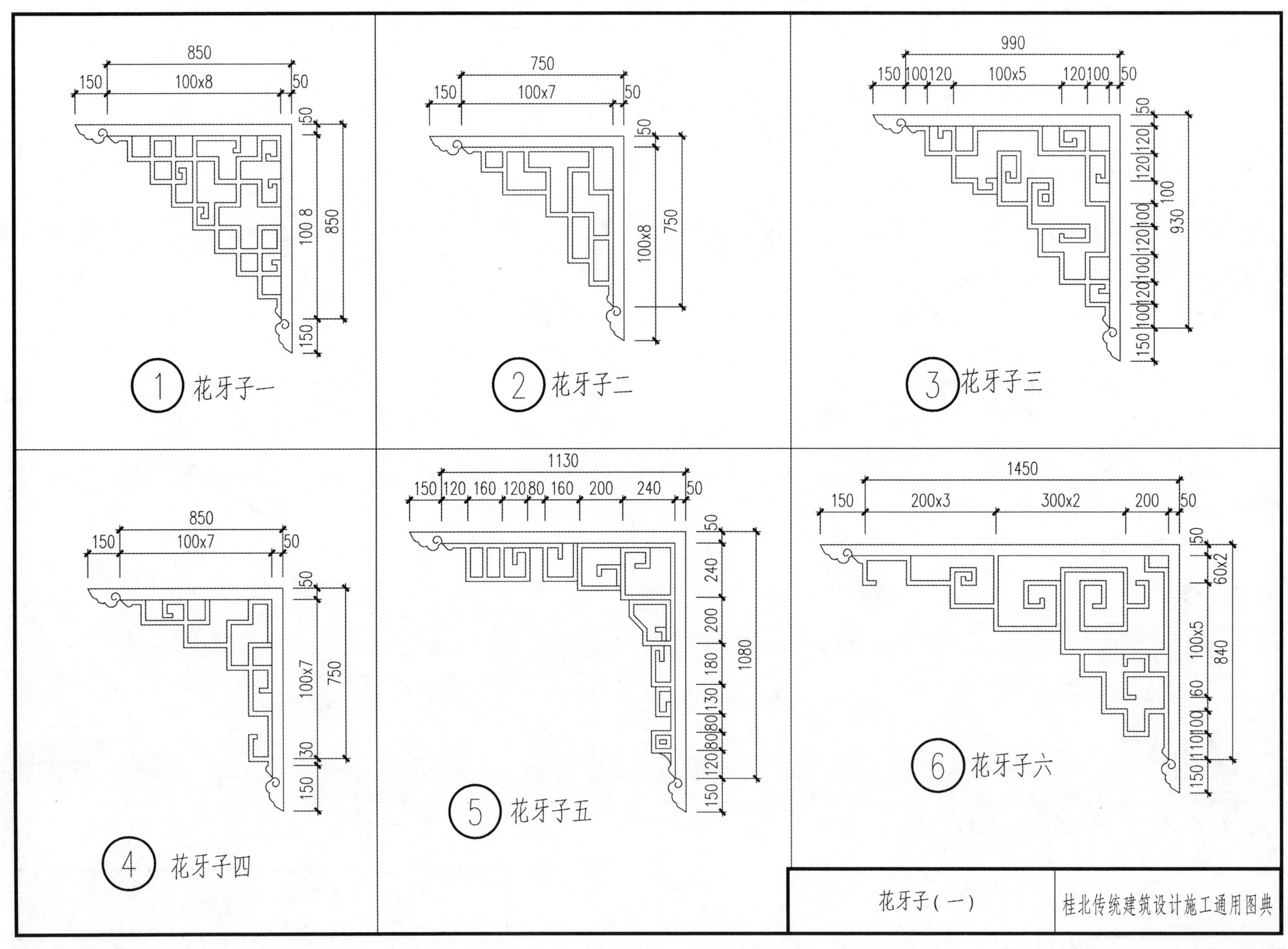

850
150
100x8
50
50
100 8
850
150
1 花牙子一
750
150
100x7
50
50
100x8
750
2 花牙子二
990
150
100
120
100x5
120
100
50
50
120
120
100
100
120
120
100
120
100
150
930
3 花牙子三
850
150
100x7
50
50
100x7
750
30
150
4 花牙子四
1130
150
120
160
120
80
160
200
240
50
50
240
200
180
130
80
80
120
150
1080
5 花牙子五
1450
150
200x3
300x2
200
50
50
60x2
100x5
60
100
110
150
840
6 花牙子六
花牙子(一)
桂北传统建筑设计施工通用图典

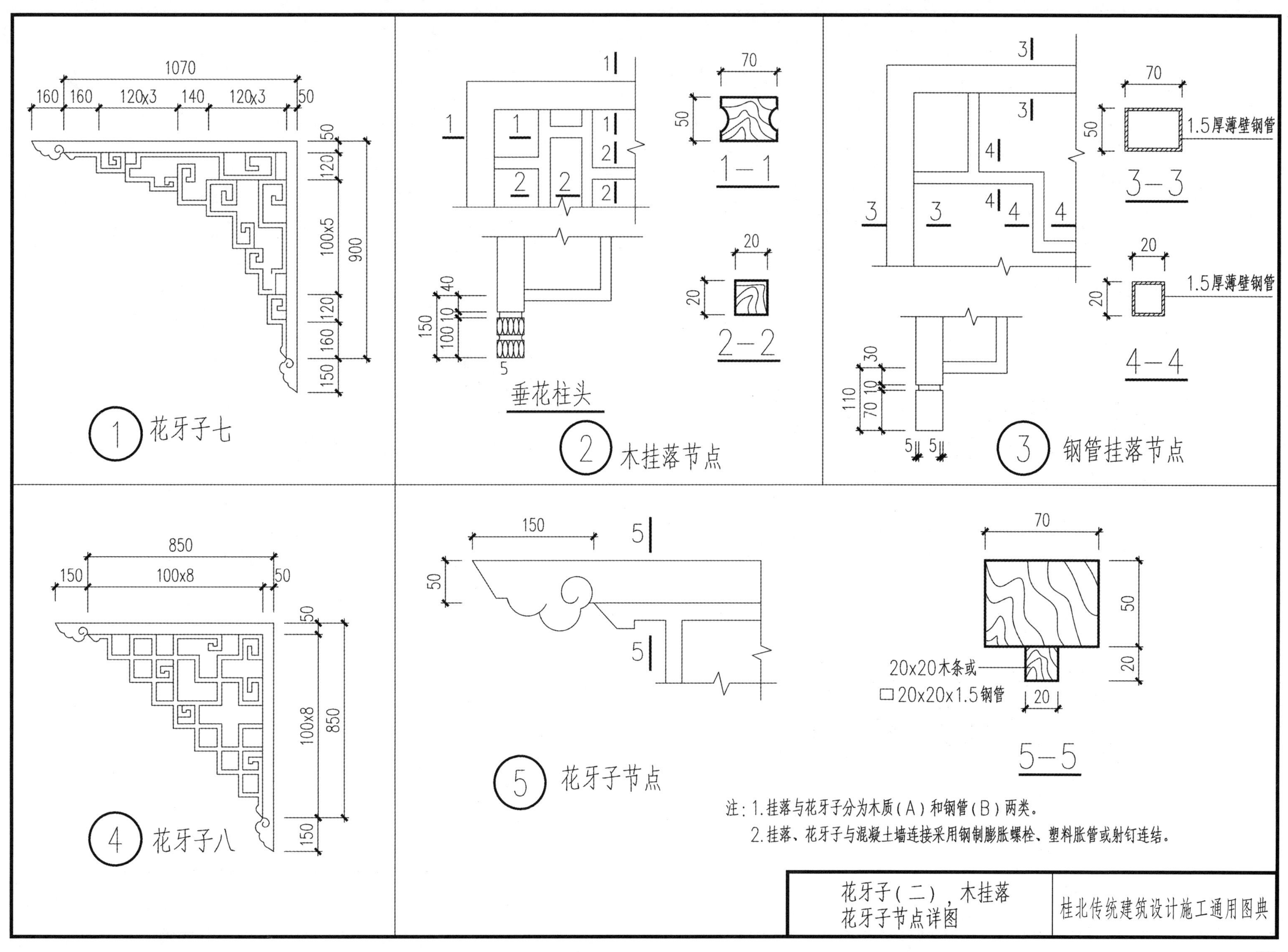

注：1.挂落与花牙子分为木质（A）和钢管（B）两类。

2.挂落、花牙子与混凝土墙连接采用钢制膨胀螺栓、塑料胀管或射钉连结。

花牙子（二），木挂落 花牙子节点详图	桂北传统建筑设计施工通用图典

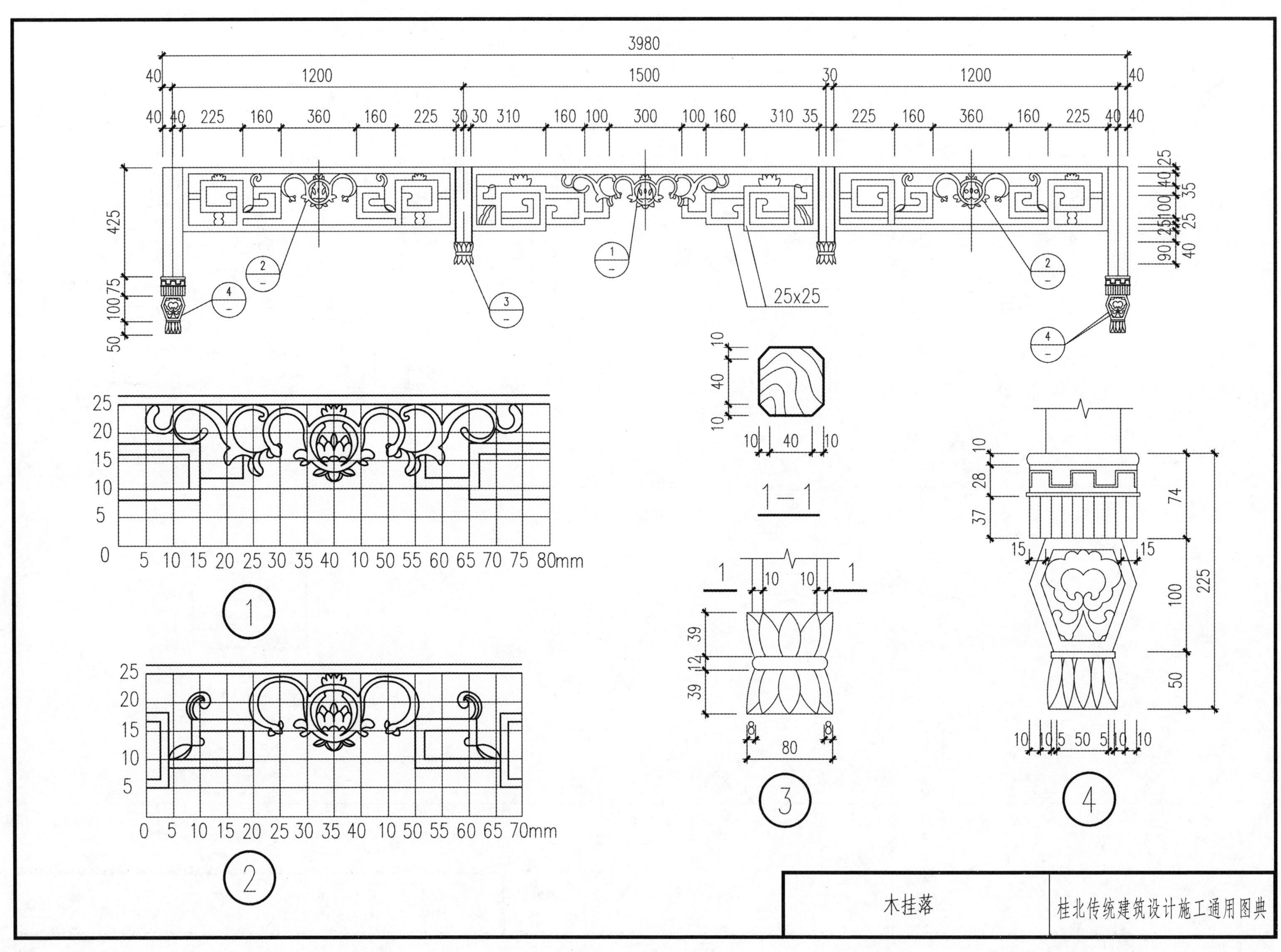
3980
1200
1500
1200
25x25
1—1
80
木挂落
桂北传统建筑设计施工通用图典

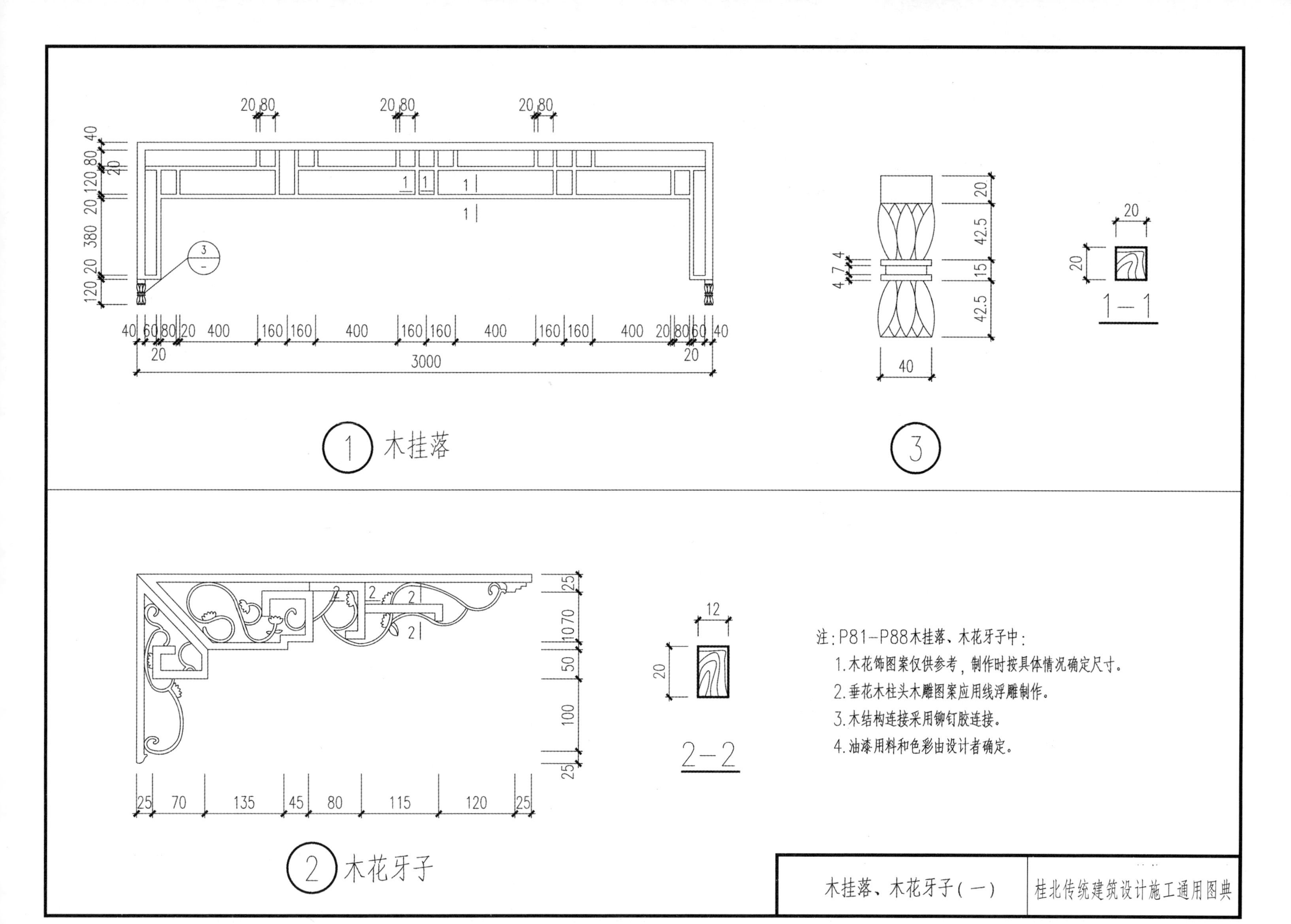

1 木挂落
3
1—1
2 木花牙子
2—2
3000
注：P81—P88木挂落、木花牙子中：
1.木花饰图案仅供参考，制作时按具体情况确定尺寸。
2.垂花木柱头木雕图案应用线浮雕制作。
3.木结构连接采用铆钉胶连接。
4.油漆用料和色彩由设计者确定。
木挂落、木花牙子（一）
桂北传统建筑设计施工通用图典

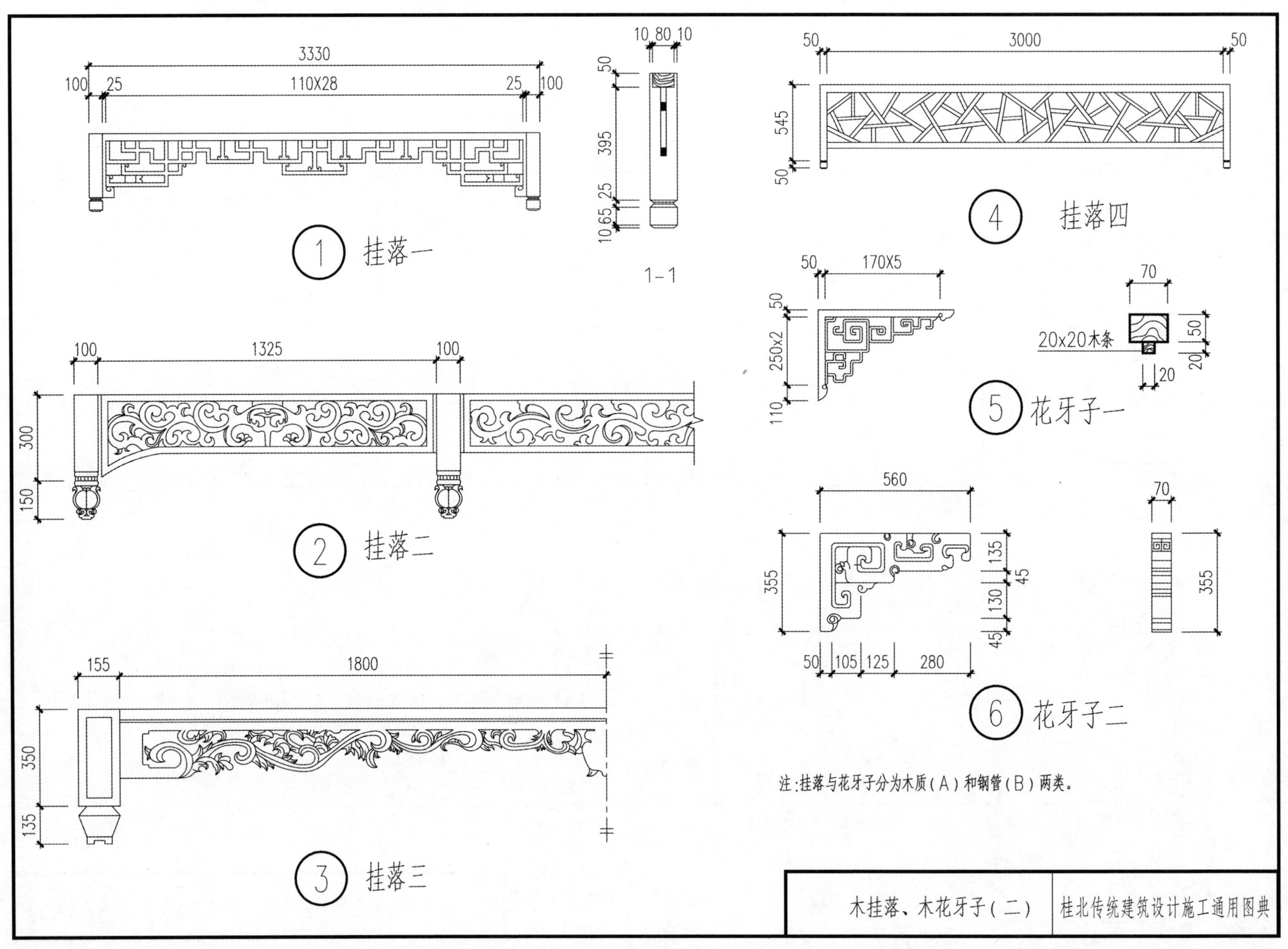

注:挂落与花牙子分为木质(A)和钢管(B)两类。

木挂落、木花牙子(二)

桂北传统建筑设计施工通用图典

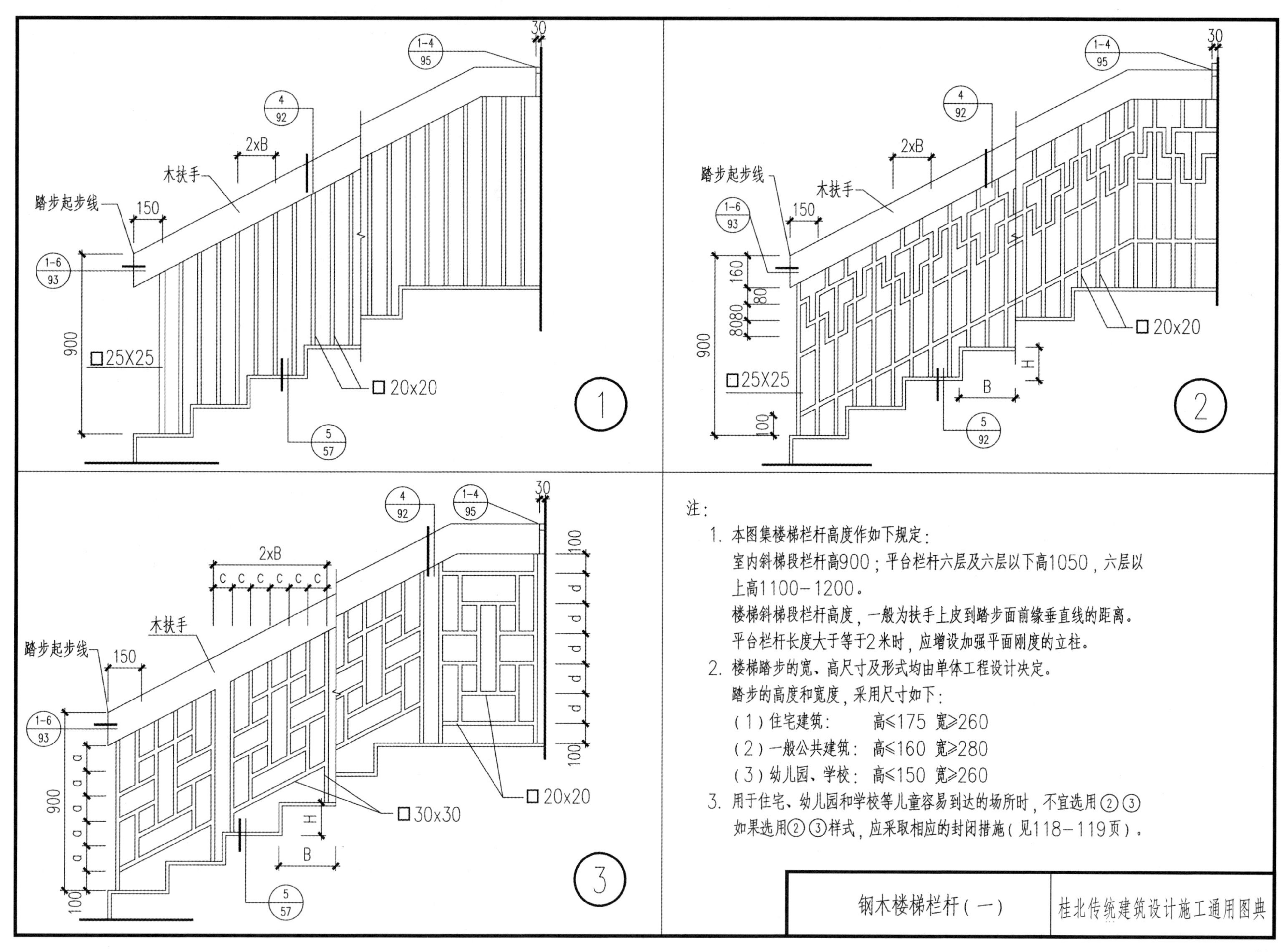

注：

1. 本图集楼梯栏杆高度作如下规定：
   室内斜梯段栏杆高900；平台栏杆六层及六层以下高1050，六层以上高1100－1200。
   楼梯斜梯段栏杆高度，一般为扶手上皮到踏步面前缘垂直线的距离。
   平台栏杆长度大于等于2米时，应增设加强平面刚度的立柱。
2. 楼梯踏步的宽、高尺寸及形式均由单体工程设计决定。
   踏步的高度和宽度，采用尺寸如下：
   （1）住宅建筑：　　高≤175　宽≥260
   （2）一般公共建筑：高≤160　宽≥280
   （3）幼儿园、学校：高≤150　宽≥260
3. 用于住宅、幼儿园和学校等儿童容易到达的场所时，不宜选用②③
   如果选用②③样式，应采取相应的封闭措施（见118－119页）。

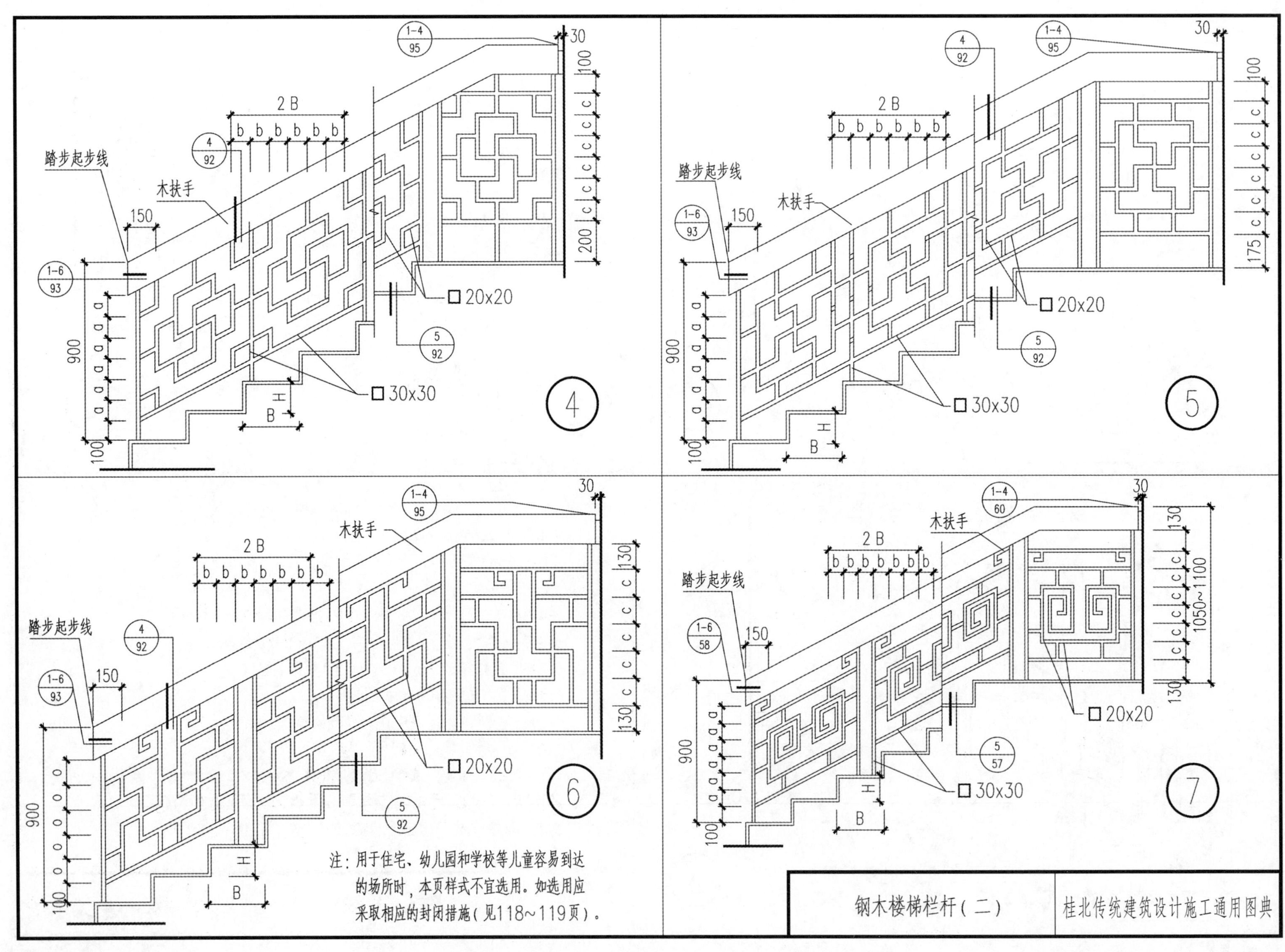

踏步起步线
木扶手
2 B
150
900
100
200
175
130
1050~1100
□20x20
□30x30
4
5
6
7
注：用于住宅、幼儿园和学校等儿童容易到达的场所时，本页样式不宜选用。如选用应采取相应的封闭措施（见118~119页）。
钢木楼梯栏杆（二）
桂北传统建筑设计施工通用图典

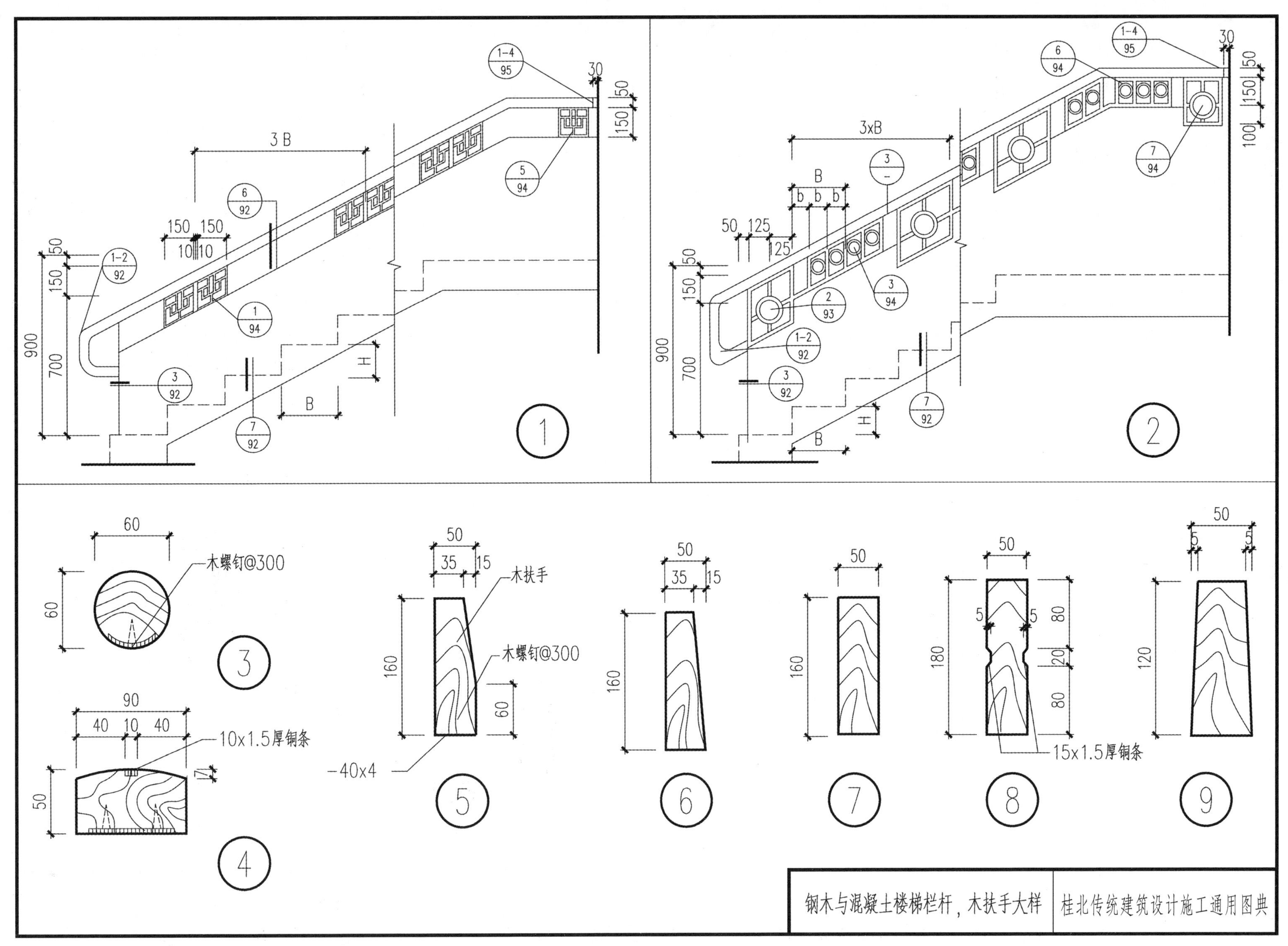

3 B
150 150
10 10
1-4 95
1-2 92
6 92
1 94
5 94
3 92
7 92
30
50
150
900
700
H
B
1
3xB
B
b b b
50 125
125
3 –
6 94
7 94
2 93
3 94
100
2
60
木螺钉@300
3
90
40 10 40
10x1.5厚铜条
4
50
35 15
木扶手
160
−40x4
5
6
7
180
80
20
15x1.5厚铜条
8
120
9
钢木与混凝土楼梯栏杆，木扶手大样
桂北传统建筑设计施工通用图典

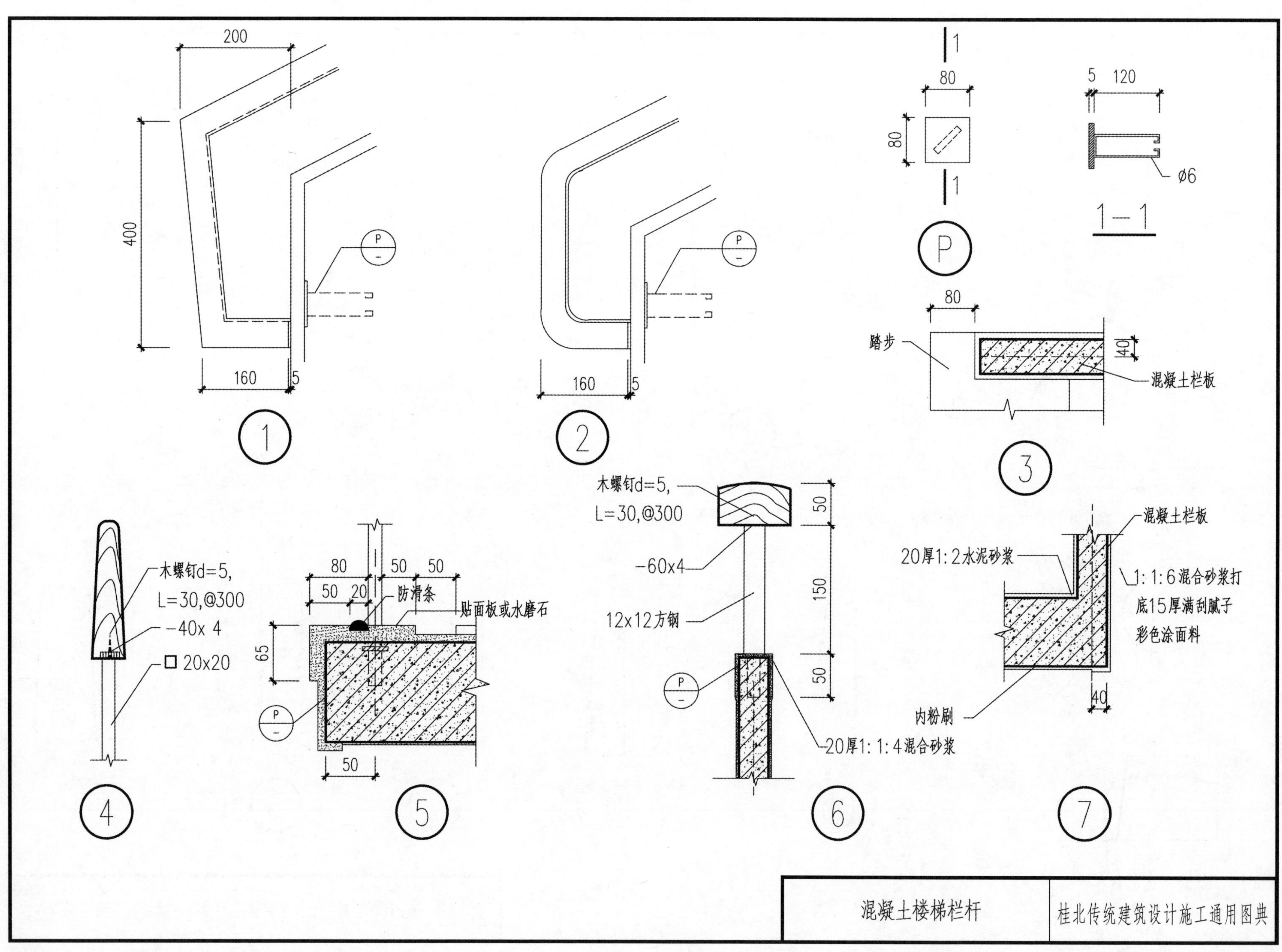

混凝土楼梯栏杆

桂北传统建筑设计施工通用图典

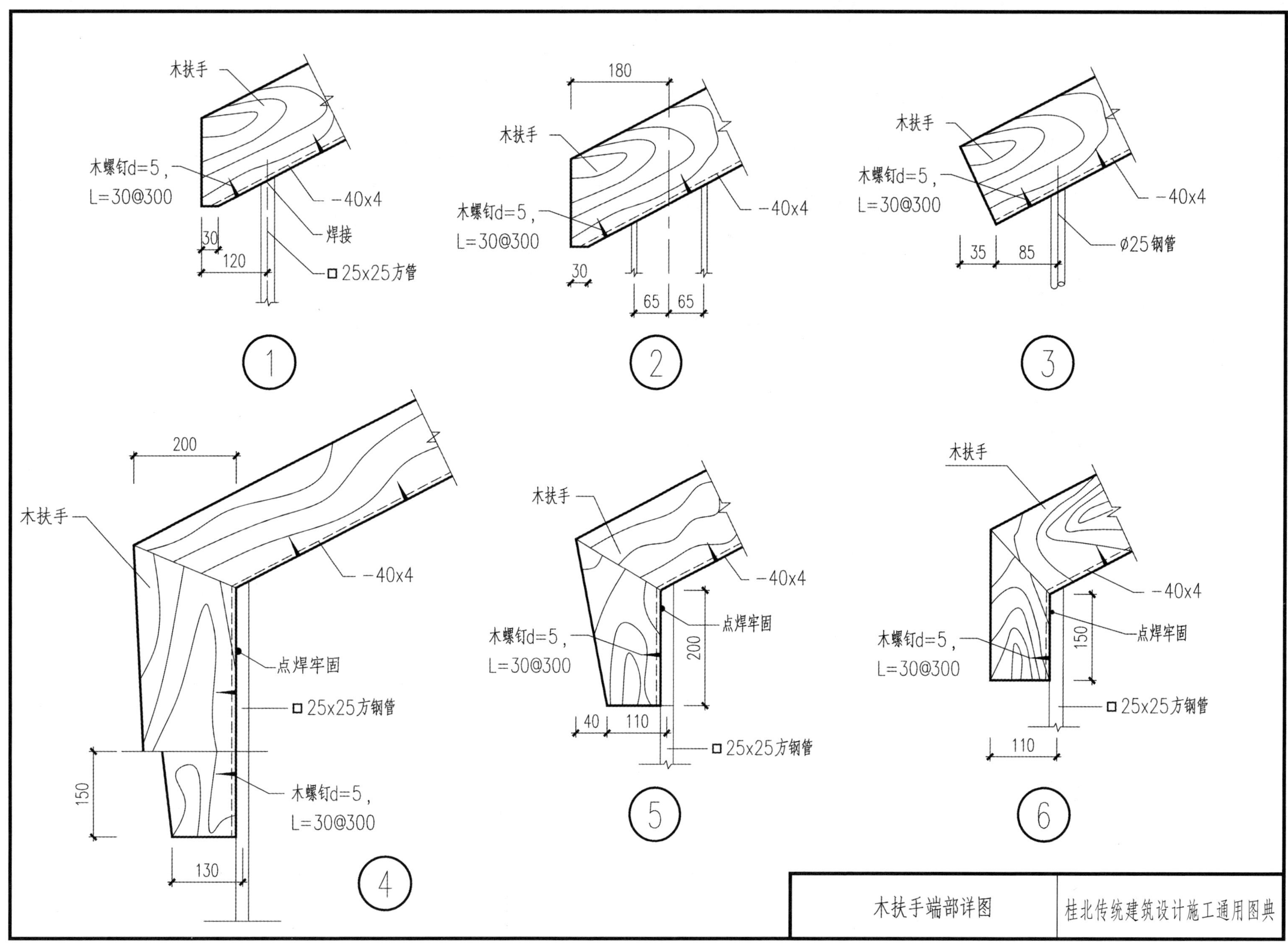

木扶手
木螺钉d=5，
L=30@300
−40x4
焊接
30
120
□25x25方管
1
180
木扶手
木螺钉d=5，
L=30@300
−40x4
30
65
65
2
木扶手
木螺钉d=5，
L=30@300
−40x4
ø25钢管
35
85
3
200
木扶手
−40x4
点焊牢固
□25x25方钢管
150
木螺钉d=5，
L=30@300
130
4
木扶手
−40x4
点焊牢固
木螺钉d=5，
L=30@300
200
40
110
□25x25方钢管
5
木扶手
−40x4
点焊牢固
木螺钉d=5，
L=30@300
150
□25x25方钢管
110
6
木扶手端部详图
桂北传统建筑设计施工通用图典

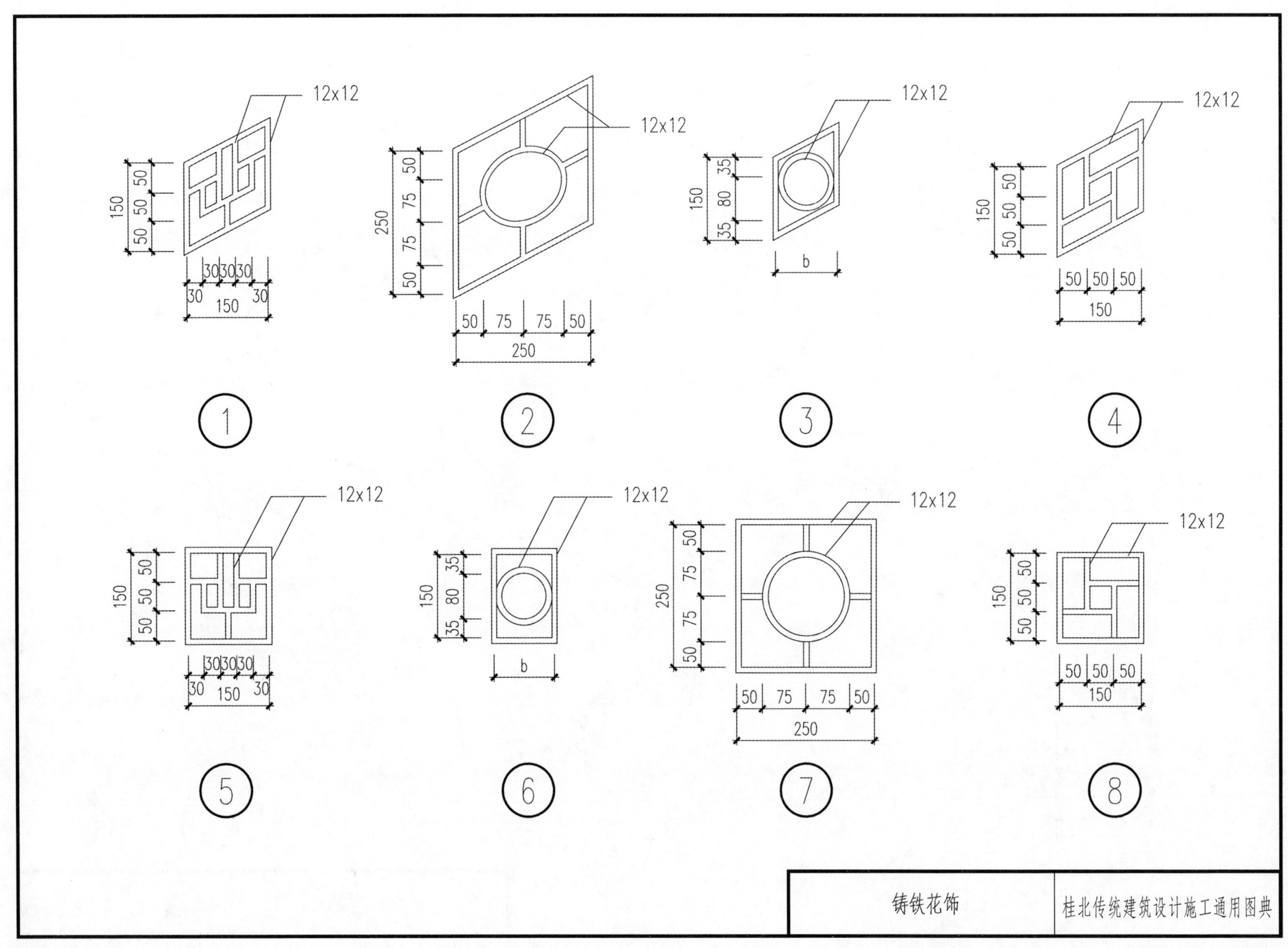
12x12
150
50
50
50
30
30
30
30
30
150
250
75
1
2
3
4
5
6
7
8
35
80
b
铸铁花饰
桂北传统建筑设计施工通用图典

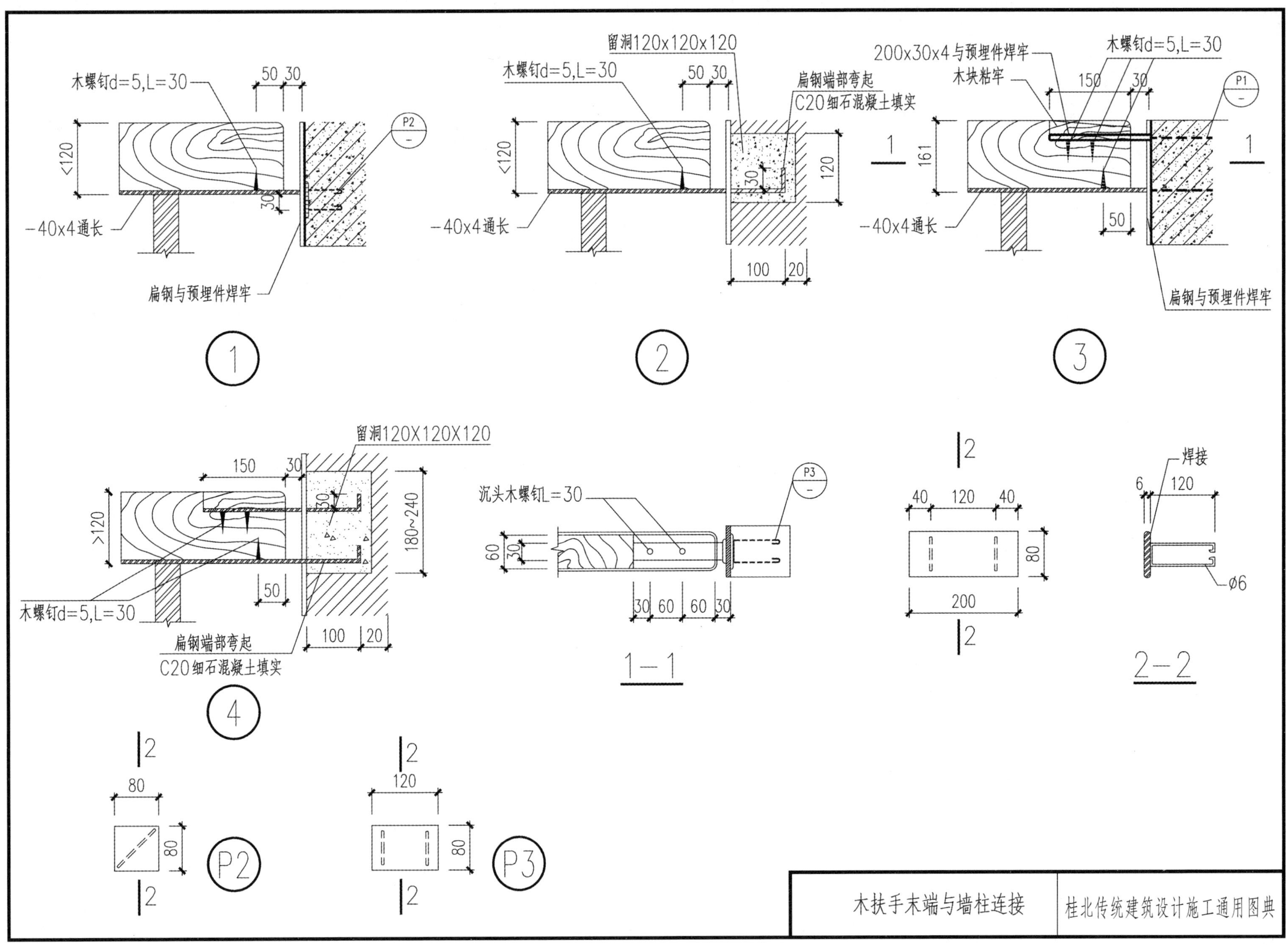
木螺钉d=5,L=30
50 30
<120
30
-40x4通长
扁钢与预埋件焊牢
1
留洞120x120x120
木螺钉d=5,L=30
50 30
扁钢端部弯起
C20细石混凝土填实
<120
30
120
-40x4通长
100 20
2
200x30x4与预埋件焊牢
木螺钉d=5,L=30
木块粘牢
150 30
P1
161
1
1
50
-40x4通长
扁钢与预埋件焊牢
3
留洞120X120X120
150 30
>120
30
180~240
50
木螺钉d=5,L=30
扁钢端部弯起
C20细石混凝土填实
100 20
4
沉头木螺钉L=30
P3
60
30
30 60 60 30
1—1
2
40 120 40
80
200
2
焊接
6 120
ø6
2—2
2
80
80
P2
2
2
120
80
P3
2
木扶手末端与墙柱连接
桂北传统建筑设计施工通用图典

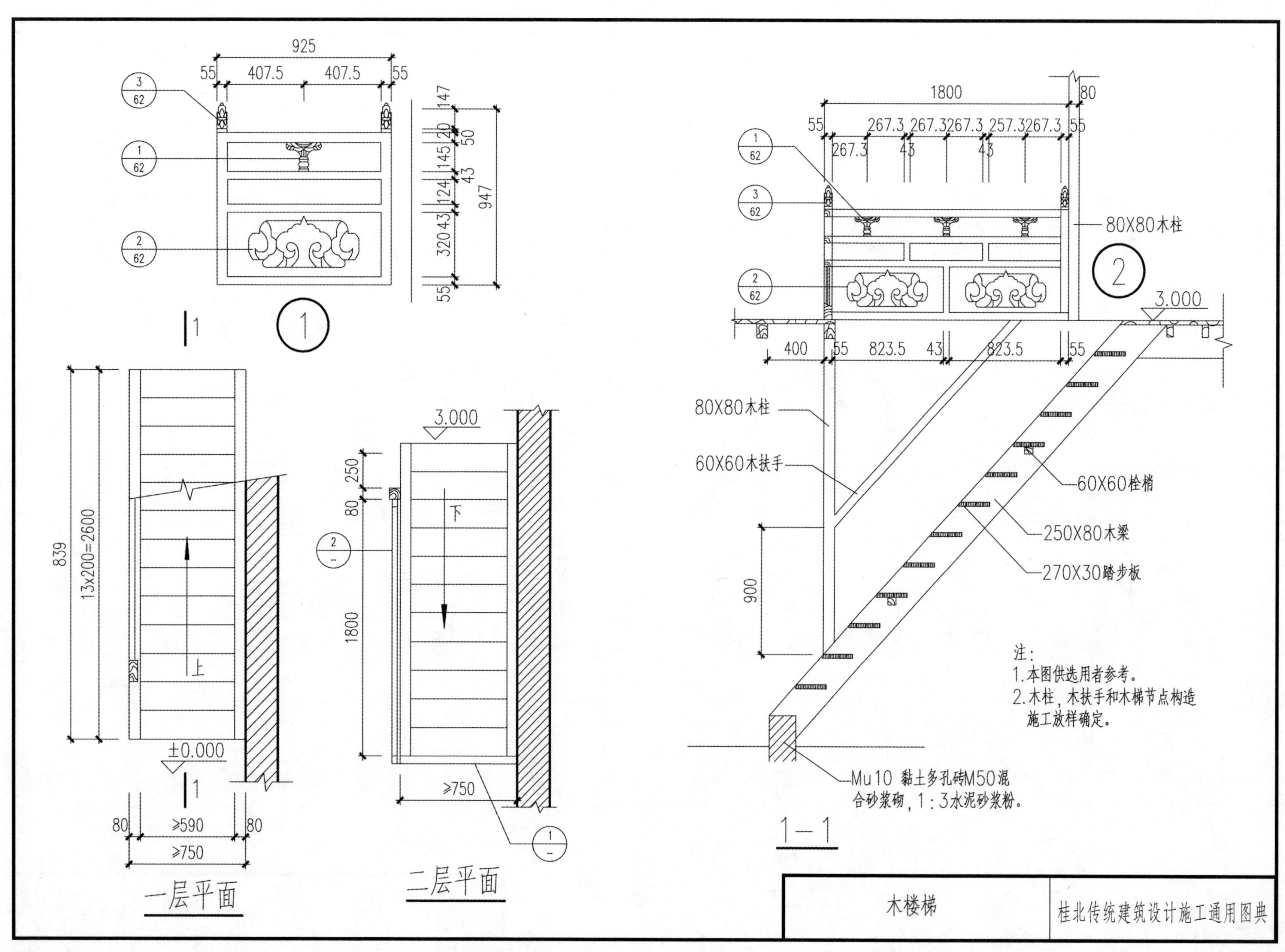

木楼梯

桂北传统建筑设计施工通用图典

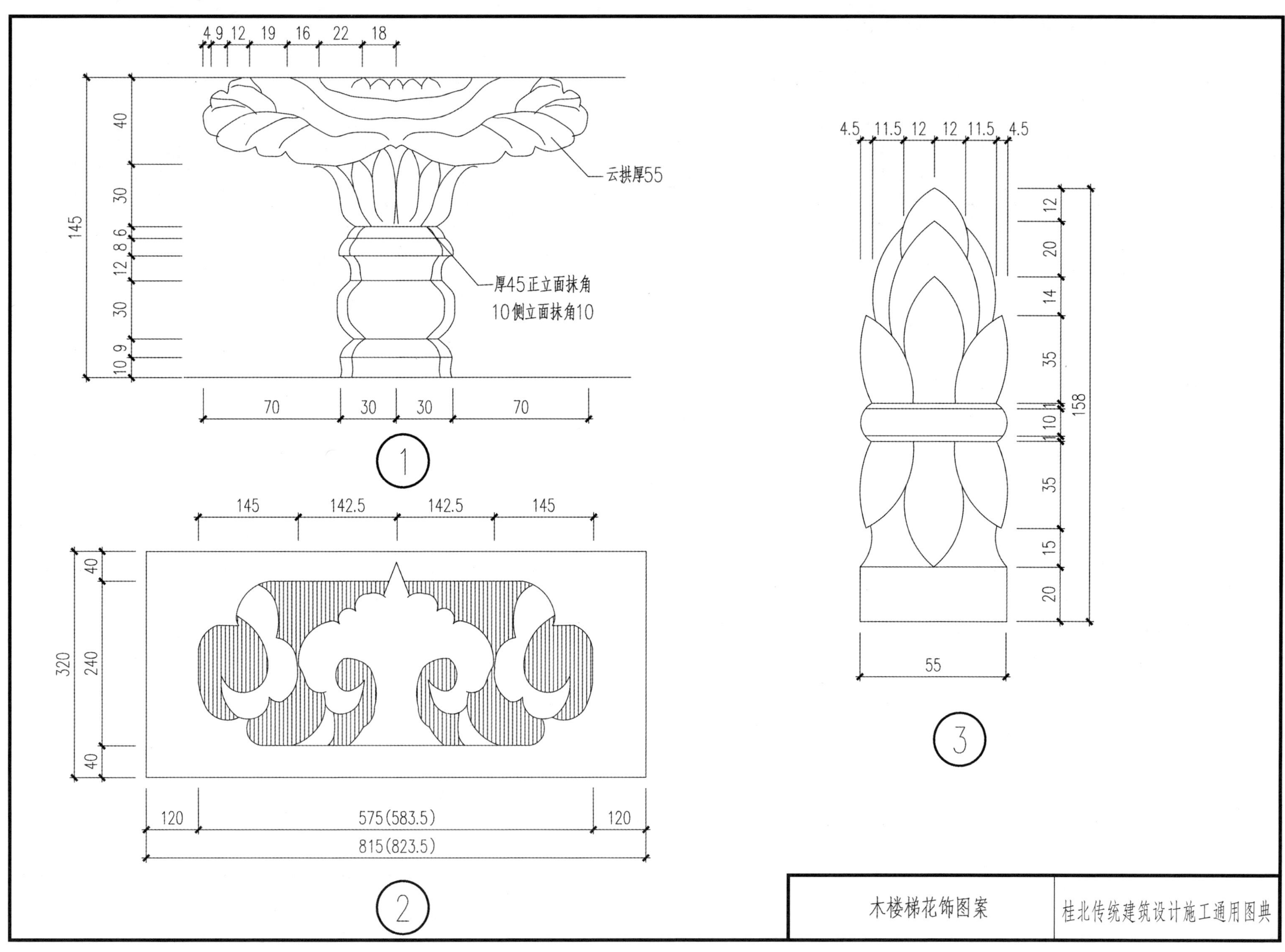
4 9 12 19 16 22 18
40
30
145
8 6
12
30
10 9
云拱厚55
厚45正立面抹角
10侧立面抹角10
70 30 30 70
1
145 142.5 142.5 145
40
320
240
40
120 575(583.5) 120
815(823.5)
2
4.5 11.5 12 12 11.5 4.5
12
20
14
35
10
158
35
15
20
55
3
木楼梯花饰图案
桂北传统建筑设计施工通用图典

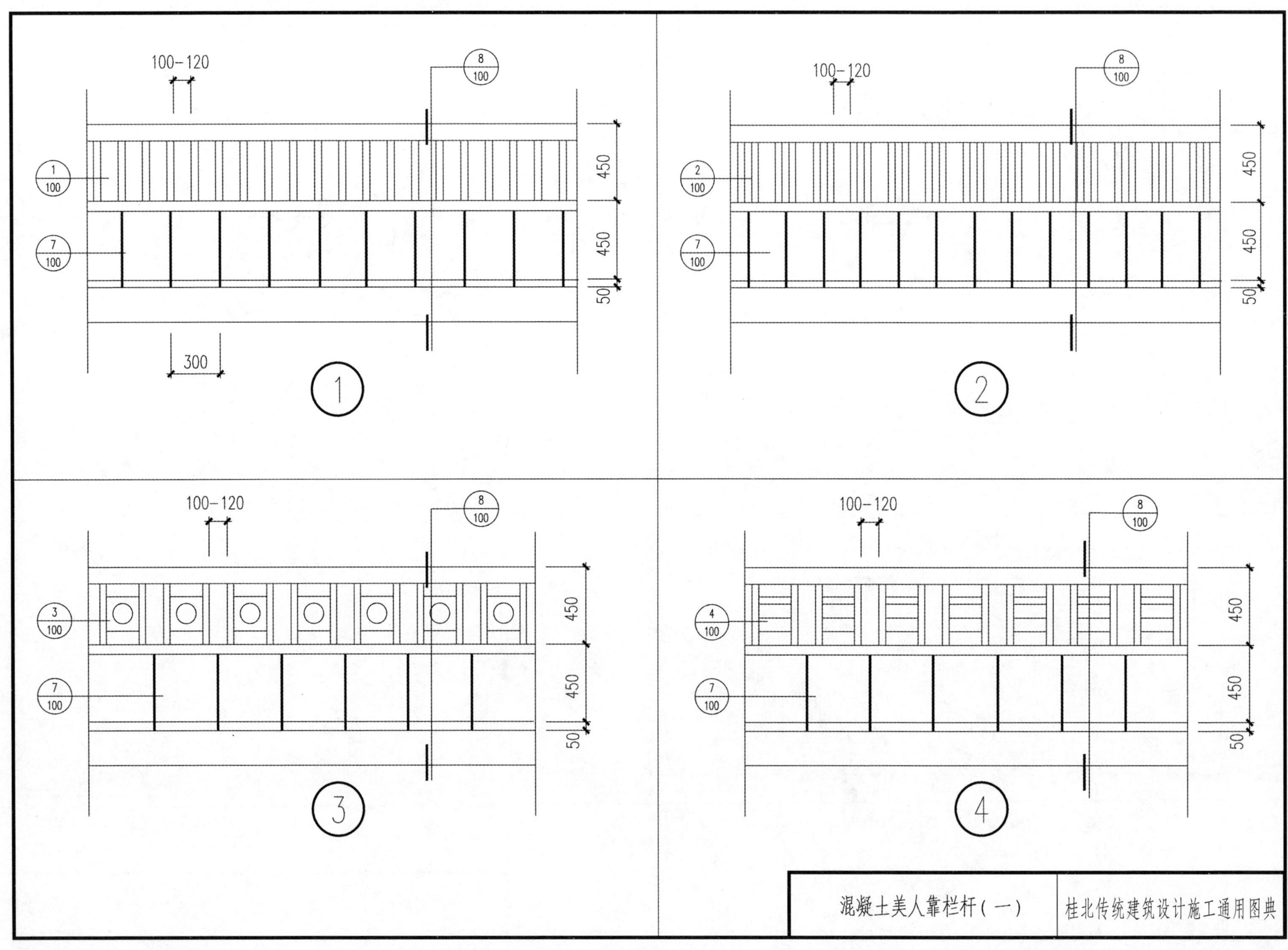
100-120
8
100
1
100
7
100
450
450
50
300
1
100-120
8
100
2
100
7
100
450
450
50
2
100-120
8
100
3
100
7
100
450
450
50
3
100-120
8
100
4
100
7
100
450
450
50
4
混凝土美人靠栏杆(一)
桂北传统建筑设计施工通用图典

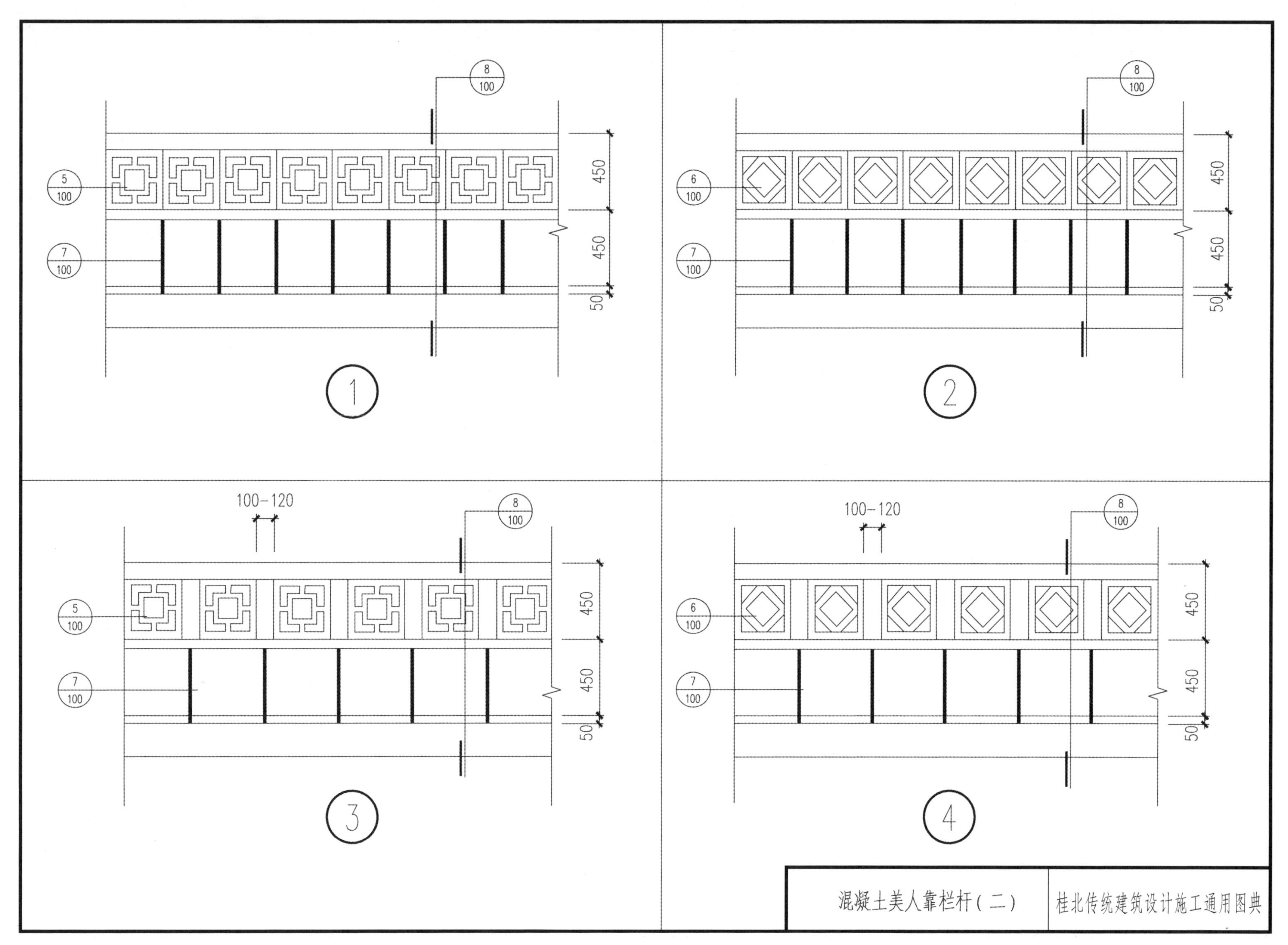
8
100
5
100
7
100
450
450
50
1
6
100
2
100-120
3
4
混凝土美人靠栏杆（二）
桂北传统建筑设计施工通用图典

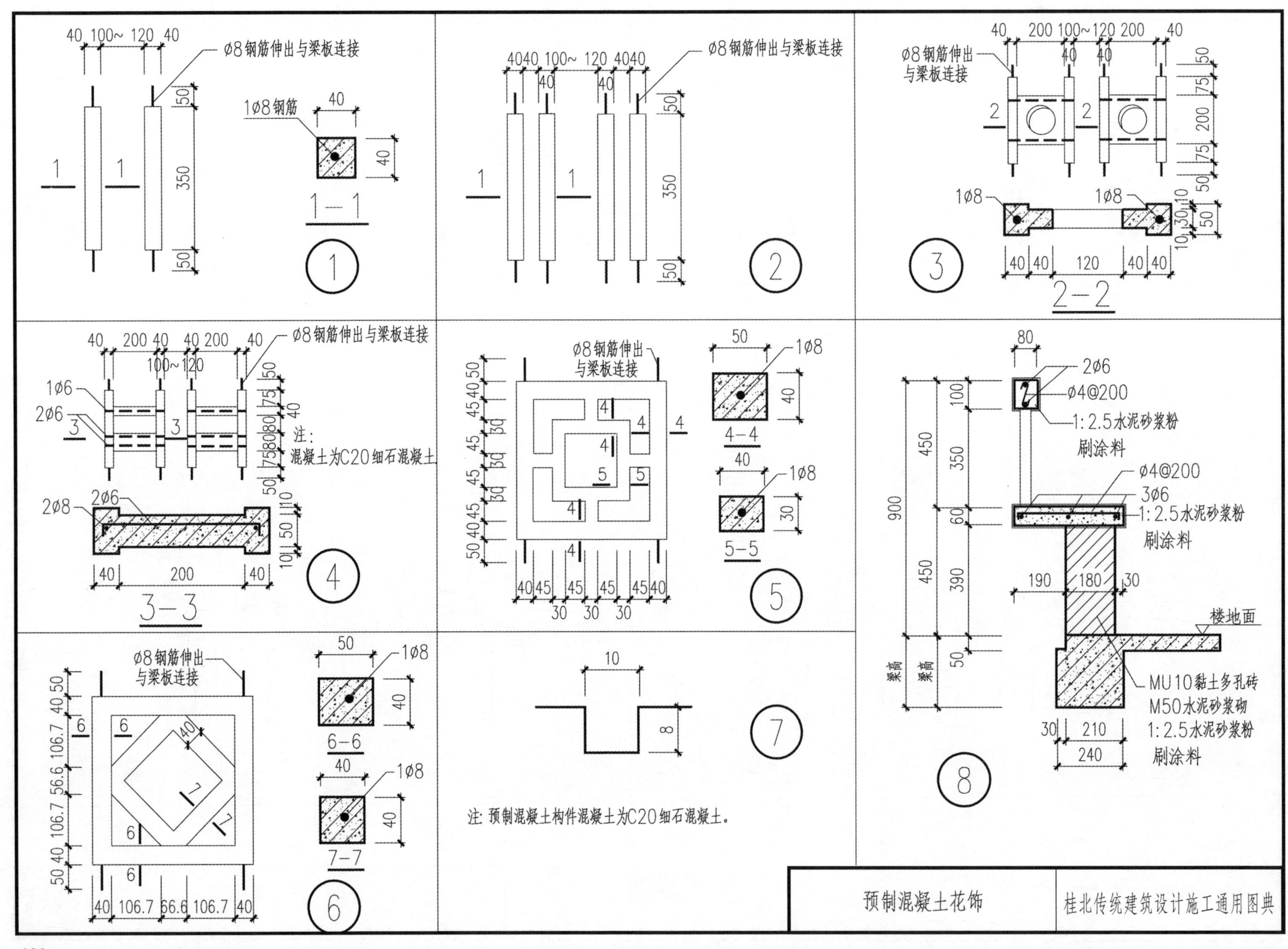

预制混凝土花饰

桂北传统建筑设计施工通用图典

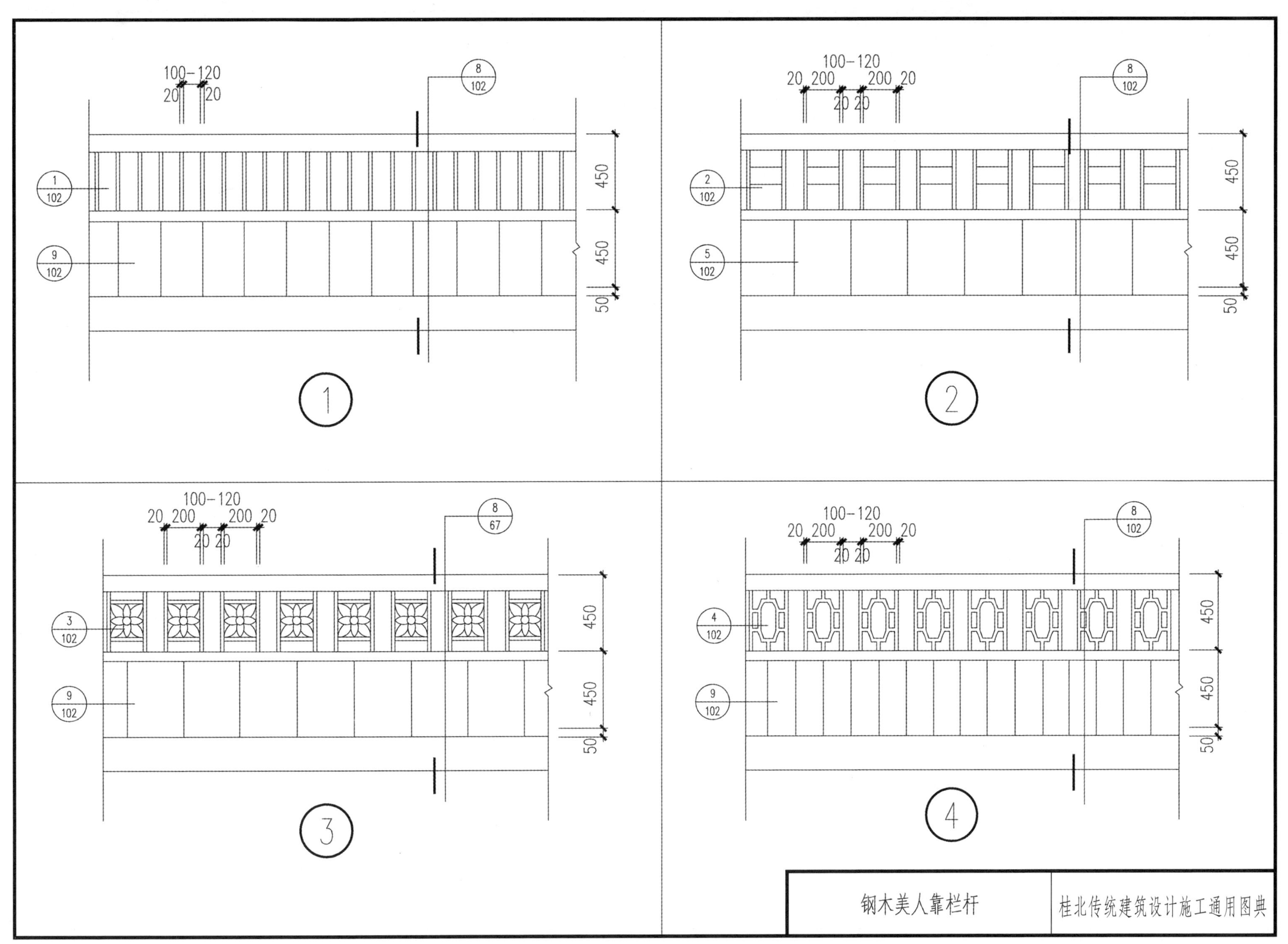
100-120
20
20
8
102
1
102
9
102
450
450
50
1
100-120
20 200
200 20
20 20
8
102
2
102
5
102
450
450
50
2
100-120
20 200
200 20
20 20
8
67
3
102
9
102
450
450
50
3
100-120
20 200
200 20
20 20
8
102
4
102
9
102
450
450
50
4
钢木美人靠栏杆
桂北传统建筑设计施工通用图典

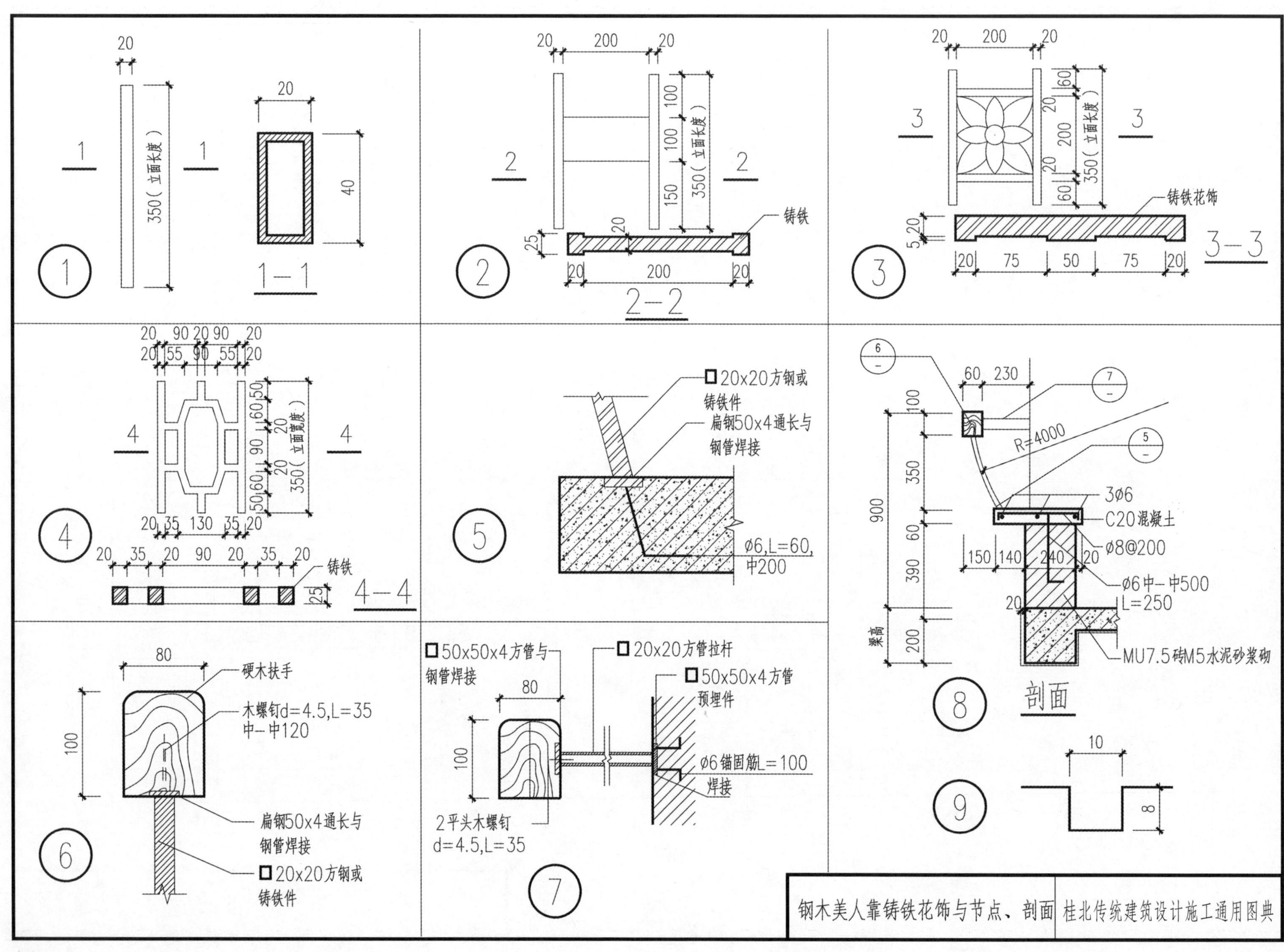

钢木美人靠铸铁花饰与节点、剖面 | 桂北传统建筑设计施工通用图典

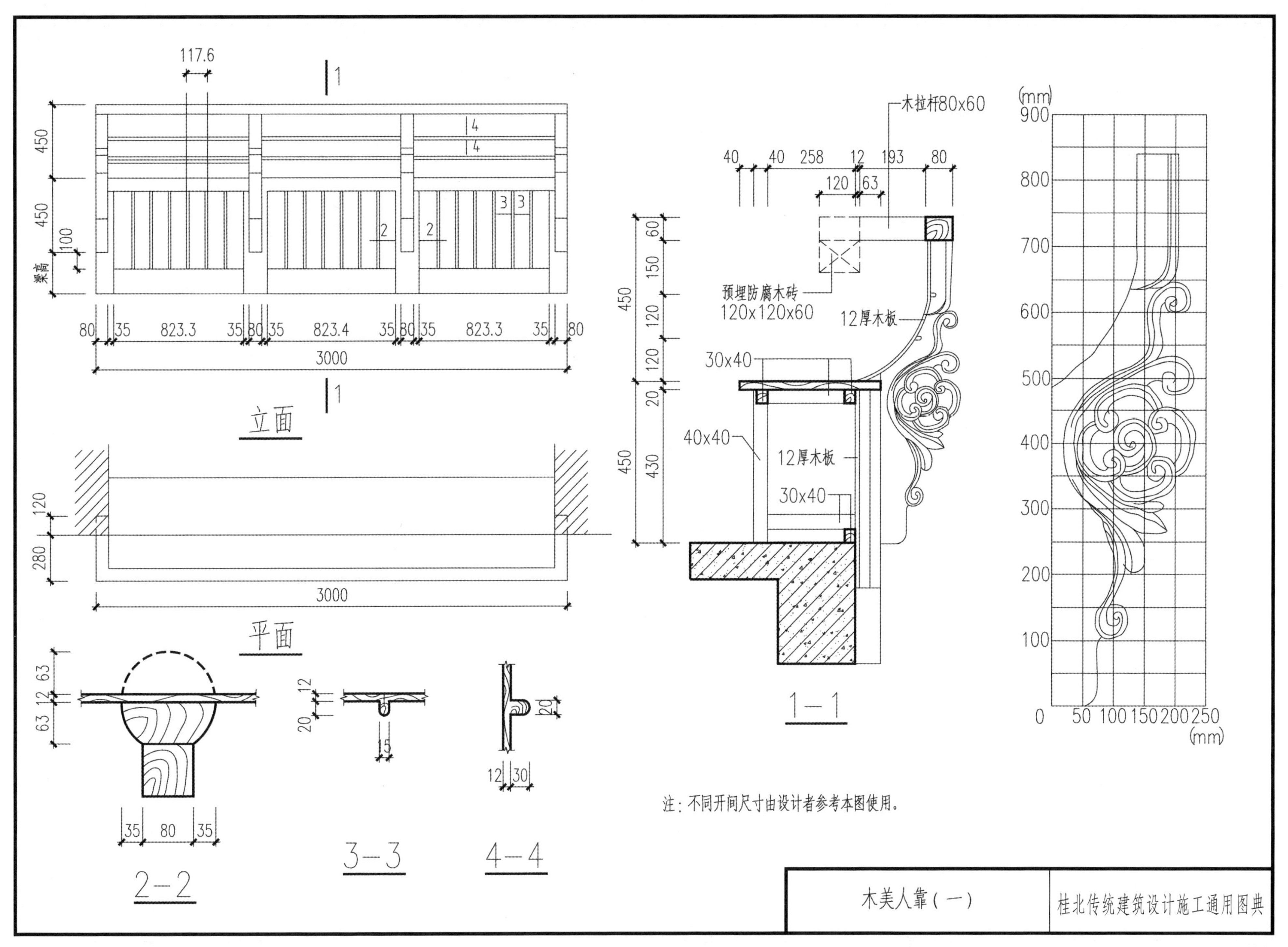

注：不同开间尺寸由设计者参考本图使用。

木美人靠（一）	桂北传统建筑设计施工通用图典

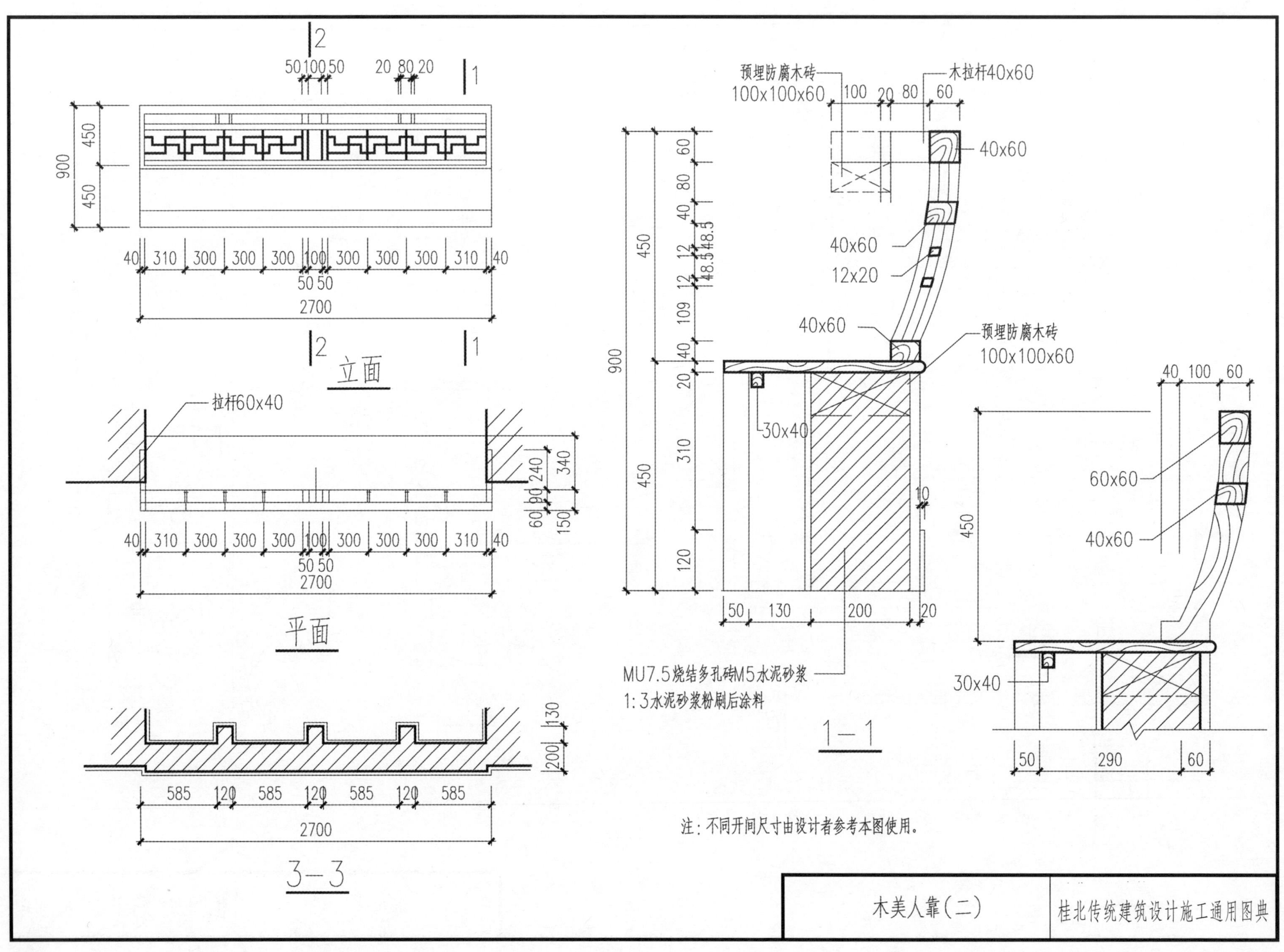

立面
平面
3—3
1—1
拉杆60x40
预埋防腐木砖
100x100x60
木拉杆40x60
40x60
12x20
60x60
30x40
MU7.5烧结多孔砖M5水泥砂浆
1:3水泥砂浆粉刷后涂料
注：不同开间尺寸由设计者参考本图使用。
木美人靠（二）
桂北传统建筑设计施工通用图典

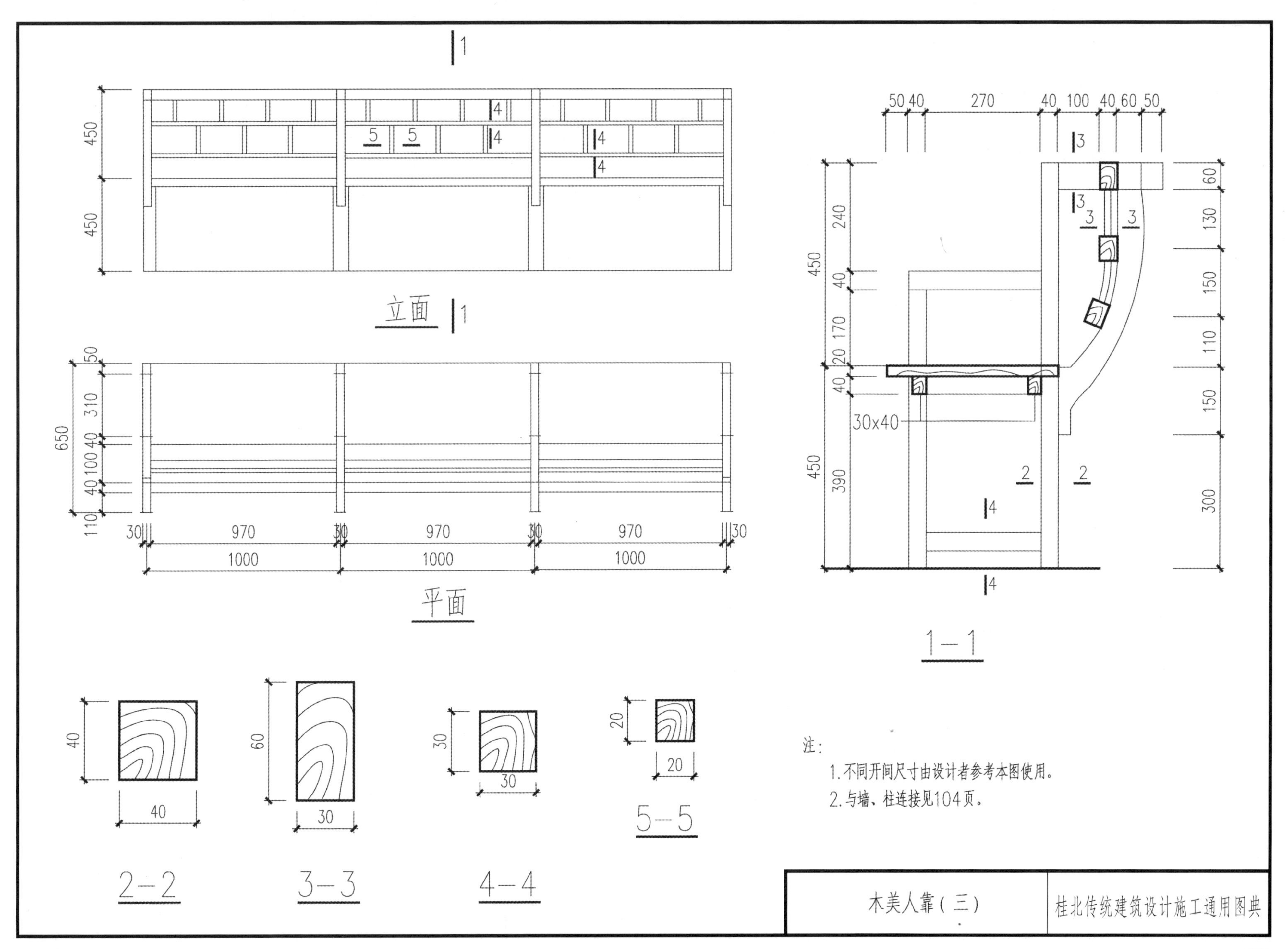

立面
平面
1-1
2-2
3-3
4-4
5-5
30x40
注:
1.不同开间尺寸由设计者参考本图使用。
2.与墙、柱连接见104页。
木美人靠(三)
桂北传统建筑设计施工通用图典

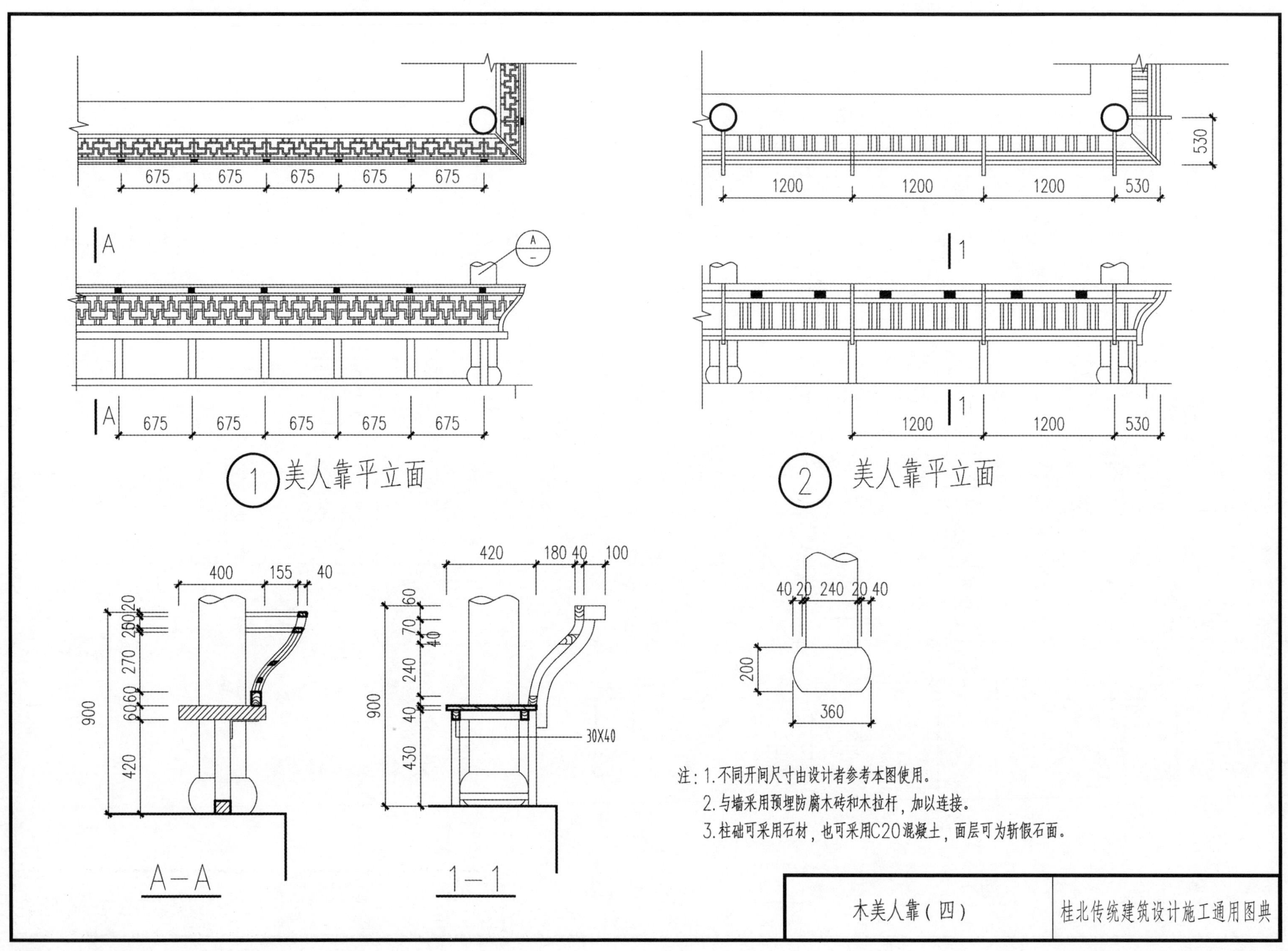

注：1.不同开间尺寸由设计者参考本图使用。

2.与墙采用预埋防腐木砖和木拉杆，加以连接。

3.柱础可采用石材，也可采用C20混凝土，面层可为斩假石面。

木美人靠（四）	桂北传统建筑设计施工通用图典

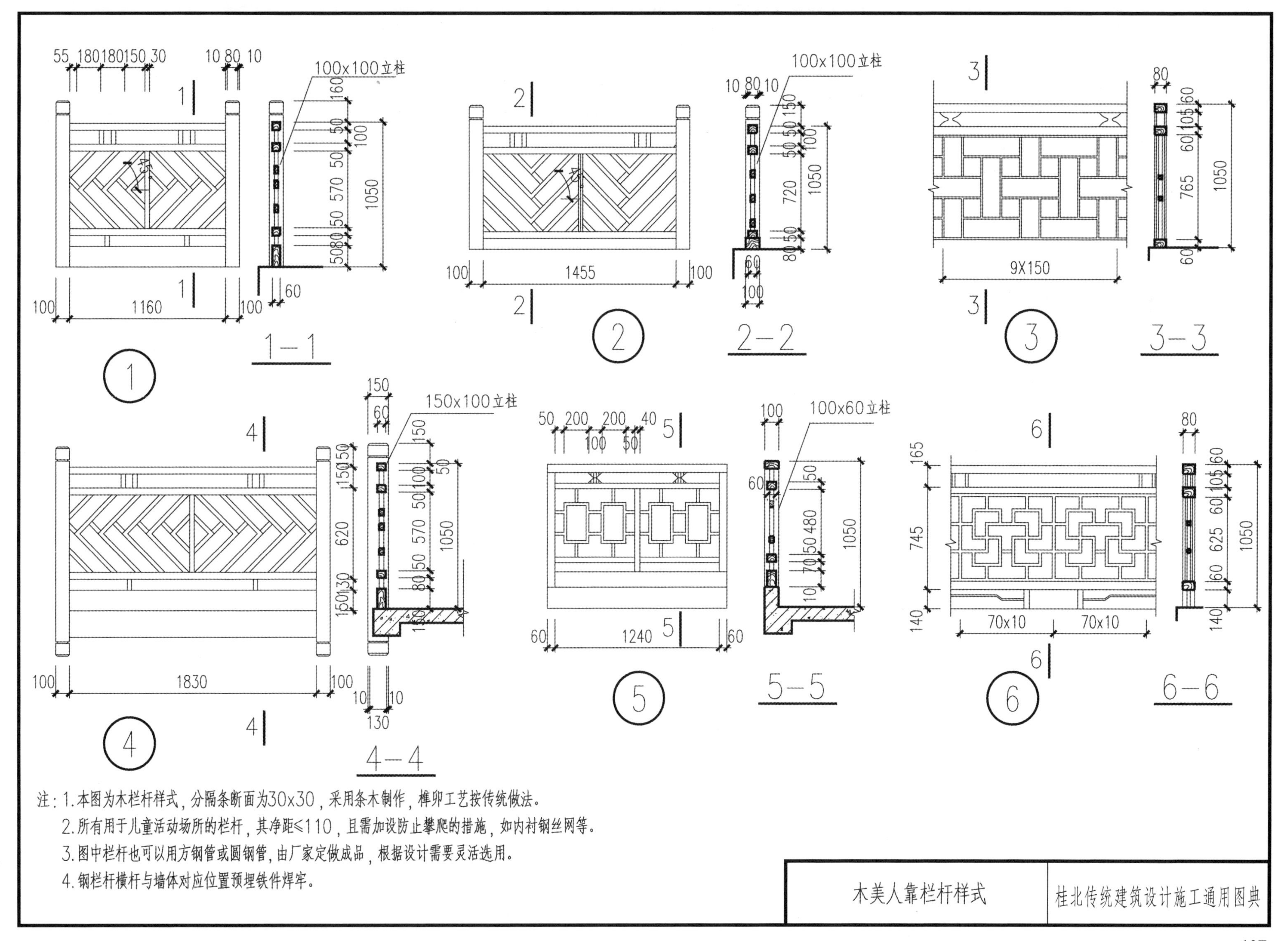

注：1.本图为木栏杆样式，分隔条断面为30x30，采用条木制作，榫卯工艺按传统做法。
2.所有用于儿童活动场所的栏杆，其净距≤110，且需加设防止攀爬的措施，如内衬钢丝网等。
3.图中栏杆也可以用方钢管或圆钢管，由厂家定做成品，根据设计需要灵活选用。
4.钢栏杆横杆与墙体对应位置预埋铁件焊牢。

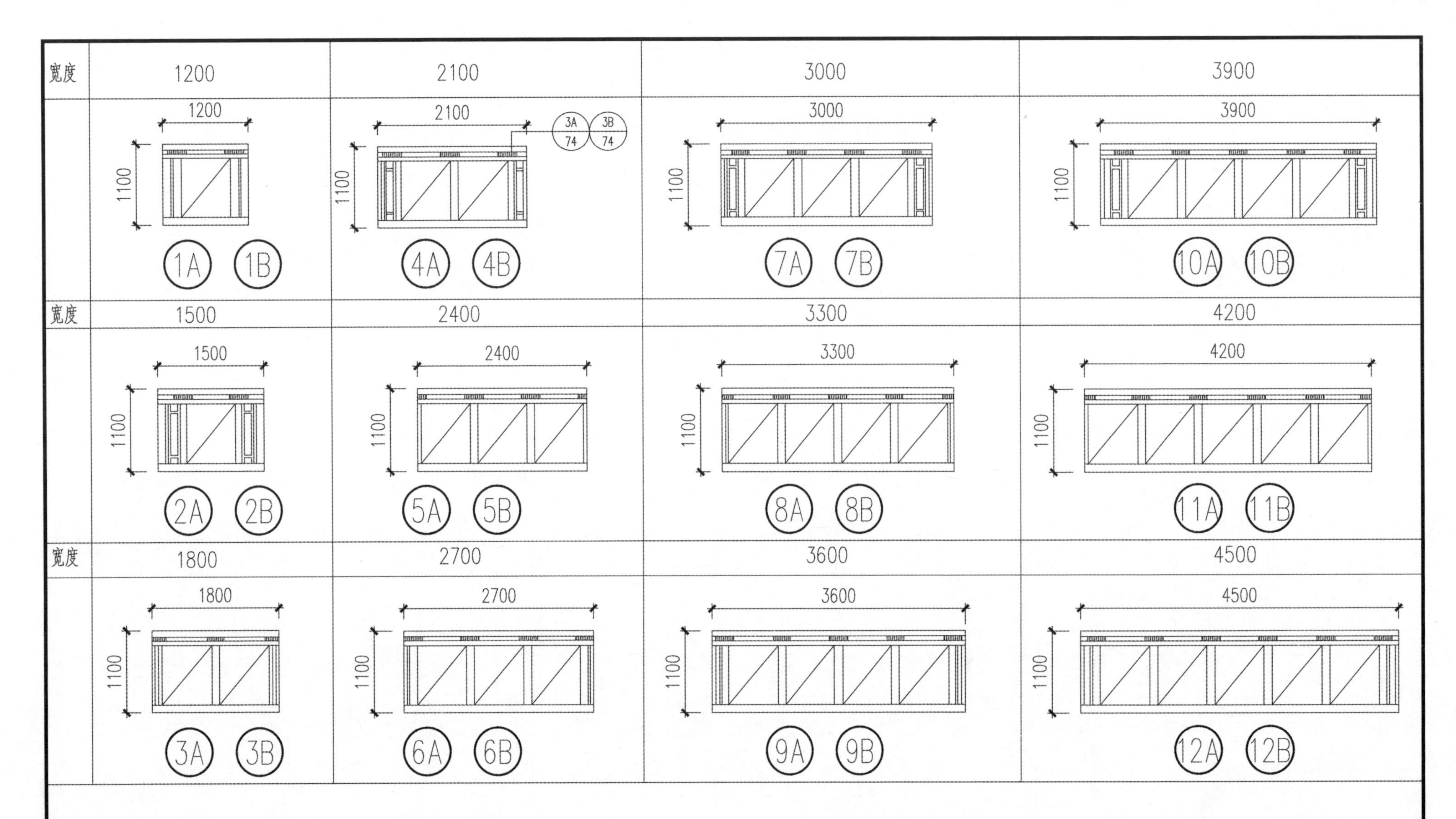

注：

1. 本栏杆为有二料木（横档木）栏杆组合示意，A为混凝土结构，B为钢木结构。
2. 栏杆图案选用，见第109页，剖面图构造见第111页。
3. 异形栏杆构件见第111页。
4. 预制混凝土构件，与梁板连接，有预制插筋和预制铁件焊接两种连接，由设计者选用。
5. 预制混凝土构件，为C20细石混凝土。
6. 用于住宅、托儿所、幼儿园、中小学以及公共建筑中儿童到达场所的栏杆时，需加封闭措施见118、119页。

栏杆组合示意	桂北传统建筑设计施工通用图典

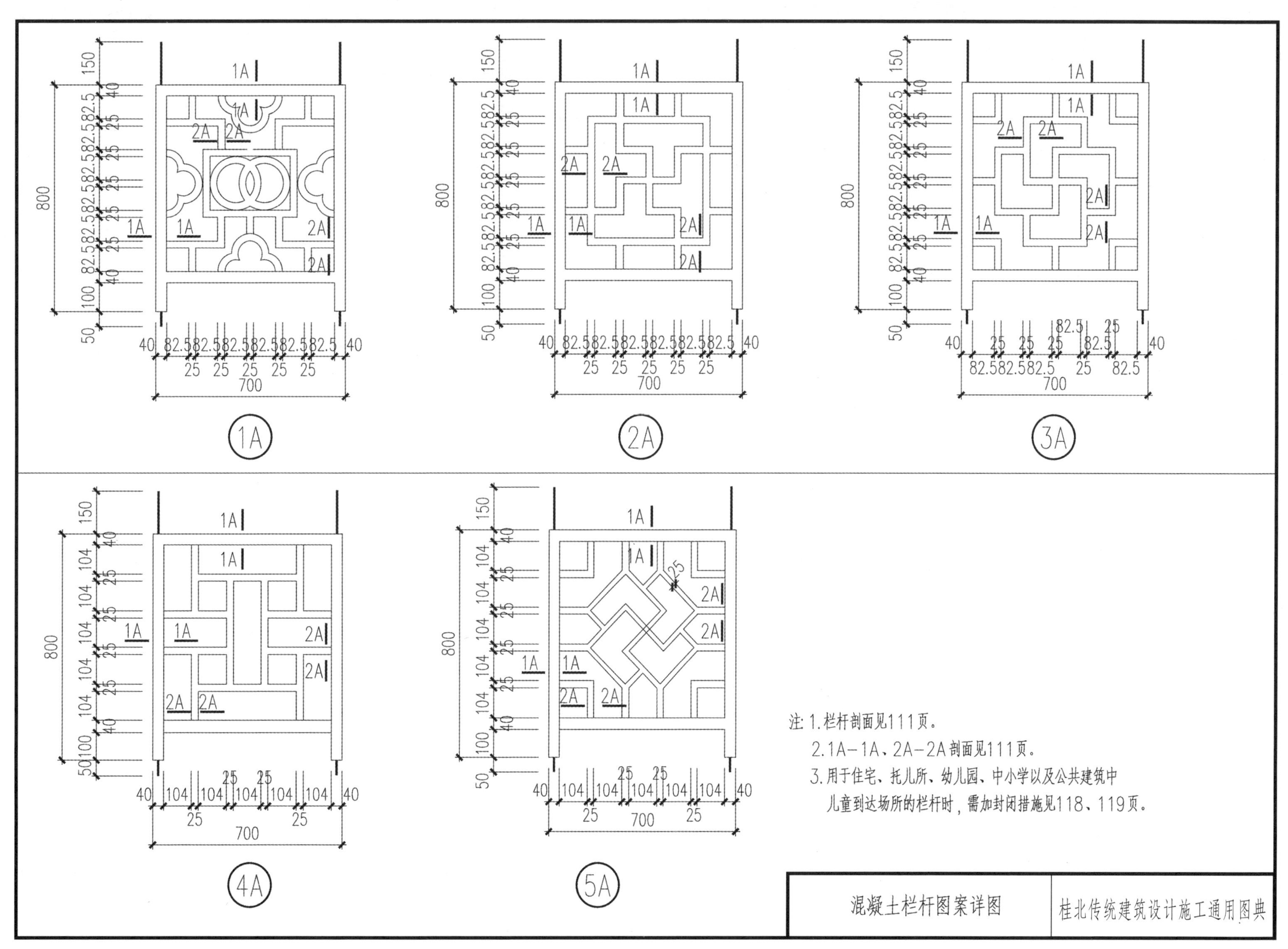
1A
2A
3A
4A
5A
注: 1.栏杆剖面见111页。
2.1A—1A、2A—2A剖面见111页。
3.用于住宅、托儿所、幼儿园、中小学以及公共建筑中
儿童到达场所的栏杆时，需加封闭措施见118、119页。
混凝土栏杆图案详图
桂北传统建筑设计施工通用图典

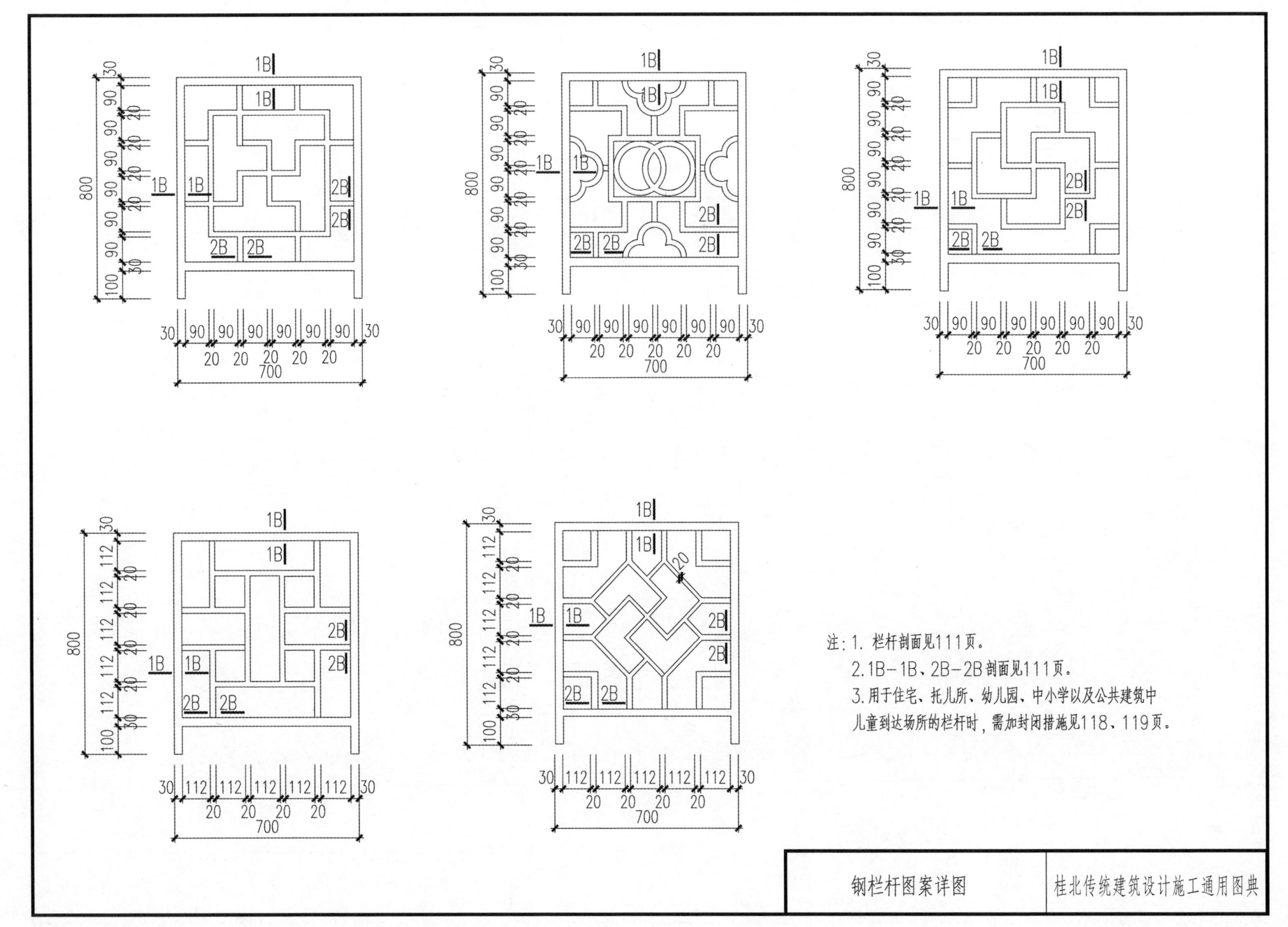

注：1. 栏杆剖面见111页。

2. 1B－1B、2B－2B剖面见111页。

3. 用于住宅、托儿所、幼儿园、中小学以及公共建筑中儿童到达场所的栏杆时，需加封闭措施见118、119页。

钢栏杆图案详图

桂北传统建筑设计施工通用图典

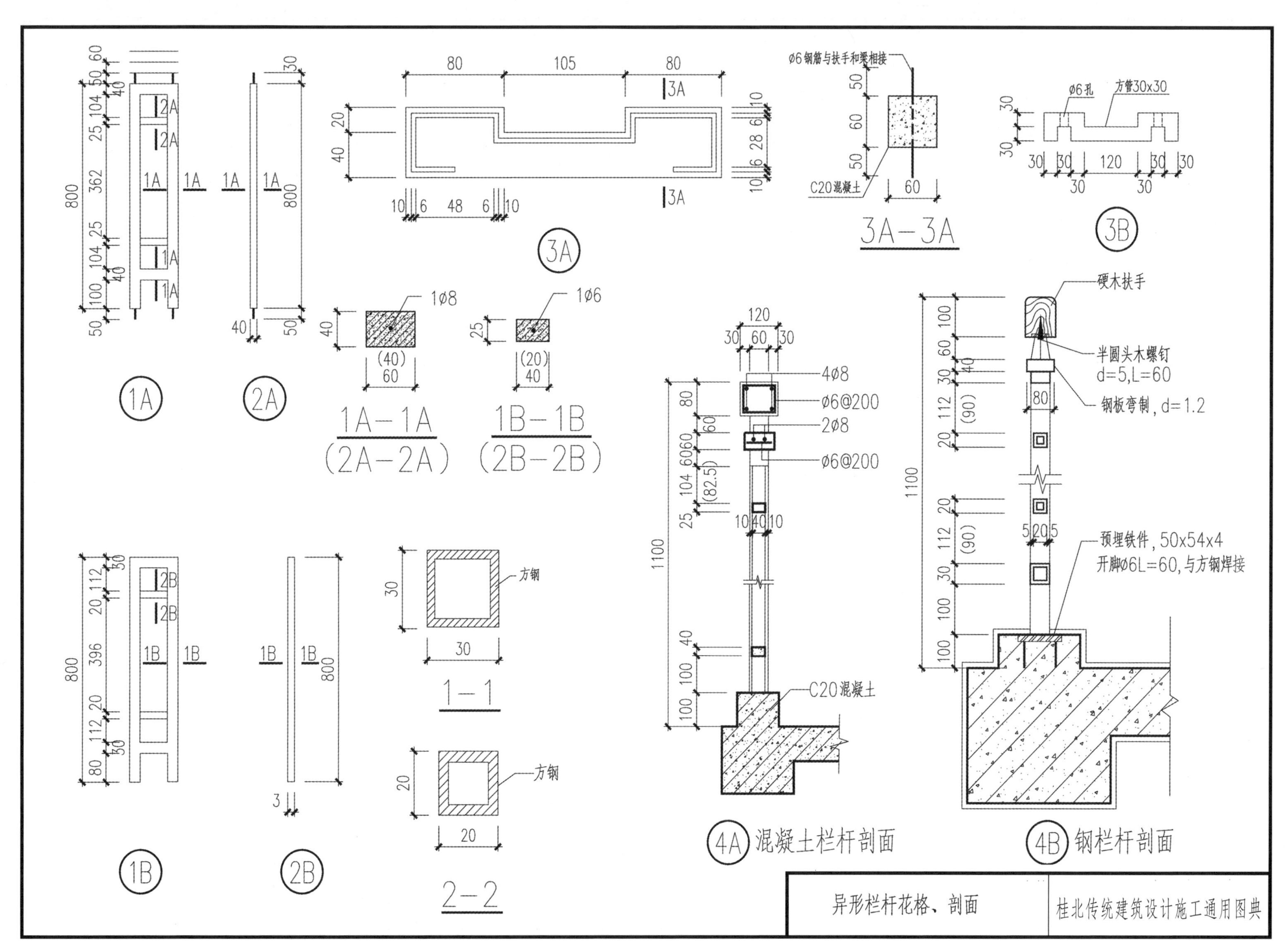

异形栏杆花格、剖面

桂北传统建筑设计施工通用图典

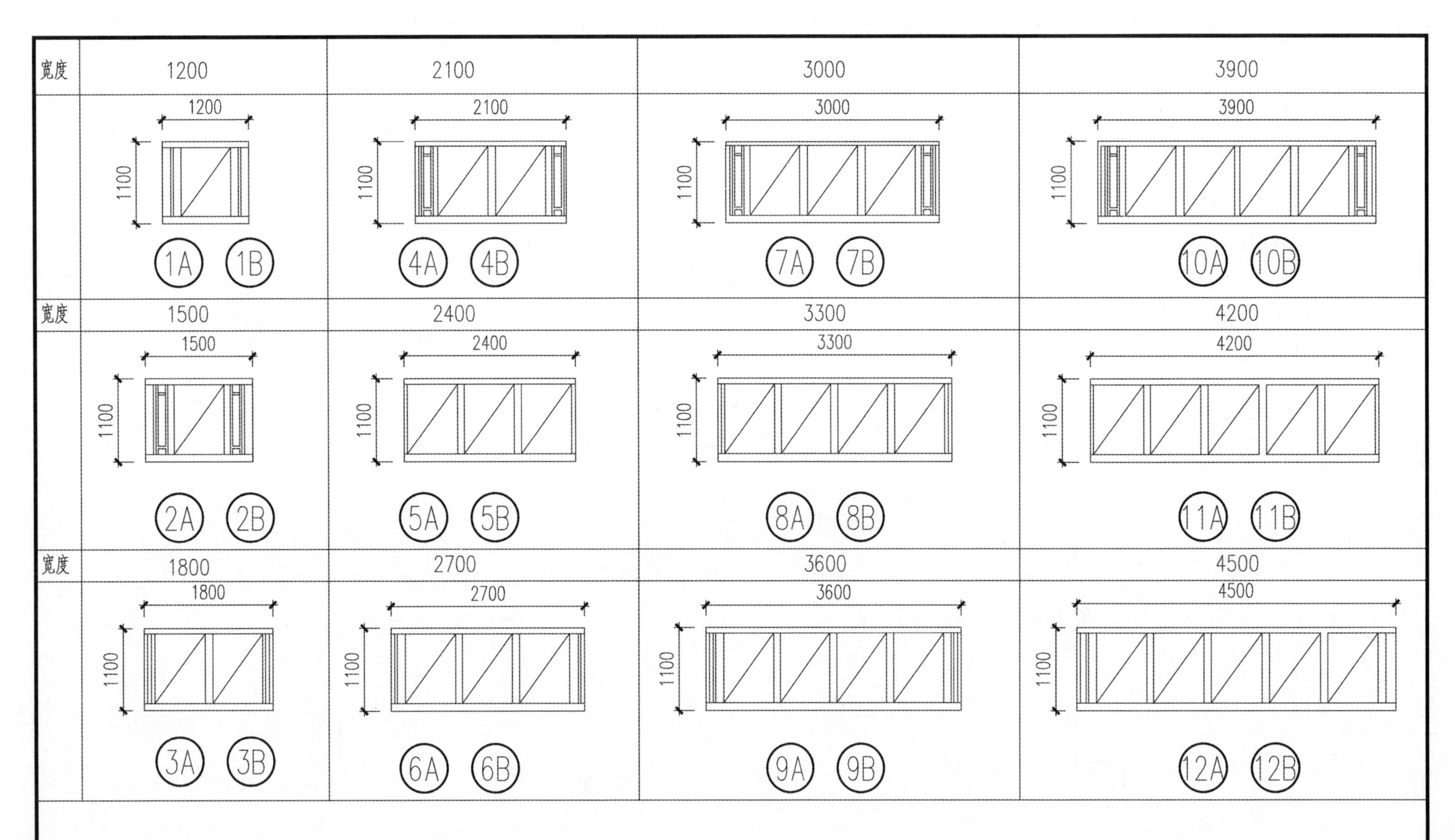

注:

1.A为混凝土结构，B为钢木结构。

2.栏杆图案选用，见第113~116页。

3.预制混凝土构件，与梁板连接，有预制插筋和预制铁件焊接两种连接，由设计者选用。

4.预制混凝土构件，为C20细石混凝土。

5.用于住宅、托儿所、幼儿园、中小学以及公共建筑中儿童到达场所的栏杆时，需加封闭措施见118、119页。

栏杆组合示意	桂北传统建筑设计施工通用图典

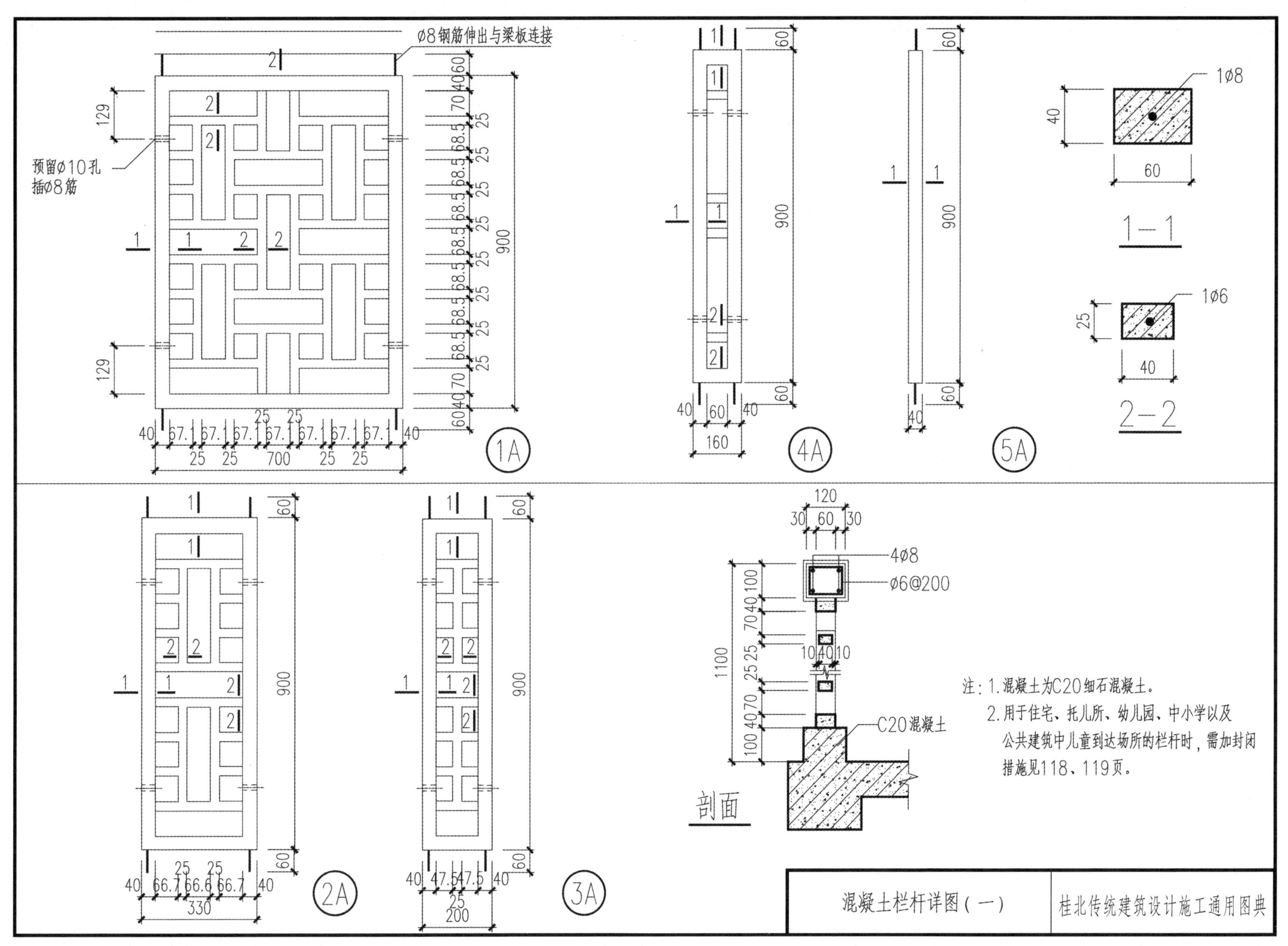

注：1.混凝土为C20细石混凝土。
2.用于住宅、托儿所、幼儿园、中小学以及公共建筑中儿童到达场所的栏杆时，需加封闭措施见118、119页。

混凝土栏杆详图（一）	桂北传统建筑设计施工通用图典

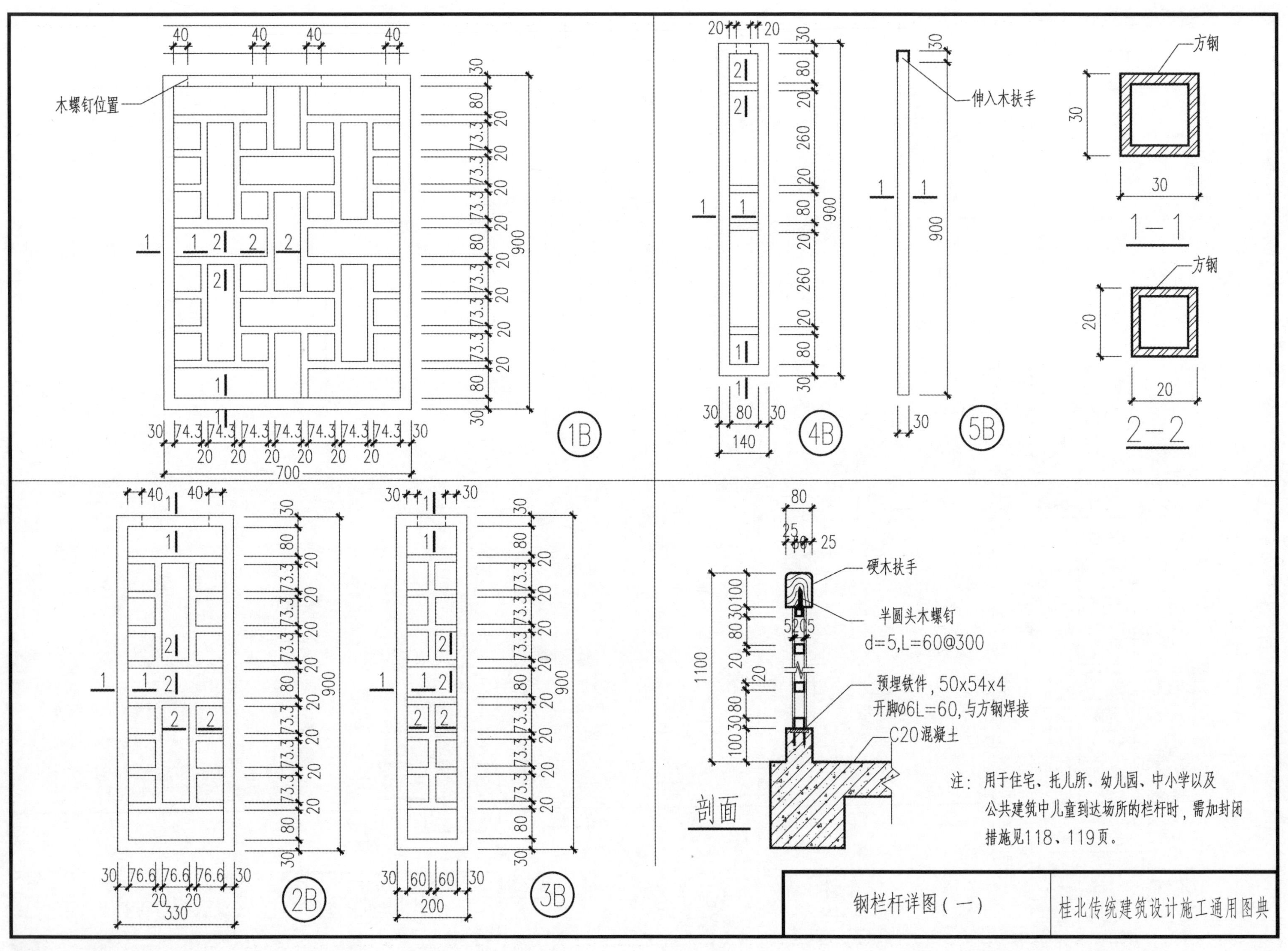

木螺钉位置
1B
4B
5B
伸入木扶手
方钢
1-1
2-2
2B
3B
硬木扶手
半圆头木螺钉
d=5,L=60@300
预埋铁件，50x54x4
开脚Ø6L=60，与方钢焊接
C20混凝土
剖面
注：用于住宅、托儿所、幼儿园、中小学以及
公共建筑中儿童到达场所的栏杆时，需加封闭
措施见118、119页。
钢栏杆详图（一）
桂北传统建筑设计施工通用图典

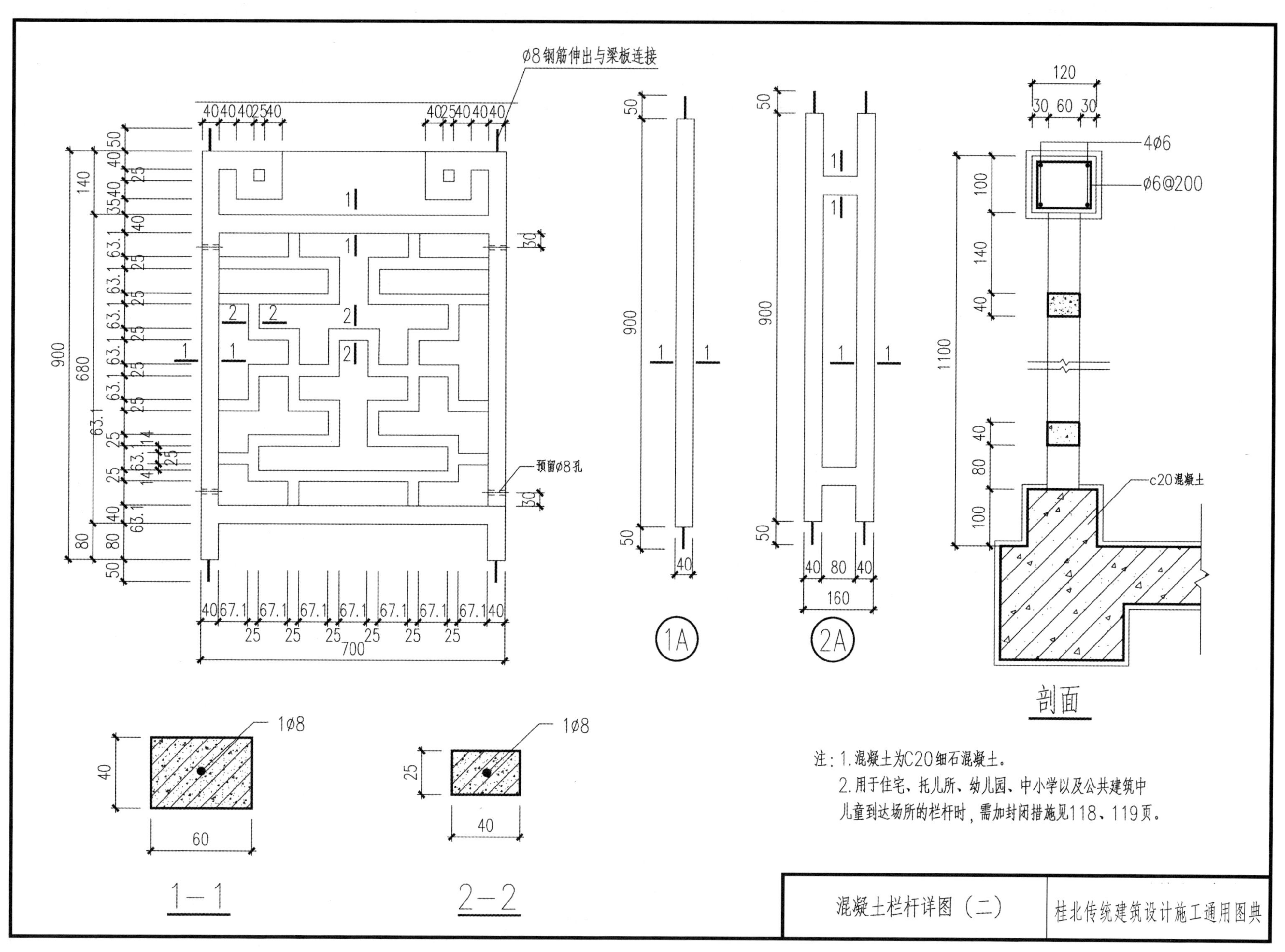

注：1.混凝土为C20细石混凝土。

2.用于住宅、托儿所、幼儿园、中小学以及公共建筑中儿童到达场所的栏杆时，需加封闭措施见118、119页。

混凝土栏杆详图（二）

桂北传统建筑设计施工通用图典

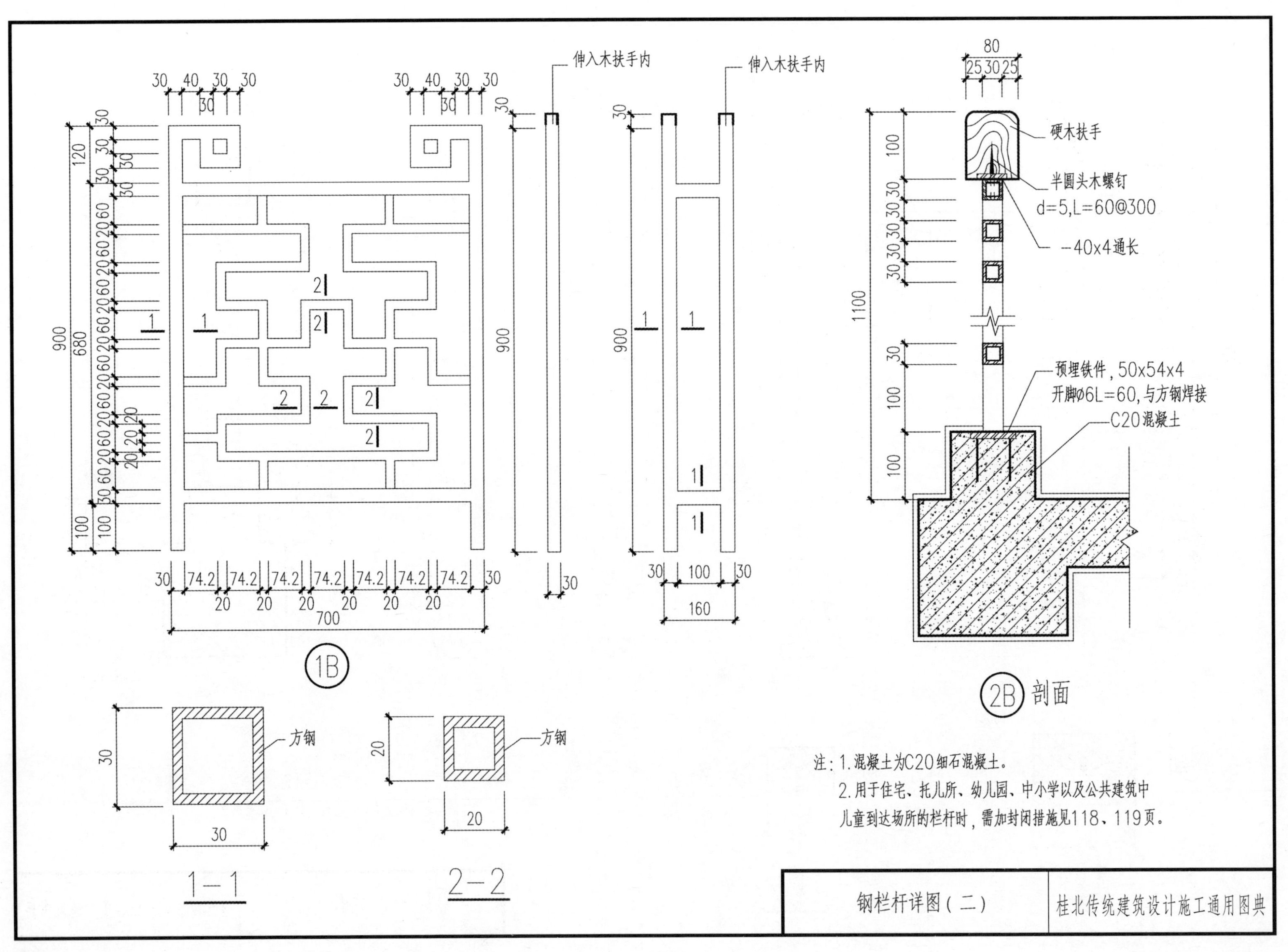

注：1. 混凝土为C20细石混凝土。

2. 用于住宅、托儿所、幼儿园、中小学以及公共建筑中儿童到达场所的栏杆时，需加封闭措施见118、119页。

钢栏杆详图（二）

桂北传统建筑设计施工通用图典

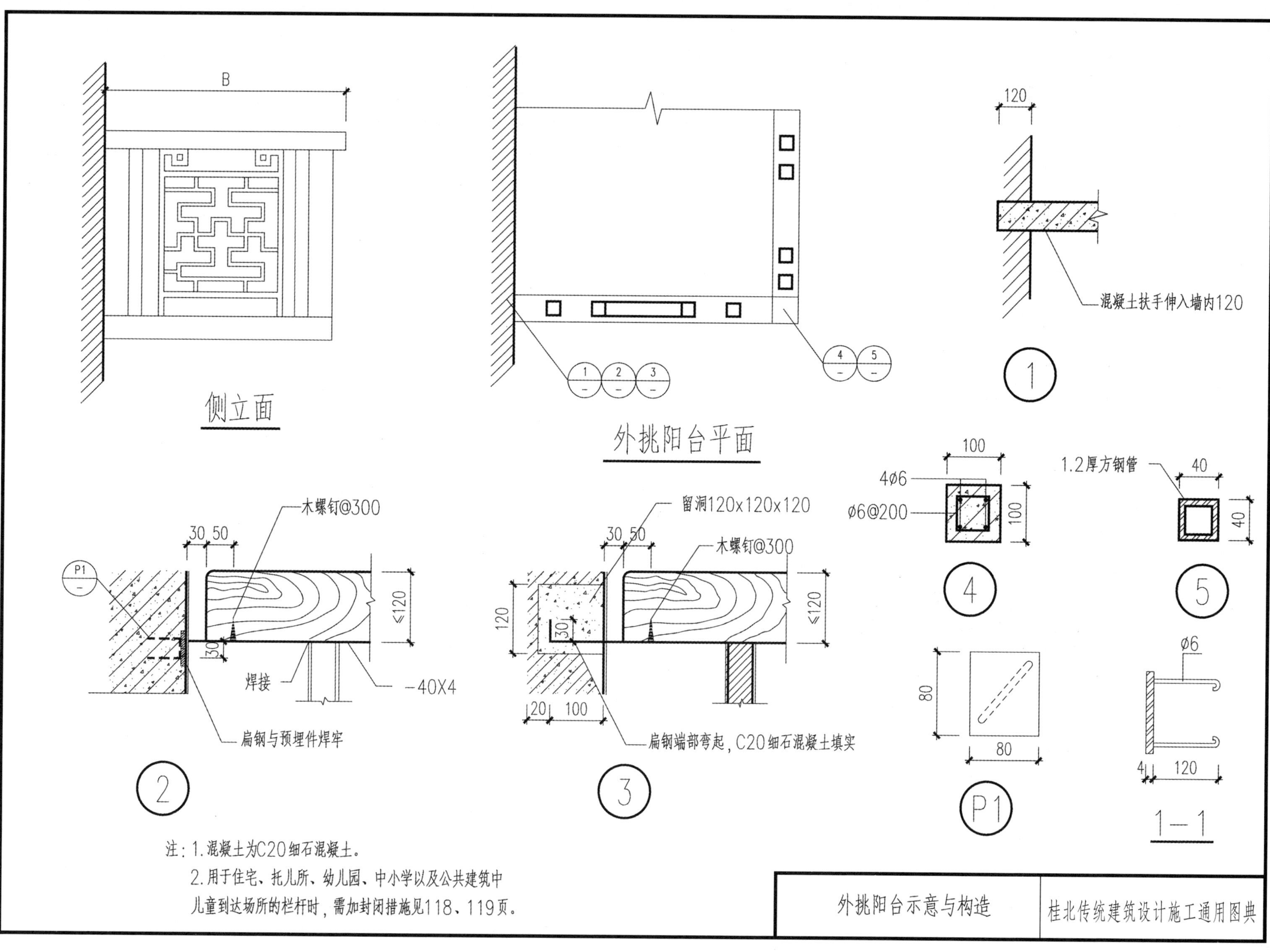

注：1.混凝土为C20细石混凝土。
2.用于住宅、托儿所、幼儿园、中小学以及公共建筑中儿童到达场所的栏杆时，需加封闭措施见118、119页。

外挑阳台示意与构造	桂北传统建筑设计施工通用图典

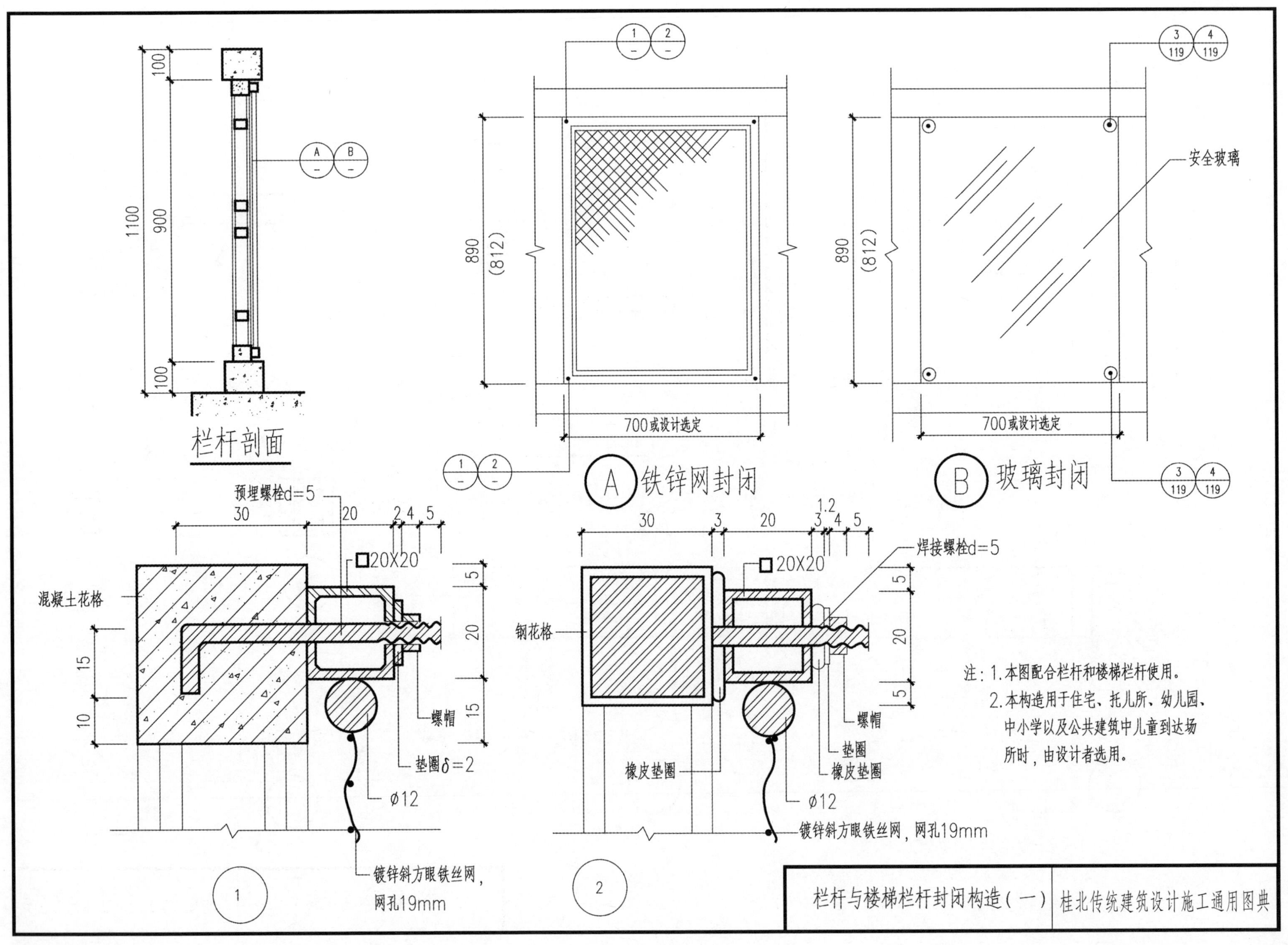

栏杆剖面
1100
900
100
100
A
B
890
(812)
700或设计选定
安全玻璃
A 铁锌网封闭
B 玻璃封闭
1
2
3 119
4 119
预埋螺栓d=5
30
20
2
4
5
□20X20
混凝土花格
15
10
螺帽
垫圈δ=2
ø12
镀锌斜方眼铁丝网，网孔19mm
1.2
3
焊接螺栓d=5
钢花格
橡皮垫圈
垫圈
注：1.本图配合栏杆和楼梯栏杆使用。
2.本构造用于住宅、托儿所、幼儿园、中小学以及公共建筑中儿童到达场所时，由设计者选用。
栏杆与楼梯栏杆封闭构造（一）
桂北传统建筑设计施工通用图典

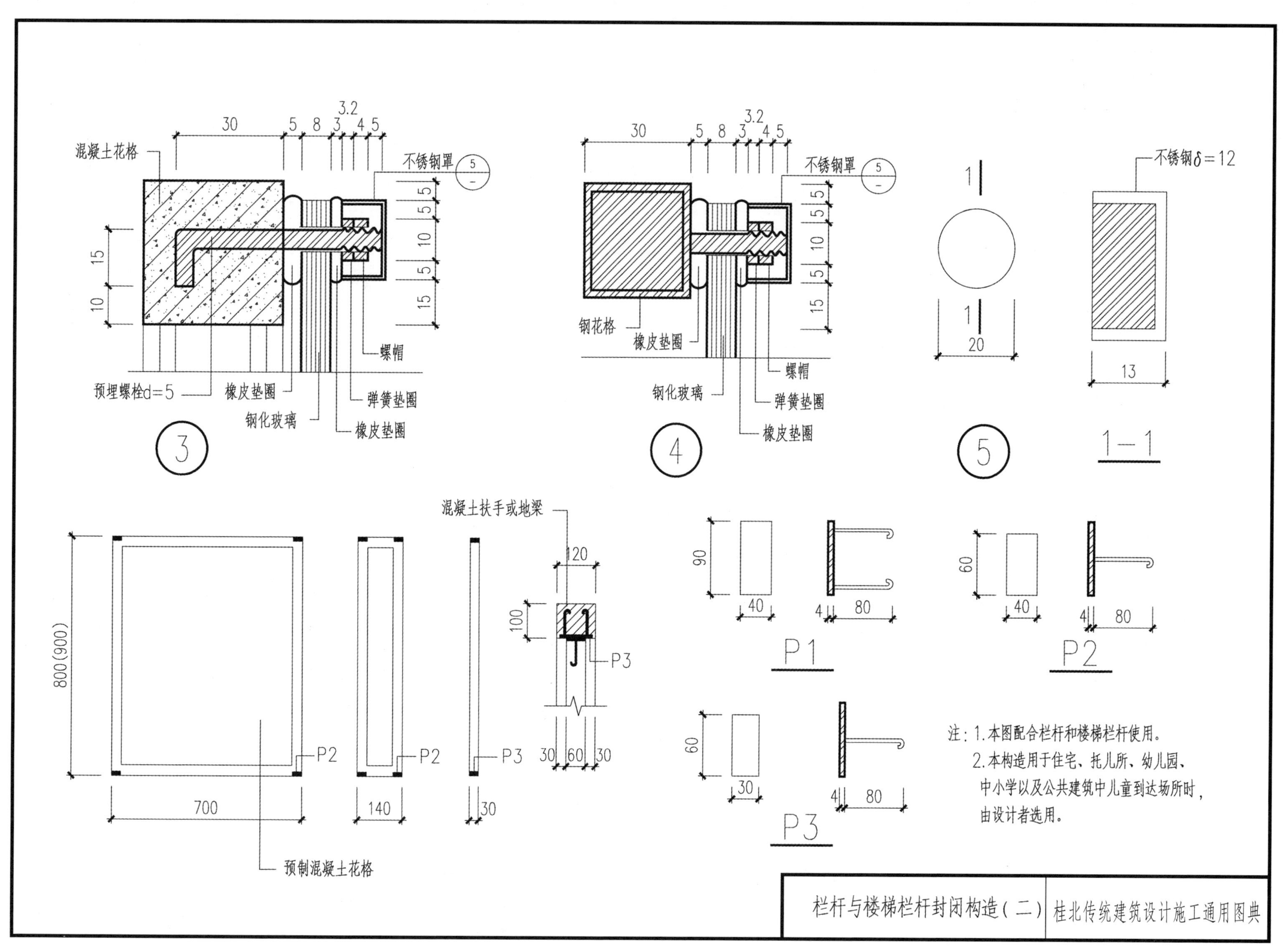

注：1.本图配合栏杆和楼梯栏杆使用。
2.本构造用于住宅、托儿所、幼儿园、中小学以及公共建筑中儿童到达场所时，由设计者选用。

栏杆与楼梯栏杆封闭构造（二） 桂北传统建筑设计施工通用图典

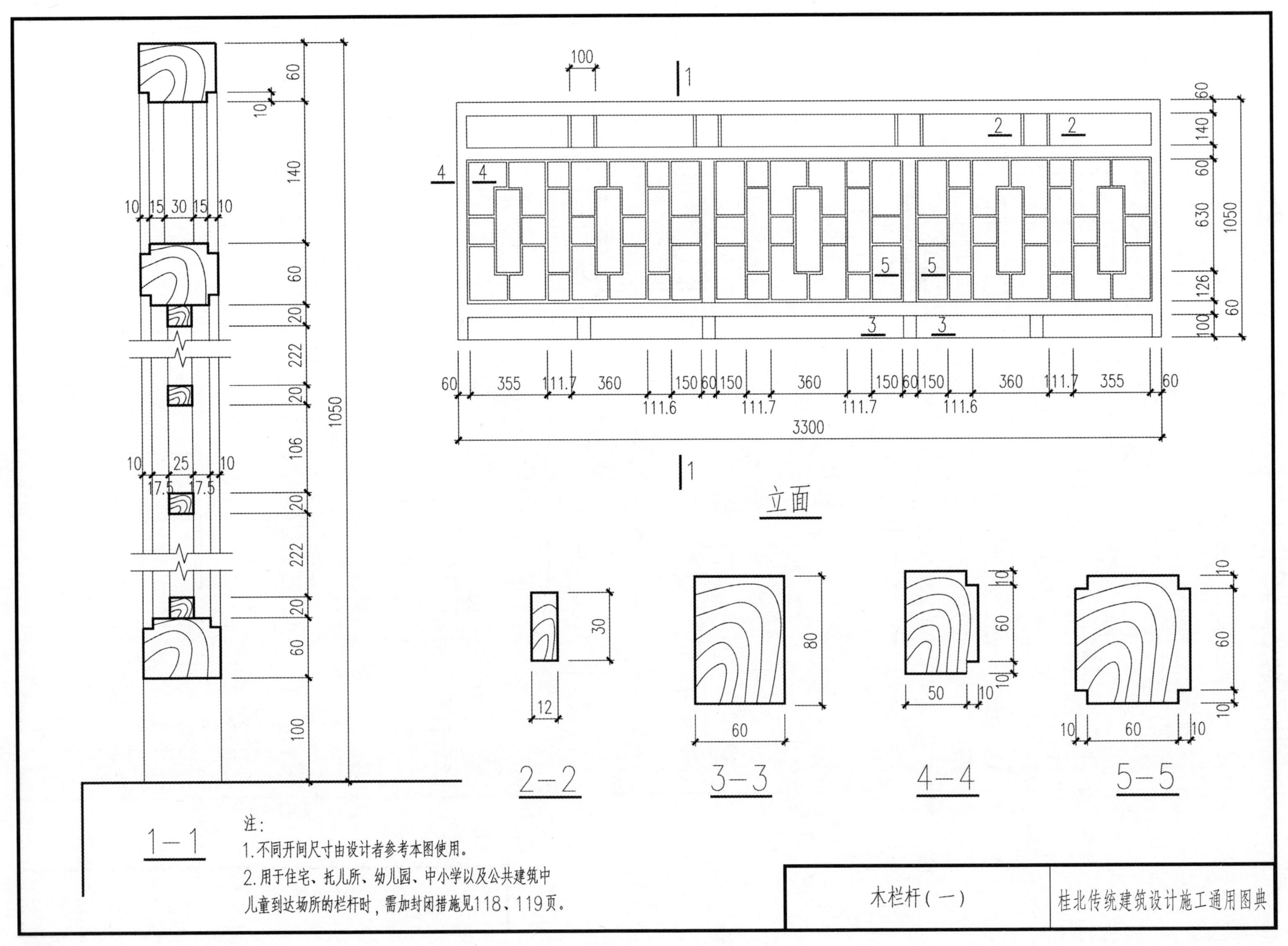

注：

1. 不同开间尺寸由设计者参考本图使用。
2. 用于住宅、托儿所、幼儿园、中小学以及公共建筑中儿童到达场所的栏杆时，需加封闭措施见118、119页。

木栏杆（一）	桂北传统建筑设计施工通用图典

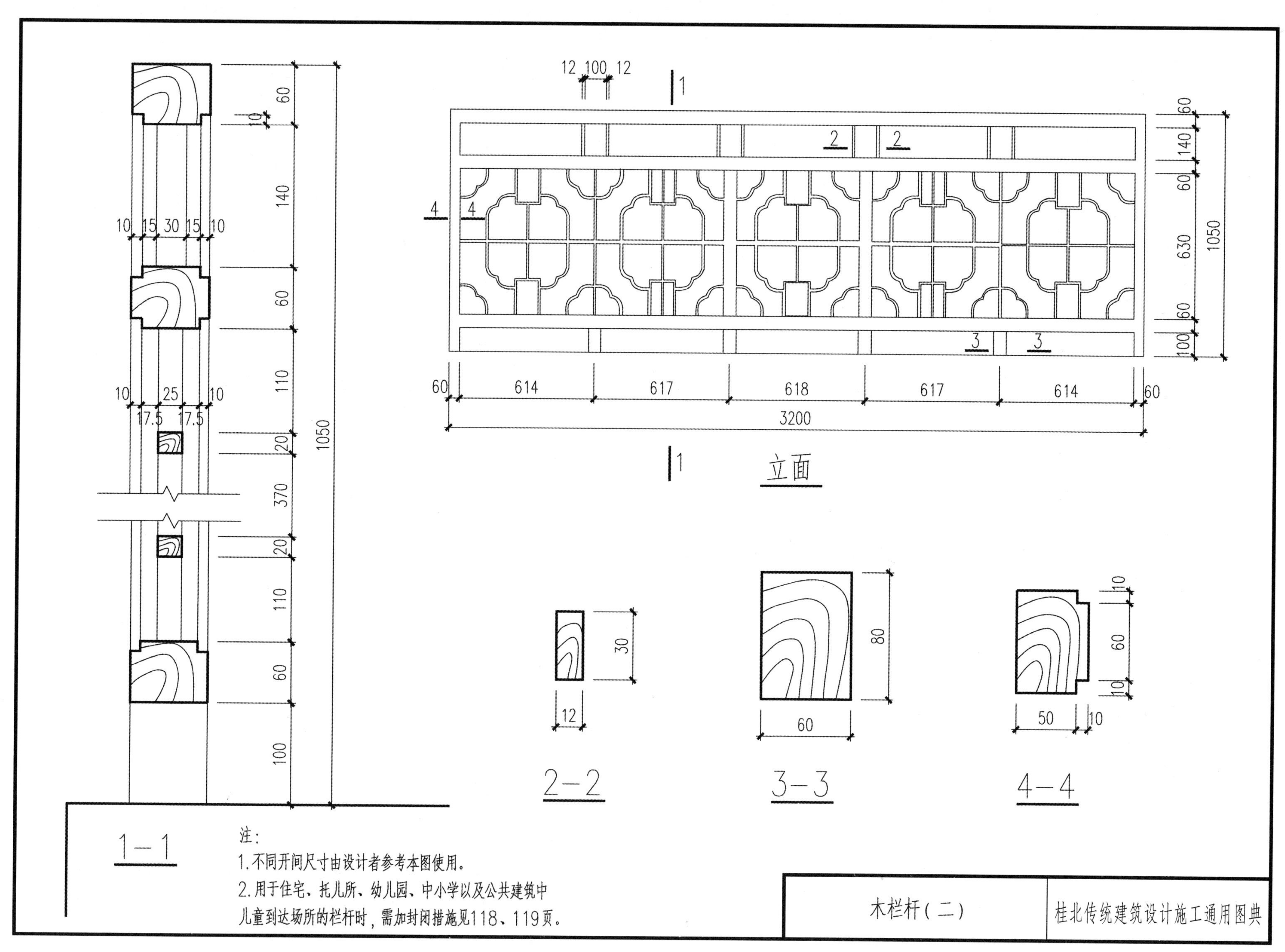

注：

1. 不同开间尺寸由设计者参考本图使用。
2. 用于住宅、托儿所、幼儿园、中小学以及公共建筑中儿童到达场所的栏杆时，需加封闭措施见118、119页。

木栏杆（二）	桂北传统建筑设计施工通用图典

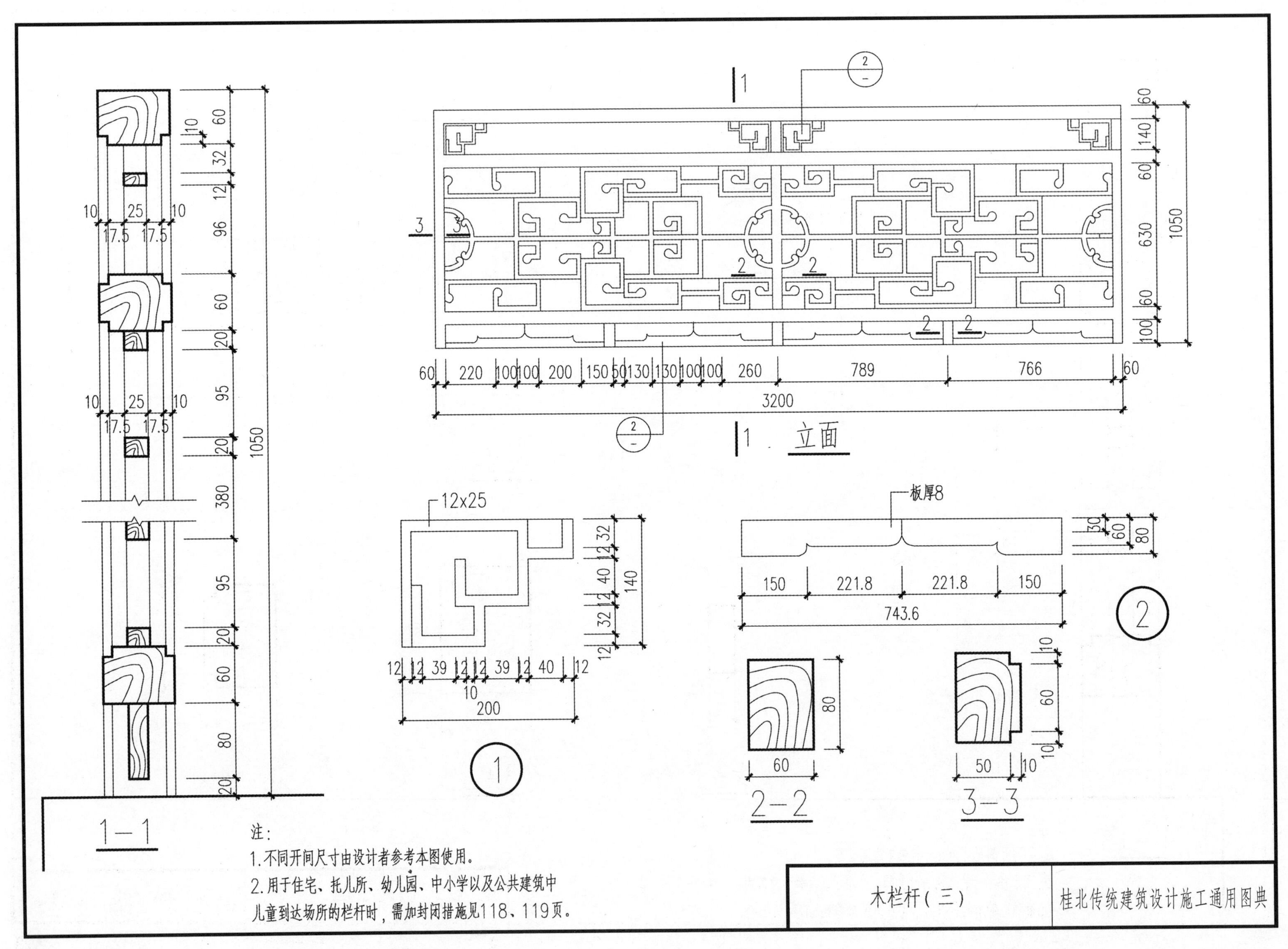

注:

1. 不同开间尺寸由设计者参考本图使用。

2. 用于住宅、托儿所、幼儿园、中小学以及公共建筑中儿童到达场所的栏杆时，需加封闭措施见118、119页。

木栏杆（三）

桂北传统建筑设计施工通用图典

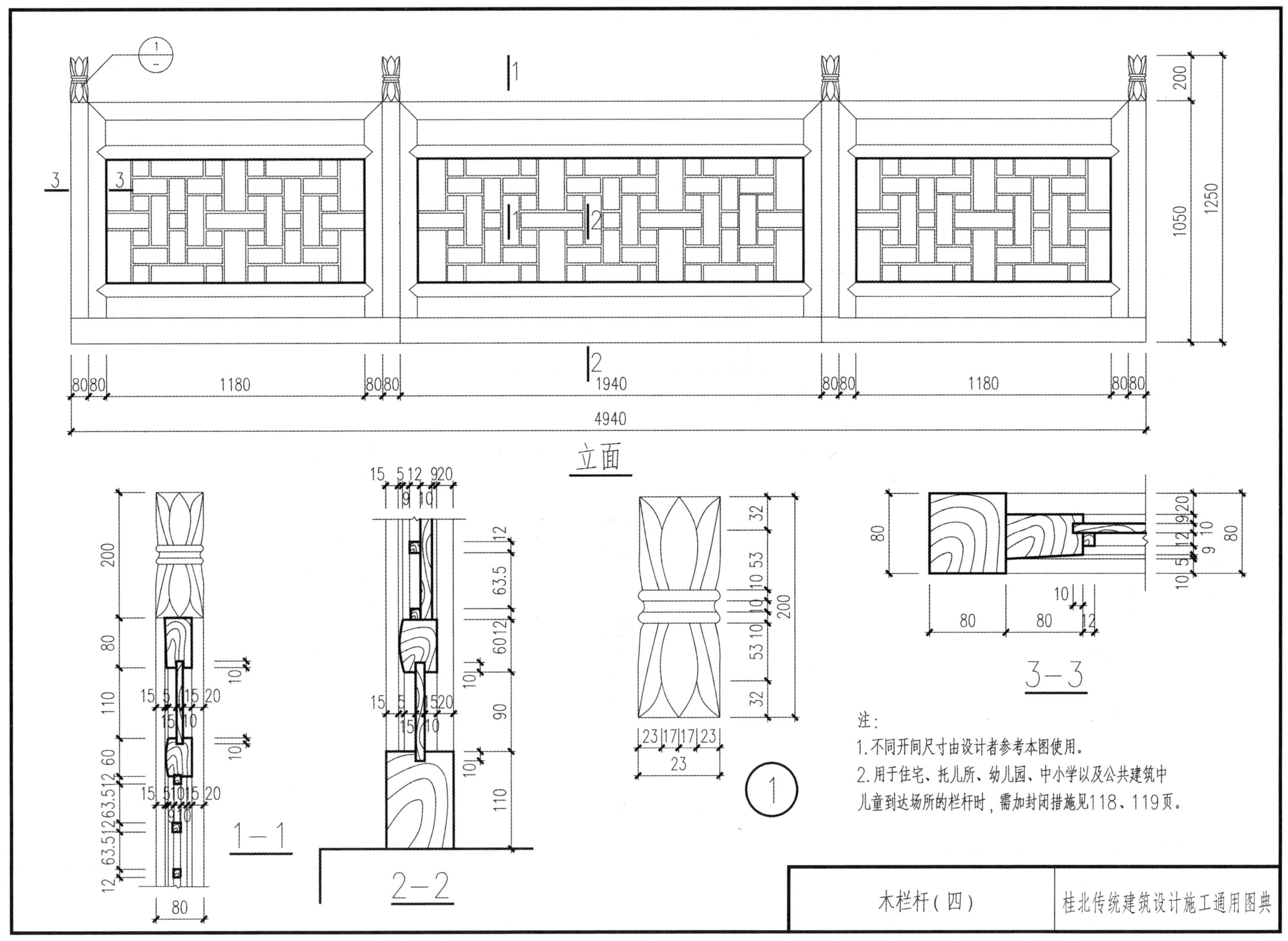

立面
1—1
2—2
3—3
注：
1.不同开间尺寸由设计者参考本图使用。
2.用于住宅、托儿所、幼儿园、中小学以及公共建筑中儿童到达场所的栏杆时，需加封闭措施见118、119页。
木栏杆（四）
桂北传统建筑设计施工通用图典

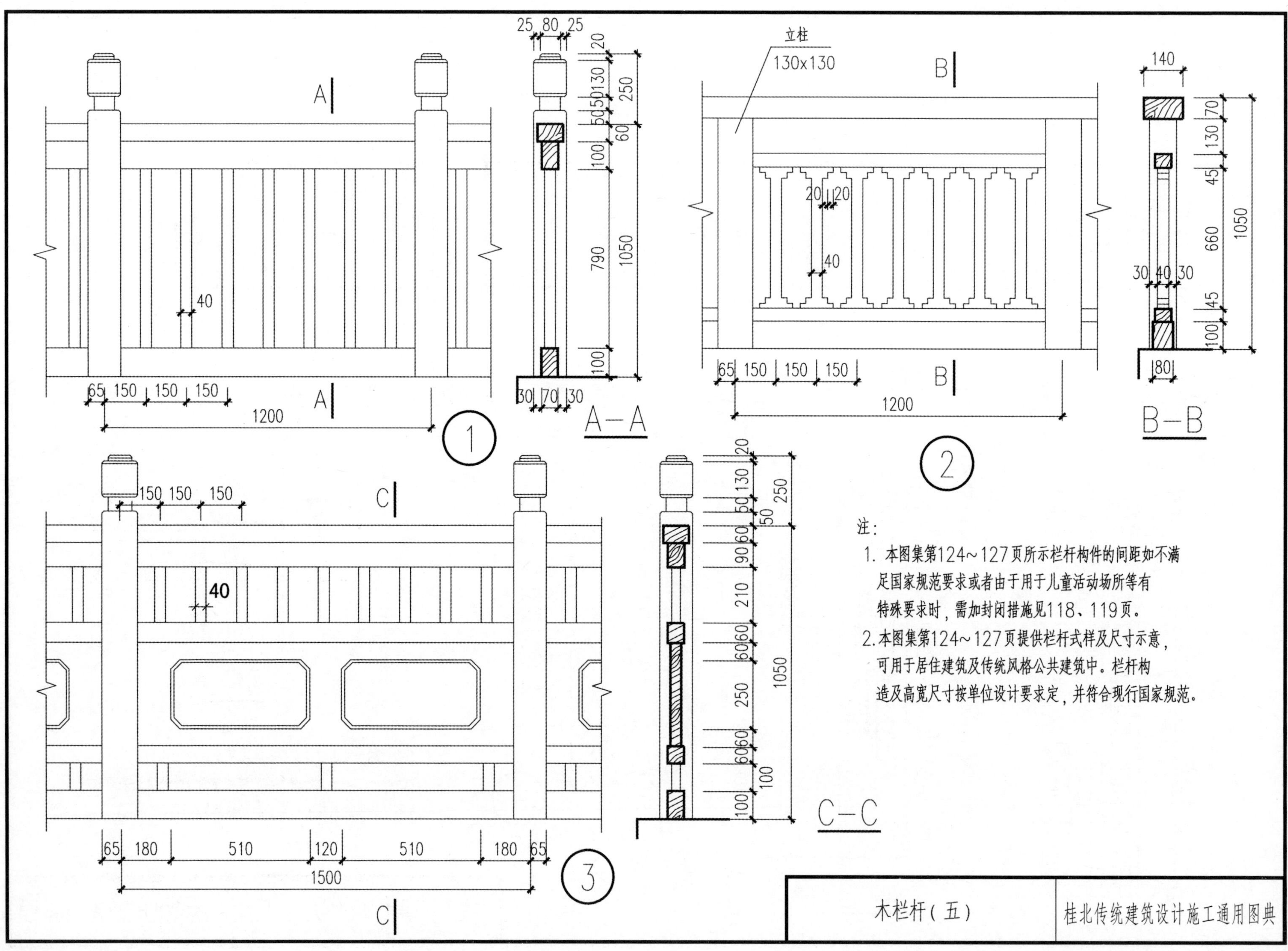
立柱
130x130
A—A
B—B
C—C
注:
1. 本图集第124~127页所示栏杆构件的间距如不满足国家规范要求或者由于用于儿童活动场所等有特殊要求时，需加封闭措施见118、119页。
2.本图集第124~127页提供栏杆式样及尺寸示意，可用于居住建筑及传统风格公共建筑中。栏杆构造及高宽尺寸按单位设计要求定，并符合现行国家规范。
木栏杆（五）
桂北传统建筑设计施工通用图典

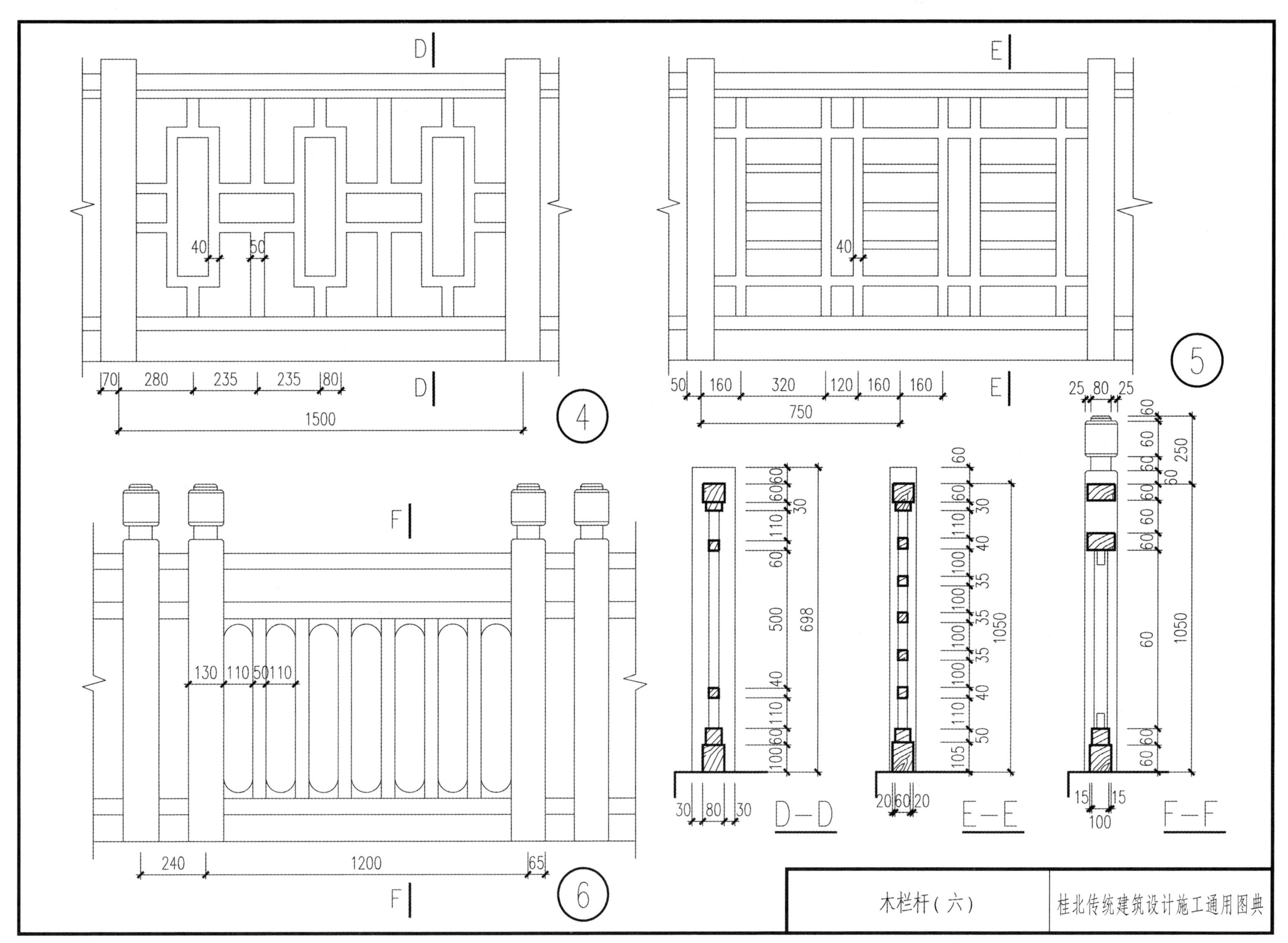

木栏杆（六）

桂北传统建筑设计施工通用图典

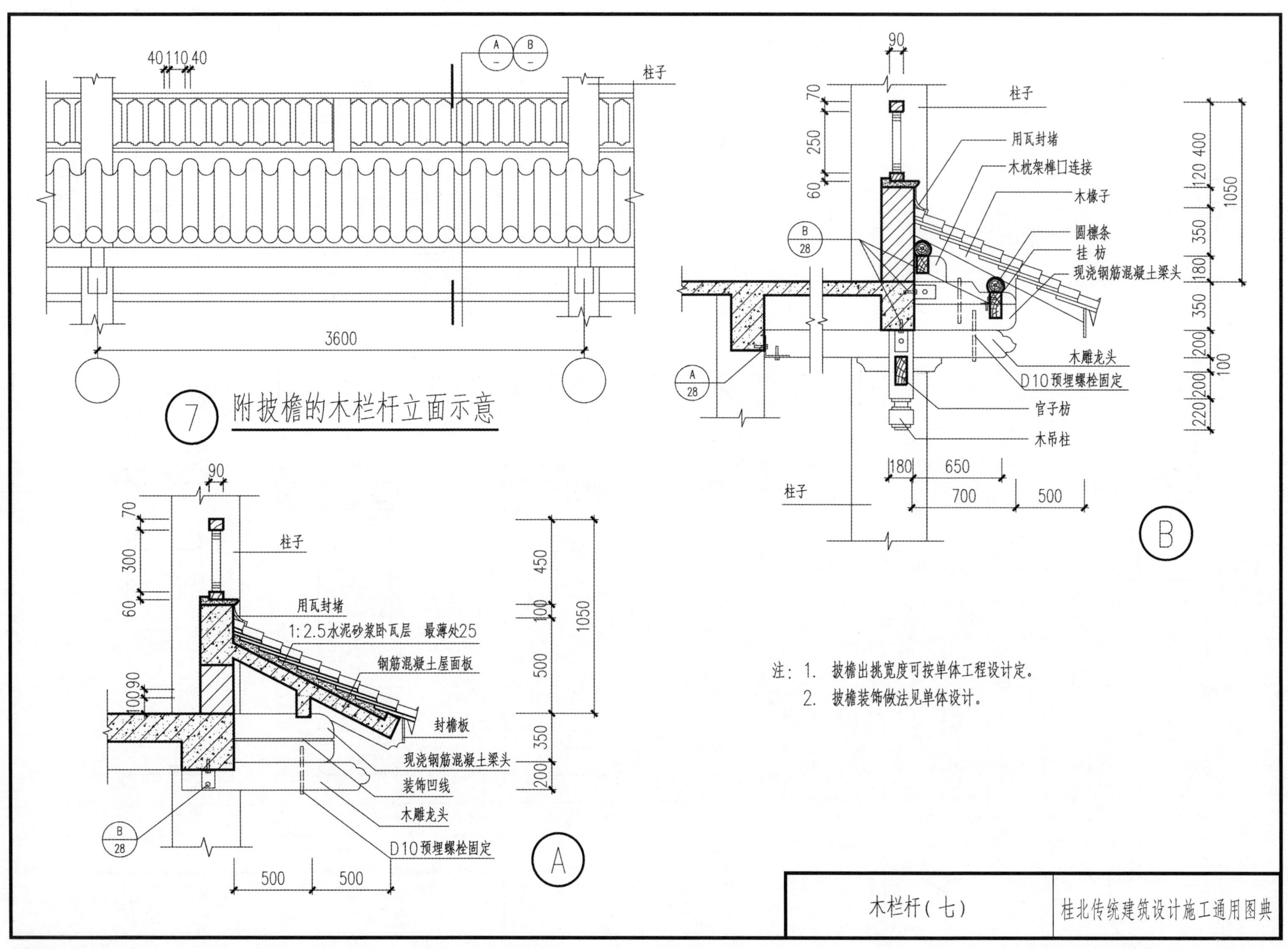

注：1. 披檐出挑宽度可按单体工程设计定。
2. 披檐装饰做法见单体设计。

木栏杆（七）

桂北传统建筑设计施工通用图典

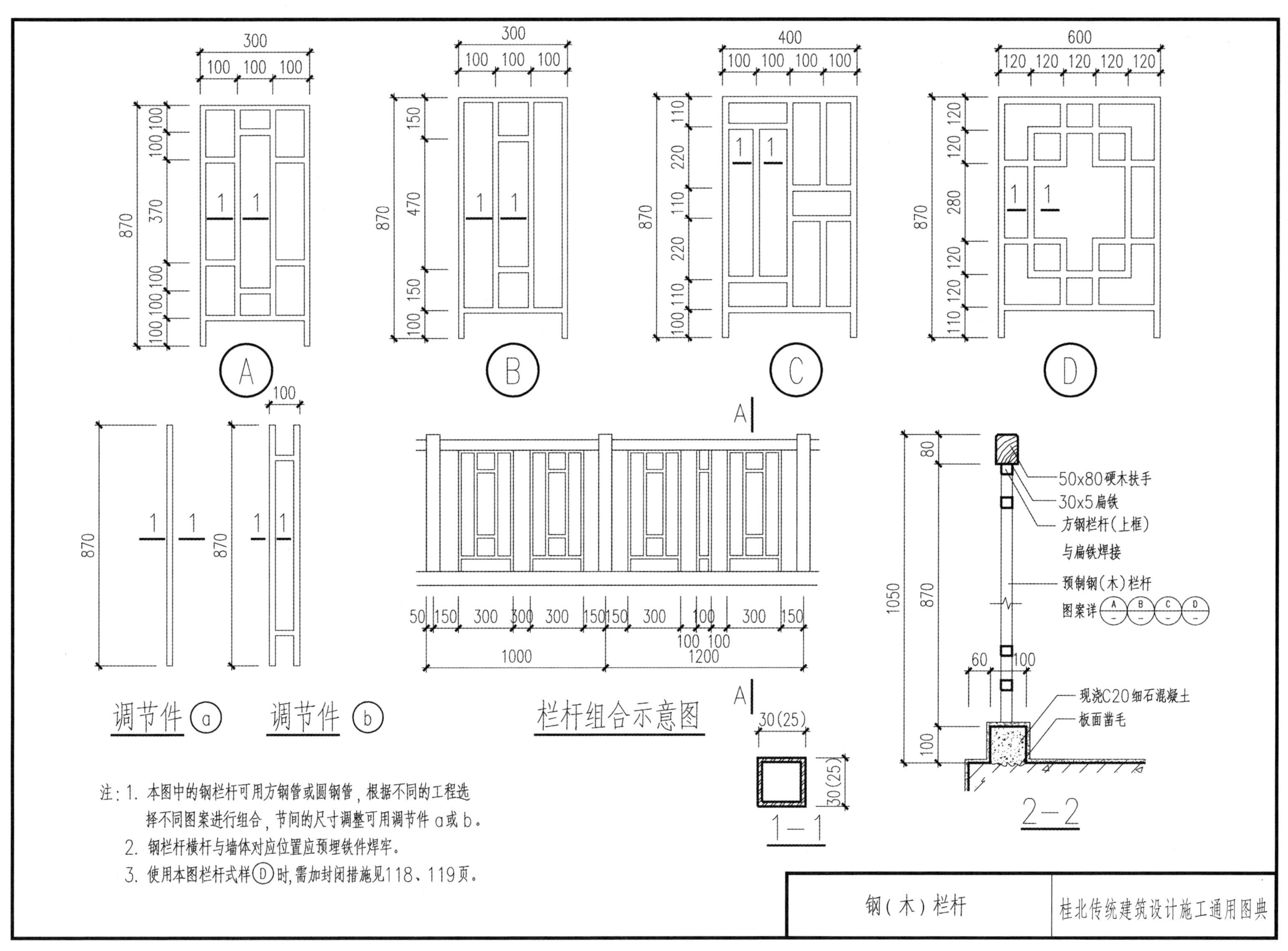

注：1. 本图中的钢栏杆可用方钢管或圆钢管，根据不同的工程选择不同图案进行组合，节间的尺寸调整可用调节件 a或 b。

2. 钢栏杆横杆与墙体对应位置应预埋铁件焊牢。

3. 使用本图栏杆式样Ⓓ时，需加封闭措施见118、119页。

钢（木）栏杆	桂北传统建筑设计施工通用图典

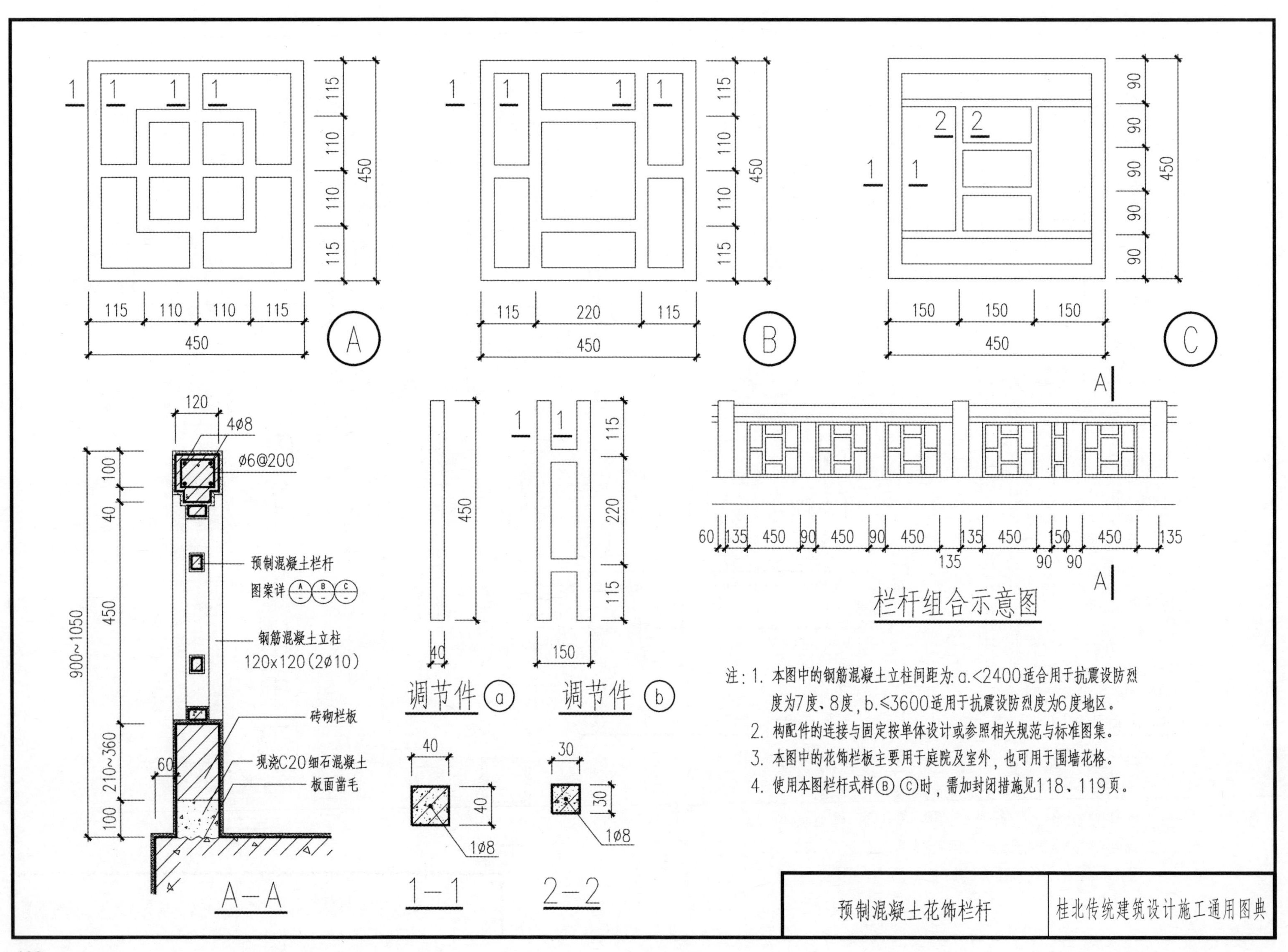

115
110
110
115
450
A
220
B
150
C
90
1
2
120
4Ø8
Ø6@200
100
40
900~1050
210~360
60
预制混凝土栏杆
图案详
钢筋混凝土立柱
120x120(2Ø10)
砖砌栏板
现浇C20细石混凝土
板面凿毛
A-A
40
调节件 a
调节件 b
1Ø8
30
1-1
2-2
60
135
栏杆组合示意图
注：1. 本图中的钢筋混凝土立柱间距为: a.<2400适合用于抗震设防烈度为7度、8度，b.≤3600适用于抗震设防烈度为6度地区。
2. 构配件的连接与固定按单体设计或参照相关规范与标准图集。
3. 本图中的花饰栏板主要用于庭院及室外，也可用于围墙花格。
4. 使用本图栏杆式样Ⓑ Ⓒ时，需加封闭措施见118、119页。
预制混凝土花饰栏杆
桂北传统建筑设计施工通用图典

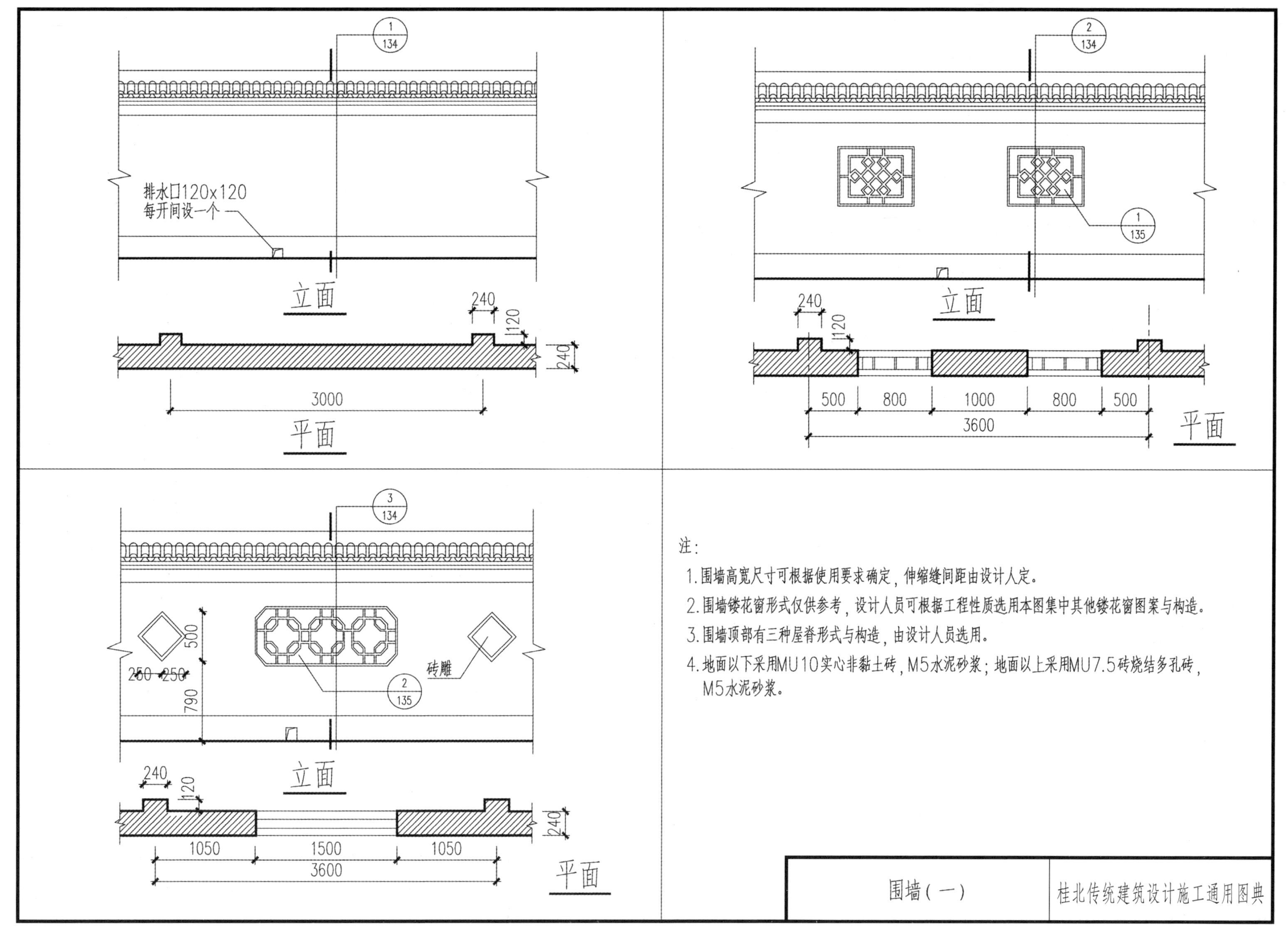

注：

1. 围墙高宽尺寸可根据使用要求确定，伸缩缝间距由设计人定。
2. 围墙镂花窗形式仅供参考，设计人员可根据工程性质选用本图集中其他镂花窗图案与构造。
3. 围墙顶部有三种屋脊形式与构造，由设计人员选用。
4. 地面以下采用MU10实心非黏土砖，M5水泥砂浆；地面以上采用MU7.5砖烧结多孔砖，M5水泥砂浆。

围墙（一）	桂北传统建筑设计施工通用图典

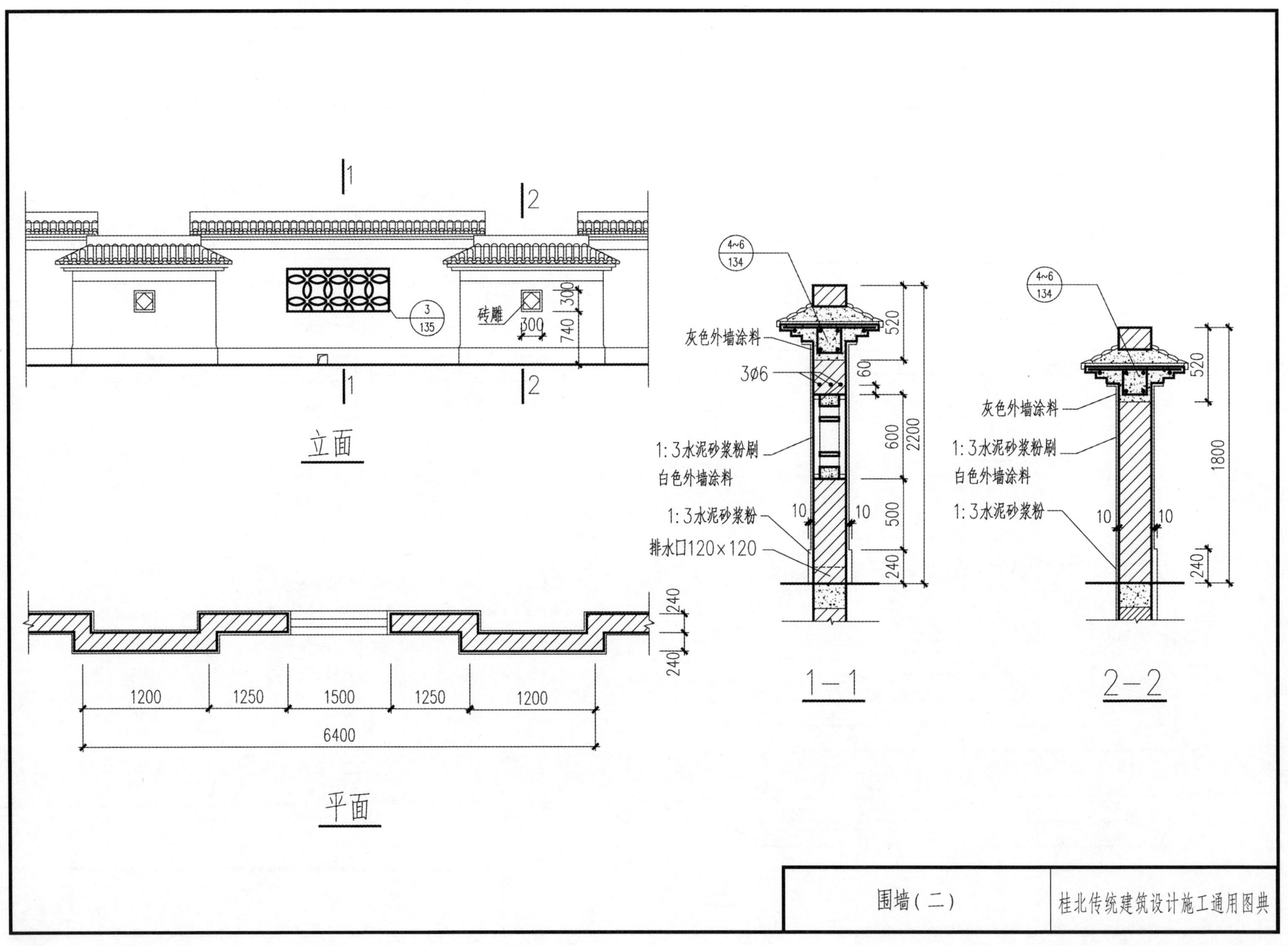
1
2
砖雕
300
300
740
3
135
立面
4~6
134
灰色外墙涂料
3ø6
520
60
600
2200
1:3水泥砂浆粉刷
白色外墙涂料
1:3水泥砂浆粉
10
10
500
排水口120×120
240
520
1800
240
240
240
1200
1250
1500
1250
1200
6400
平面
1—1
2—2
围墙(二)
桂北传统建筑设计施工通用图典

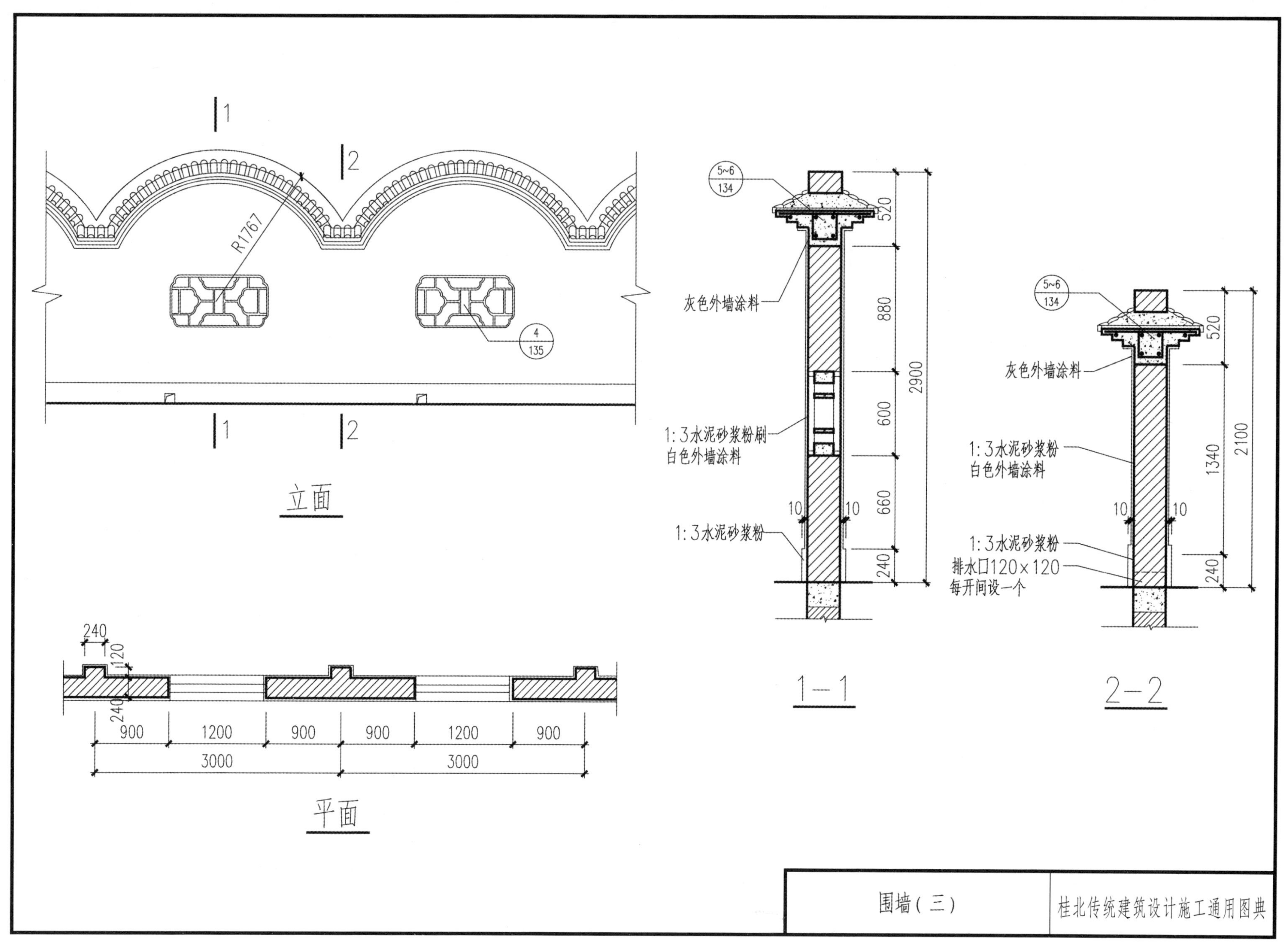
1
2
R1767
4
135
1
2
立面
240
120
240
900
1200
900
900
1200
900
3000
3000
平面
5~6
134
520
880
600
660
240
2900
灰色外墙涂料
1:3水泥砂浆粉刷
白色外墙涂料
10
10
1:3水泥砂浆粉
1—1
5~6
134
520
1340
240
2100
灰色外墙涂料
1:3水泥砂浆粉
白色外墙涂料
10
10
1:3水泥砂浆粉
排水口120×120
每开间设一个
2—2
围墙（三）
桂北传统建筑设计施工通用图典

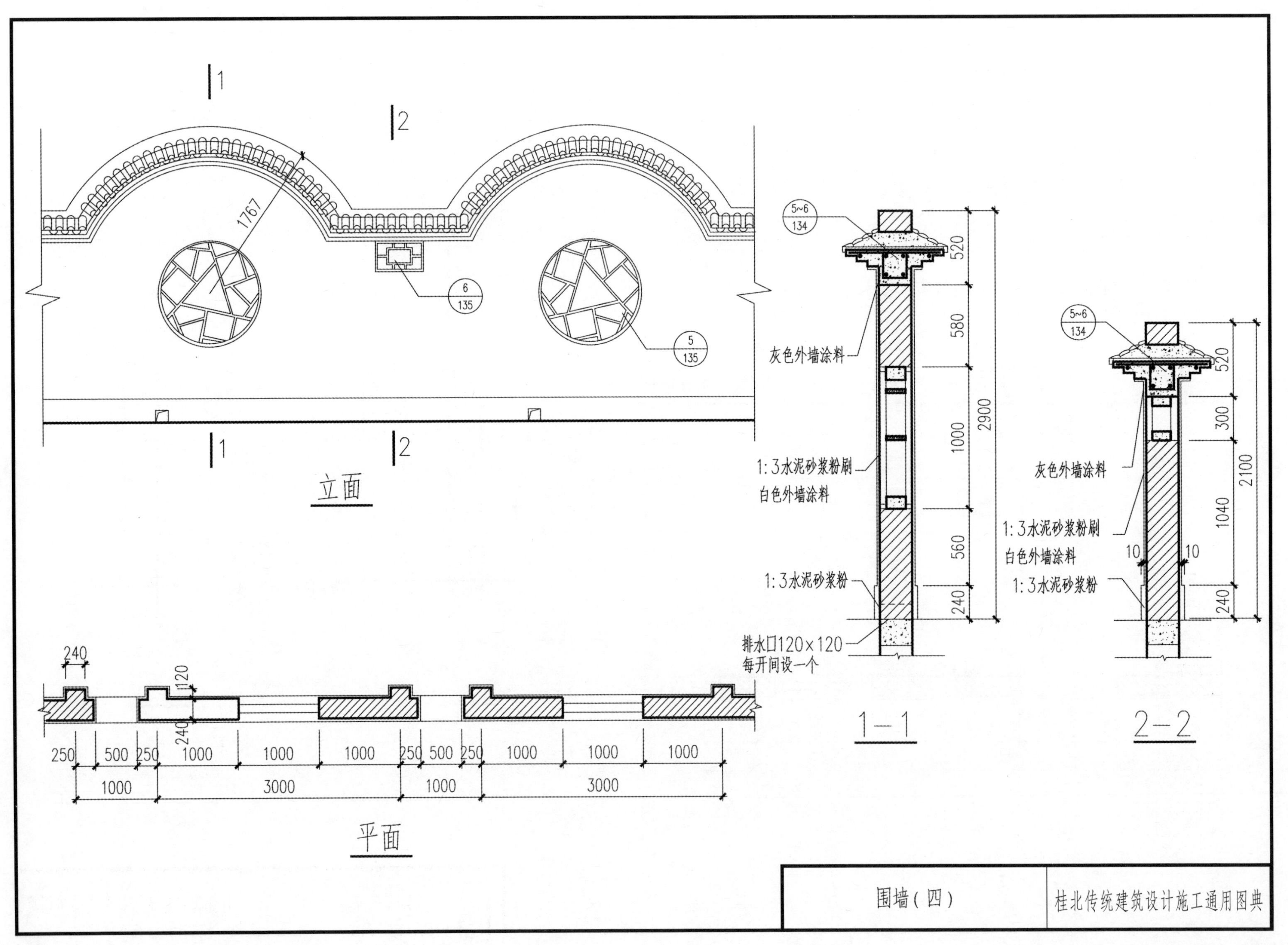
1767
6
135
5
135
立面
5~6
134
520
580
1000
560
240
2900
灰色外墙涂料
1:3水泥砂浆粉刷
白色外墙涂料
1:3水泥砂浆粉
排水口120×120
每开间设一个
1-1
300
1040
2100
10
2-2
240
120
250
500
1000
3000
平面
围墙(四)
桂北传统建筑设计施工通用图典

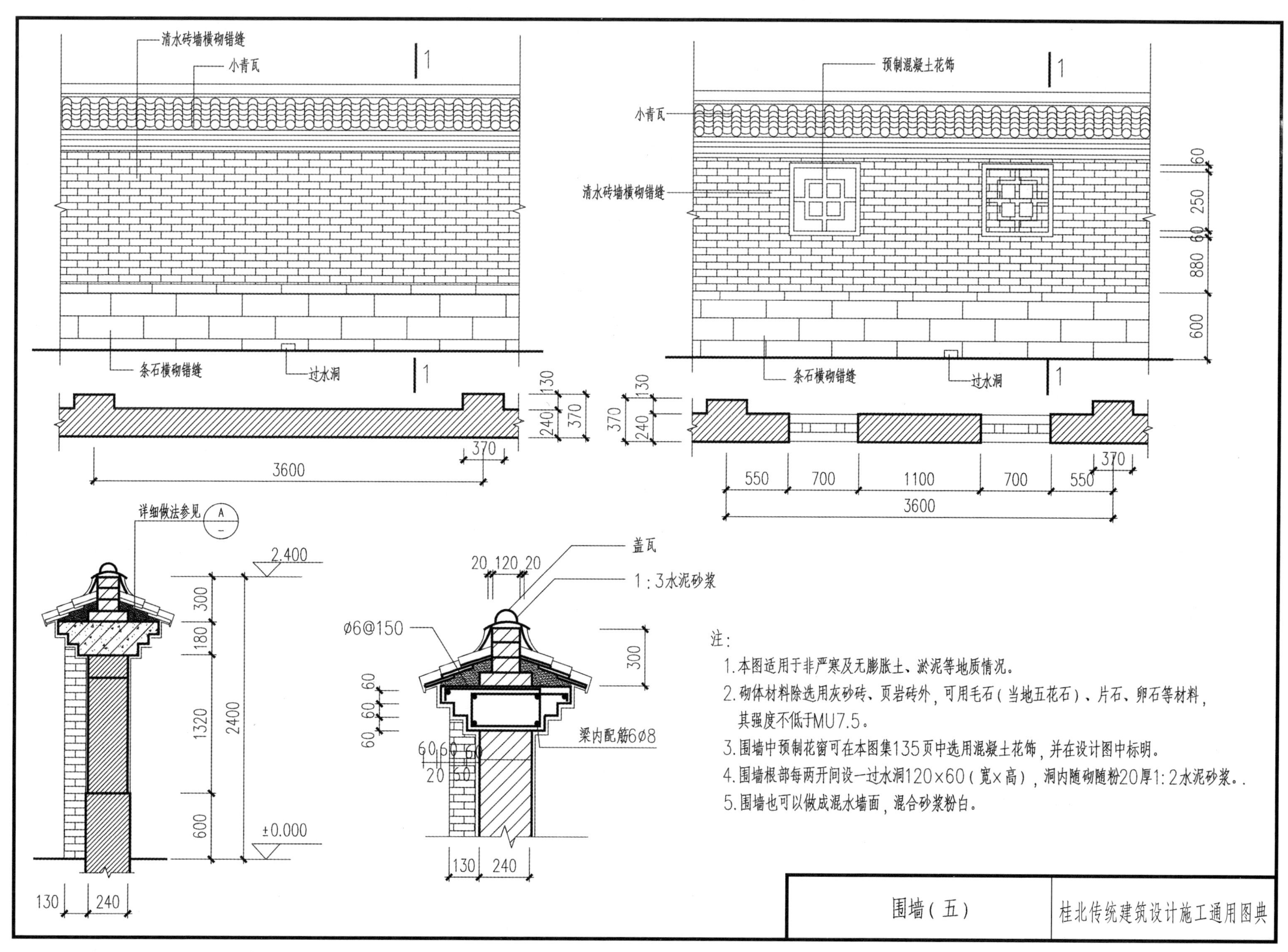
清水砖墙横砌错缝
小青瓦
1
条石横砌错缝
过水洞
1
130
370
240
370
3600
预制混凝土花饰
小青瓦
清水砖墙横砌错缝
60
250
60
880
600
1
条石横砌错缝
过水洞
1
130
370
240
550
700
1100
700
550
370
3600
详细做法参见
A
–
2.400
300
180
1320
2400
600
±0.000
130
240
盖瓦
20 120 20
1：3水泥砂浆
ø6@150
60
60
60
60
60
300
梁内配筋6ø8
60 60 60
20 60
130
240
注：
1.本图适用于非严寒及无膨胀土、淤泥等地质情况。
2.砌体材料除选用灰砂砖、页岩砖外，可用毛石（当地五花石）、片石、卵石等材料，其强度不低于MU7.5。
3.围墙中预制花窗可在本图集135页中选用混凝土花饰，并在设计图中标明。
4.围墙根部每两开间设一过水洞120×60（宽×高），洞内随砌随粉20厚1：2水泥砂浆。.
5.围墙也可以做成混水墙面，混合砂浆粉白。
围墙（五）
桂北传统建筑设计施工通用图典

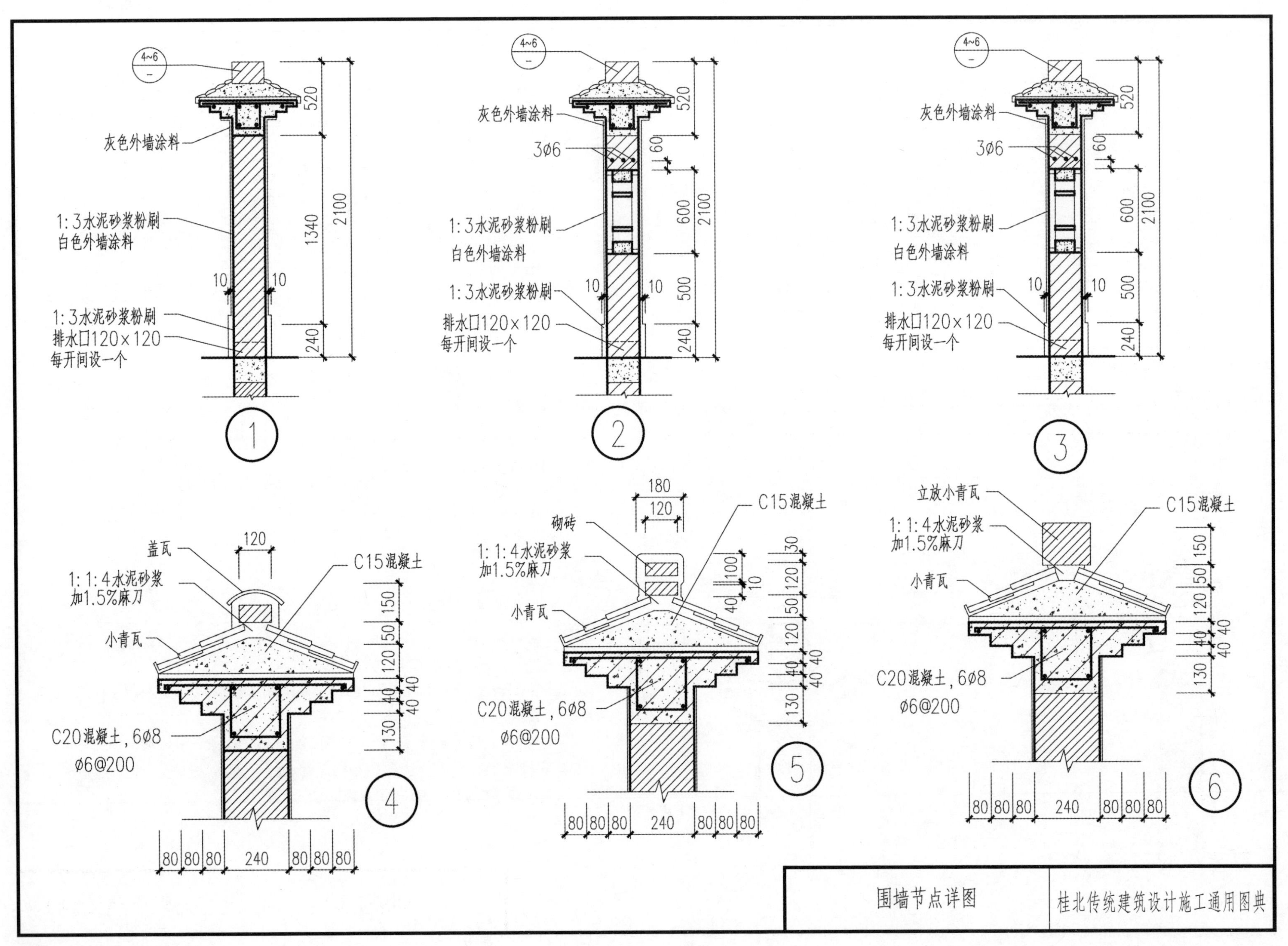

围墙节点详图
桂北传统建筑设计施工通用图典

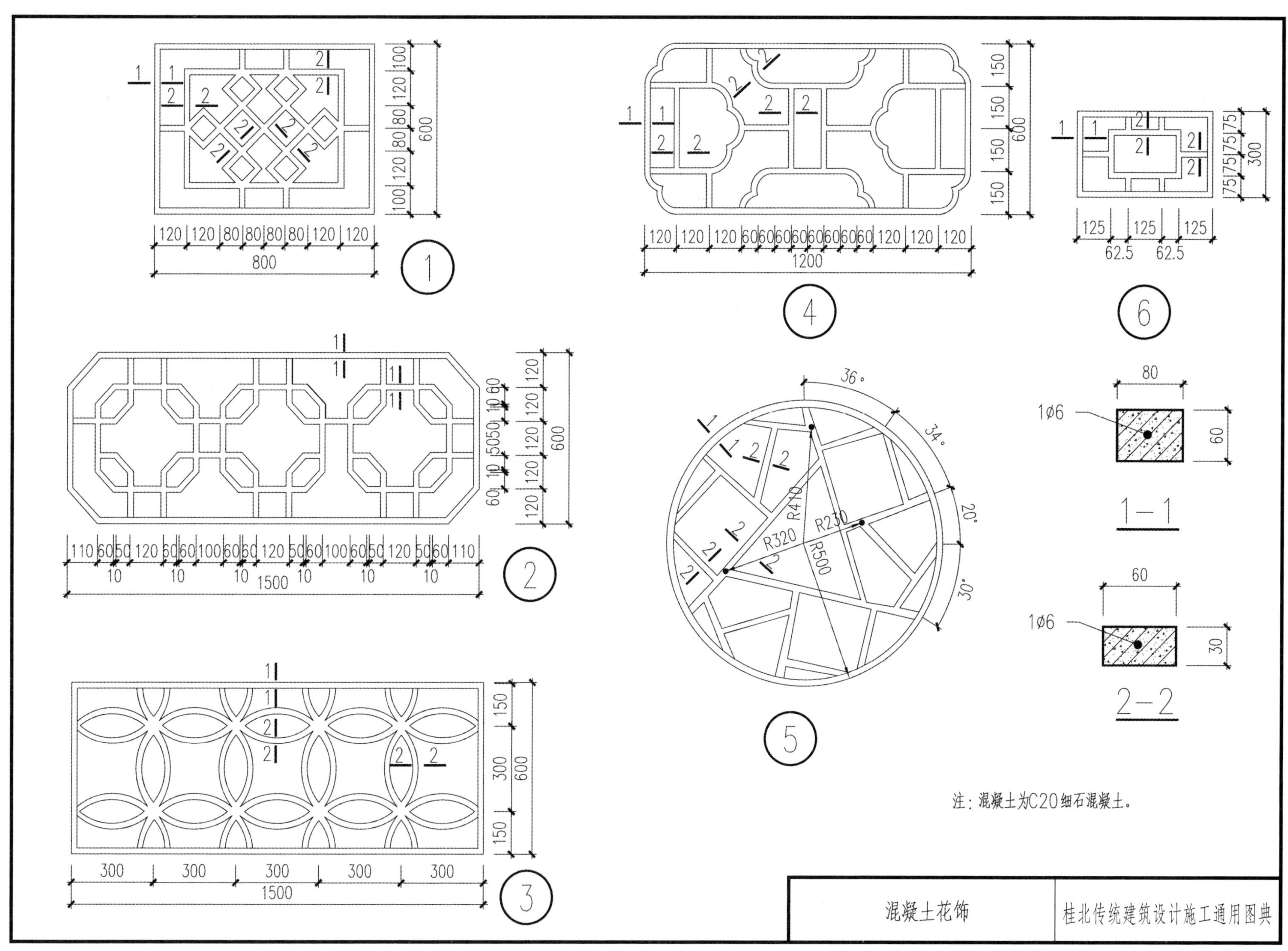

混凝土花饰

桂北传统建筑设计施工通用图典

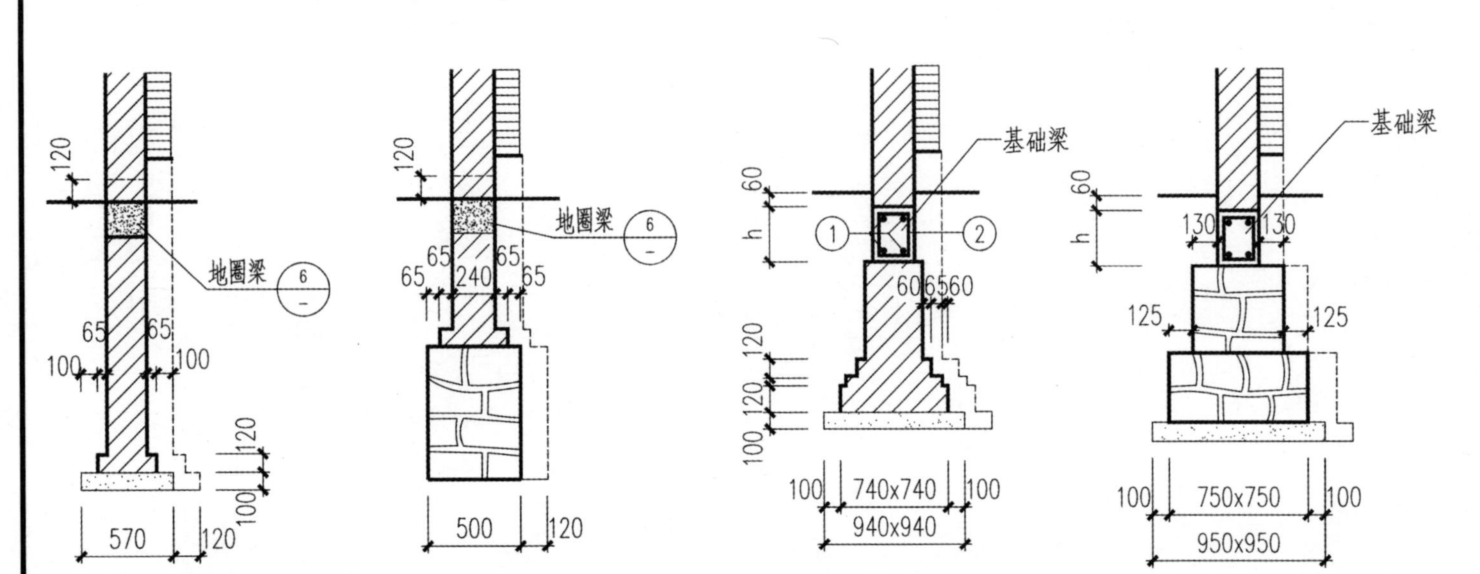

① 条形基础　② 条形基础　③ 独立基础　④ 独立基础

基础梁配筋选用表

基础中距	3000	3600	4200
梁高(h)	250	300	300
主筋①	4ø12	4ø14	4ø16
箍筋②	ø6@150		

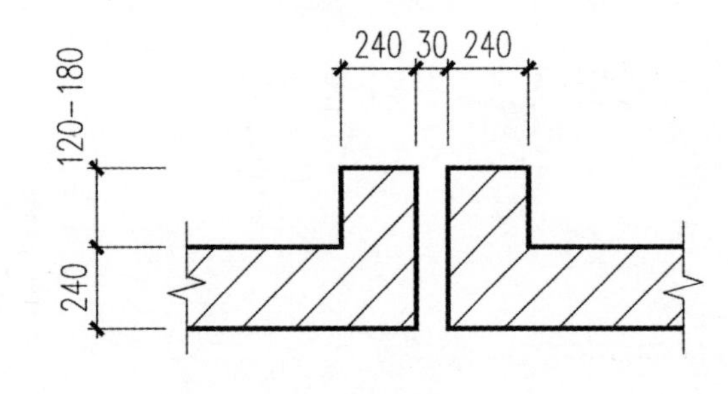

⑤ 伸缩缝做法

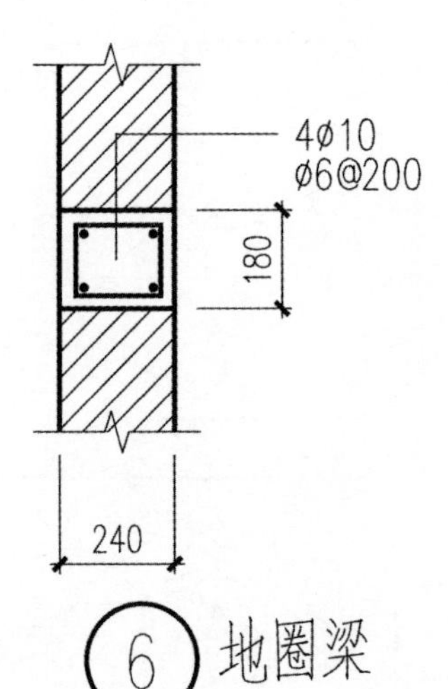

⑥ 地圈梁

1. ①②基础用于地基承载力标准fk≥120kPa一般粘性土。
   否则，应做人工地基如1:3:6石灰、碎石（或碎砖）、黏土三合土。
   对软弱土层，如加大基础、埋深不经济（如埋深大于1200）时，
   宜采用独立基础架地基梁做法。独立基础可选用③④。
2. 围墙长度超过75米设伸缩缝，其位置均在砖垛处。
3. 泄水洞均为每开间一个，泄水洞尺寸120x120。
4. 勒脚及砖砌围墙顶部水泥砂浆粉刷分格为@1250–1500。
5. 基础梁和圈梁混凝土标号为C15。
6. 基础埋深由设计者确定。

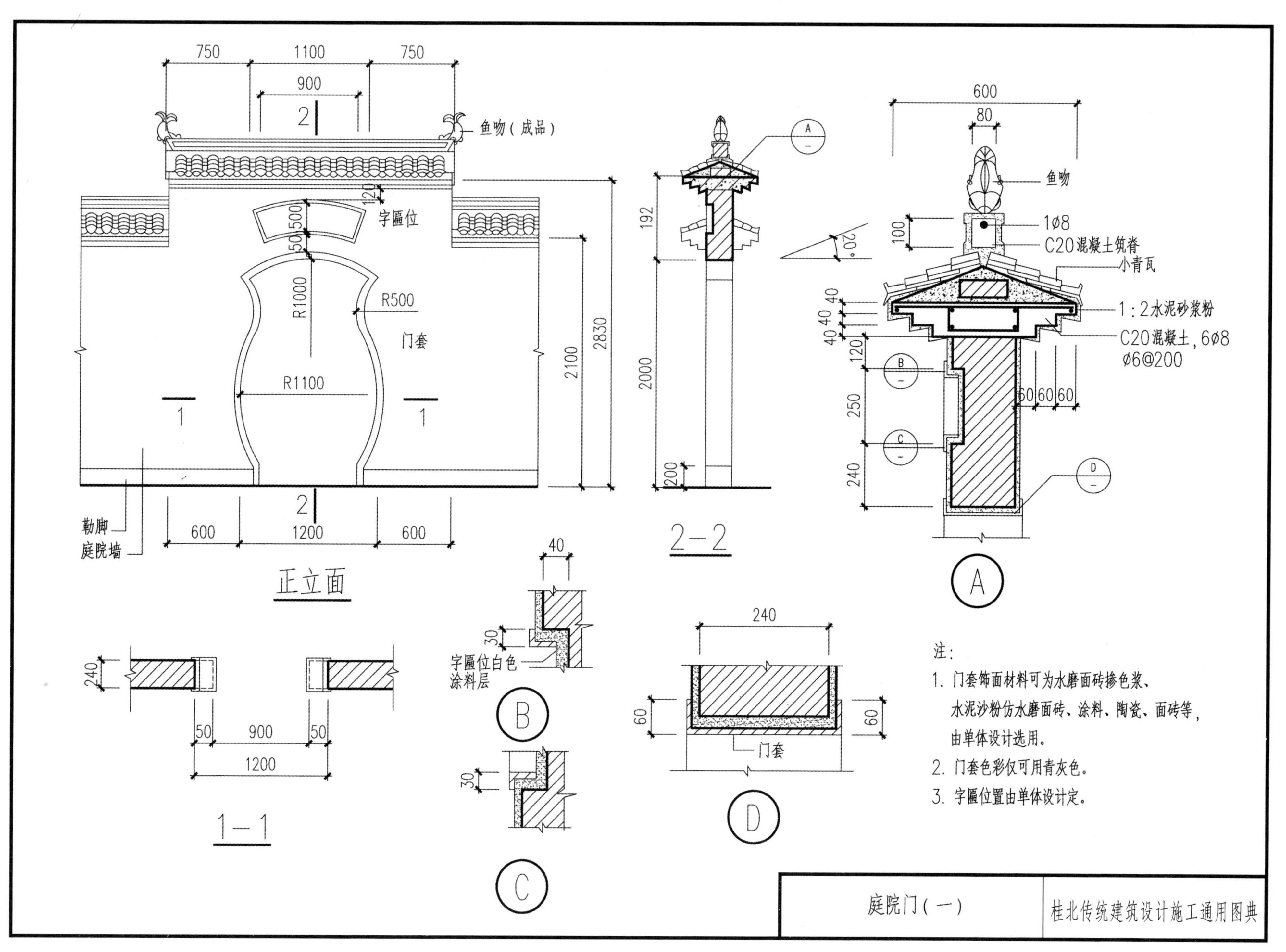
750
1100
750
900
鱼吻（成品）
字匾位
R500
R1000
R1100
门套
2100
2830
勒脚
庭院墙
600
1200
600
正立面
192
2000
200
2—2
600
80
鱼吻
100
1Ø8
C20混凝土筑脊
小青瓦
20°
1：2水泥砂浆粉
C20混凝土，6Ø8
Ø6@200
60 60 60
120
250
240
A
1—1
240
50
900
50
1200
字匾位白色
涂料层
B
C
D
门套
注：
1. 门套饰面材料可为水磨面砖掺色浆、水泥沙粉仿水磨面砖、涂料、陶瓷、面砖等，由单体设计选用。
2. 门套色彩仅可用青灰色。
3. 字匾位置由单体设计定。
庭院门（一）
桂北传统建筑设计施工通用图典

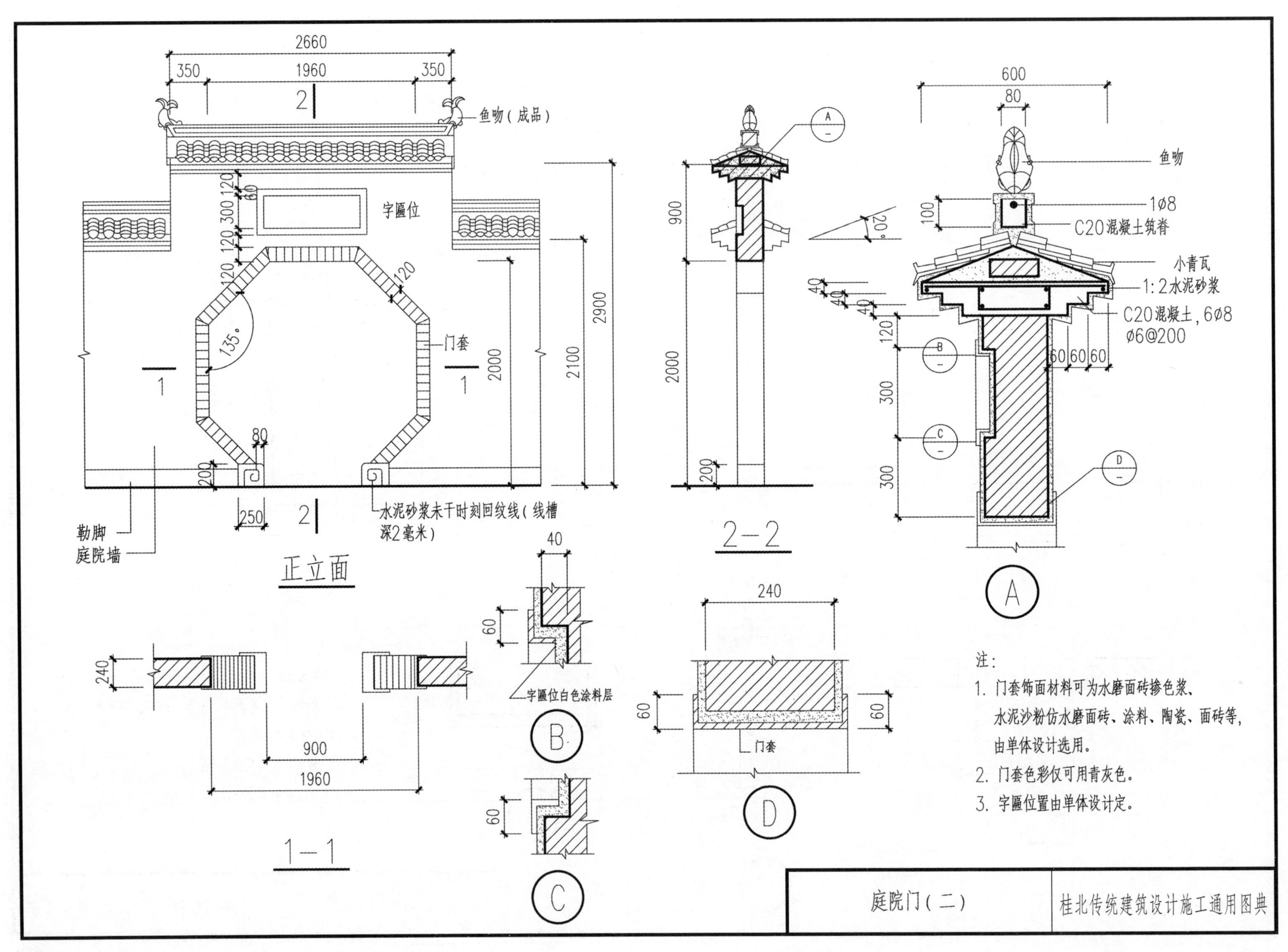
2660
350
1960
350
2
鱼吻（成品）
120
80
300
120
120
字匾位
120
135°
门套
1
1
2000
2100
2900
80
200
250
2
水泥砂浆未干时刻回纹线（线槽深2毫米）
勒脚
庭院墙
正立面
900
2000
200
20°
2—2
600
80
鱼吻
100
1ø8
C20混凝土筑脊
小青瓦
1:2水泥砂浆
40
40
40
C20混凝土，6ø8
ø6@200
120
60
60
60
300
300
A
B
C
D
40
60
字匾位白色涂料层
B
60
C
240
60
60
门套
D
240
900
1960
1—1
注：
1. 门套饰面材料可为水磨面砖掺色浆、水泥沙粉仿水磨面砖、涂料、陶瓷、面砖等，由单体设计选用。
2. 门套色彩仅可用青灰色。
3. 字匾位置由单体设计定。
庭院门（二）
桂北传统建筑设计施工通用图典

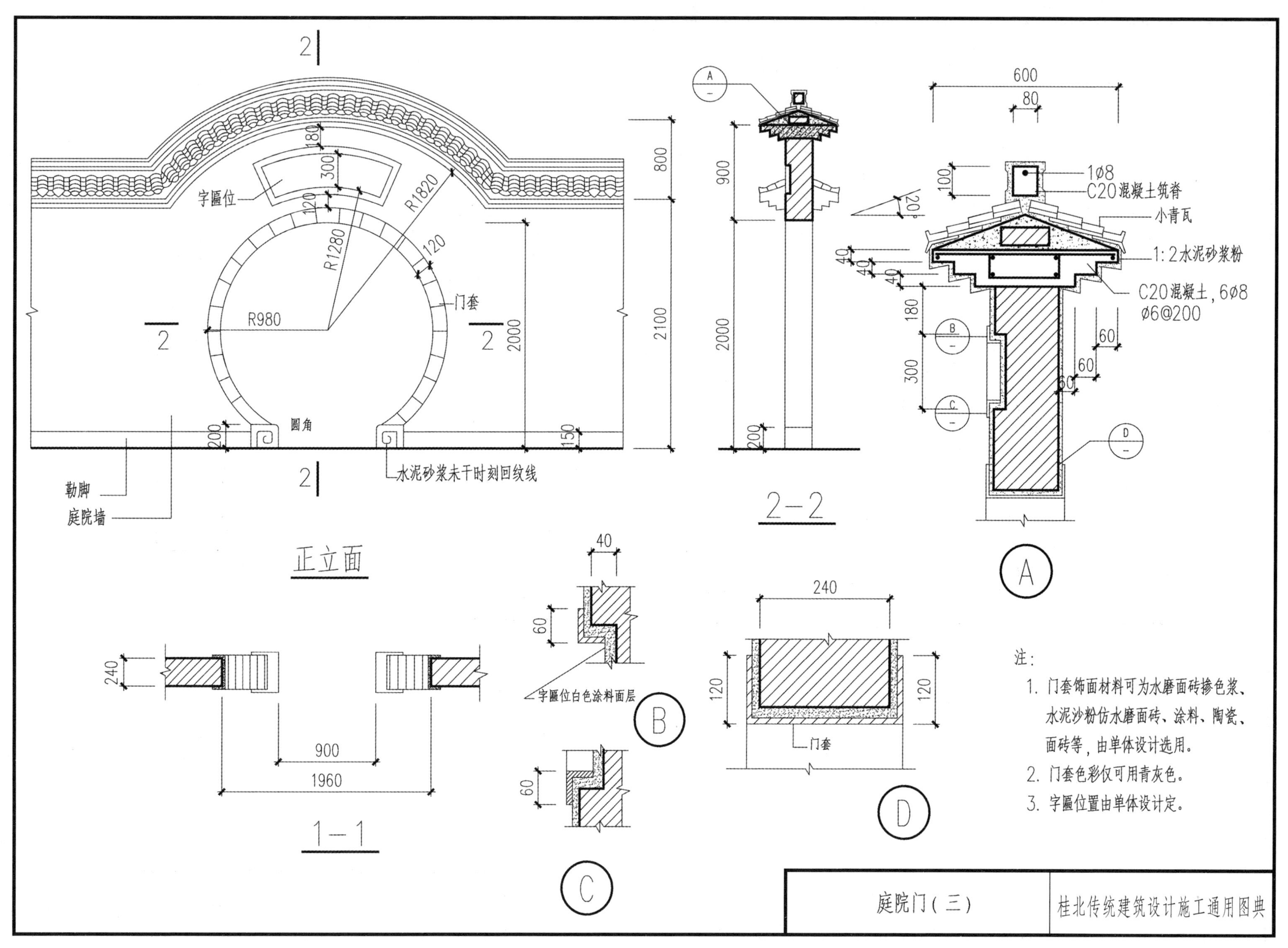

注：

1. 门套饰面材料可为水磨面砖掺色浆、水泥沙粉仿水磨面砖、涂料、陶瓷、面砖等，由单体设计选用。
2. 门套色彩仅可用青灰色。
3. 字匾位置由单体设计定。

庭院门（三） | 桂北传统建筑设计施工通用图典

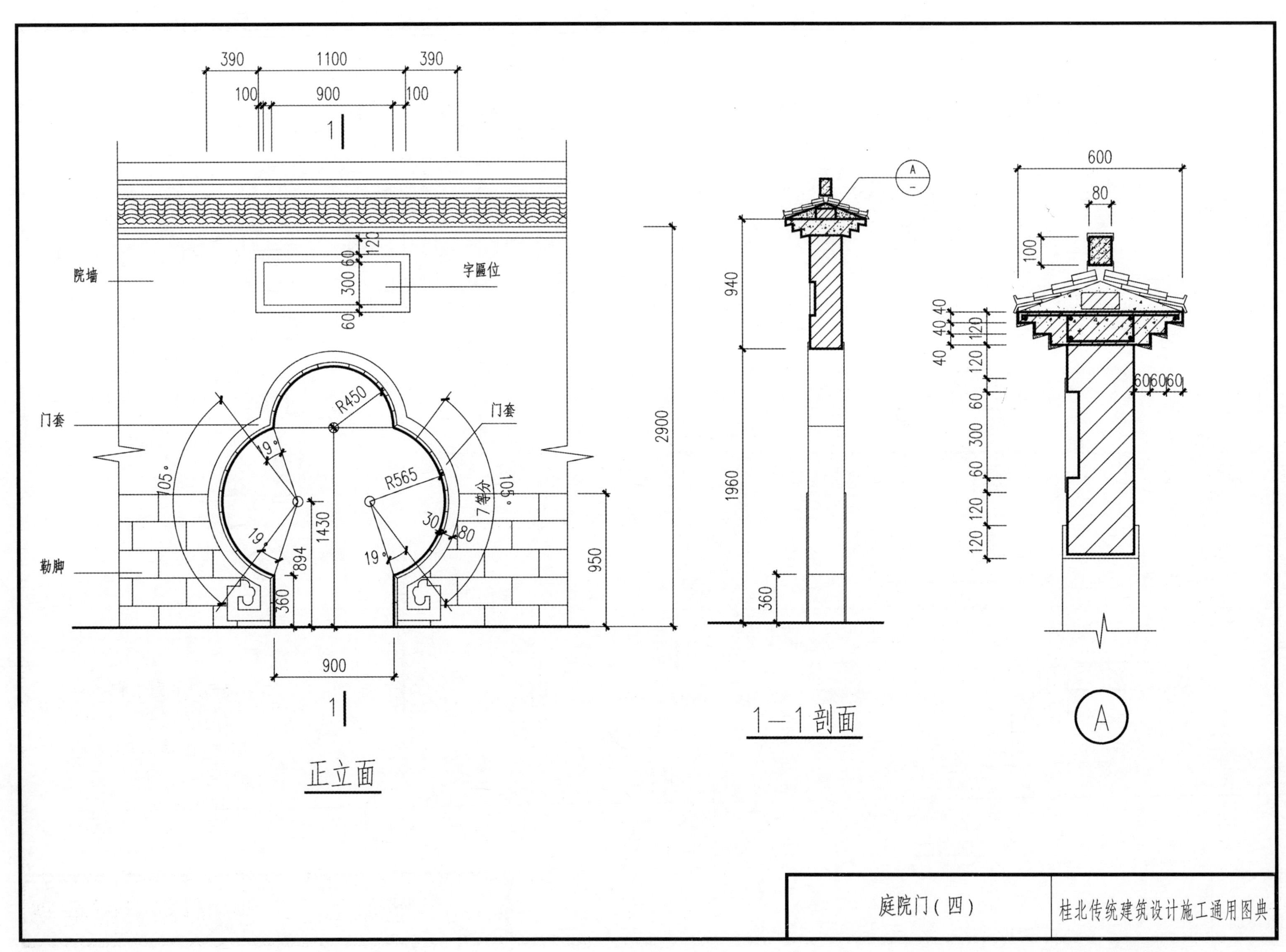

庭院门（四）

桂北传统建筑设计施工通用图典

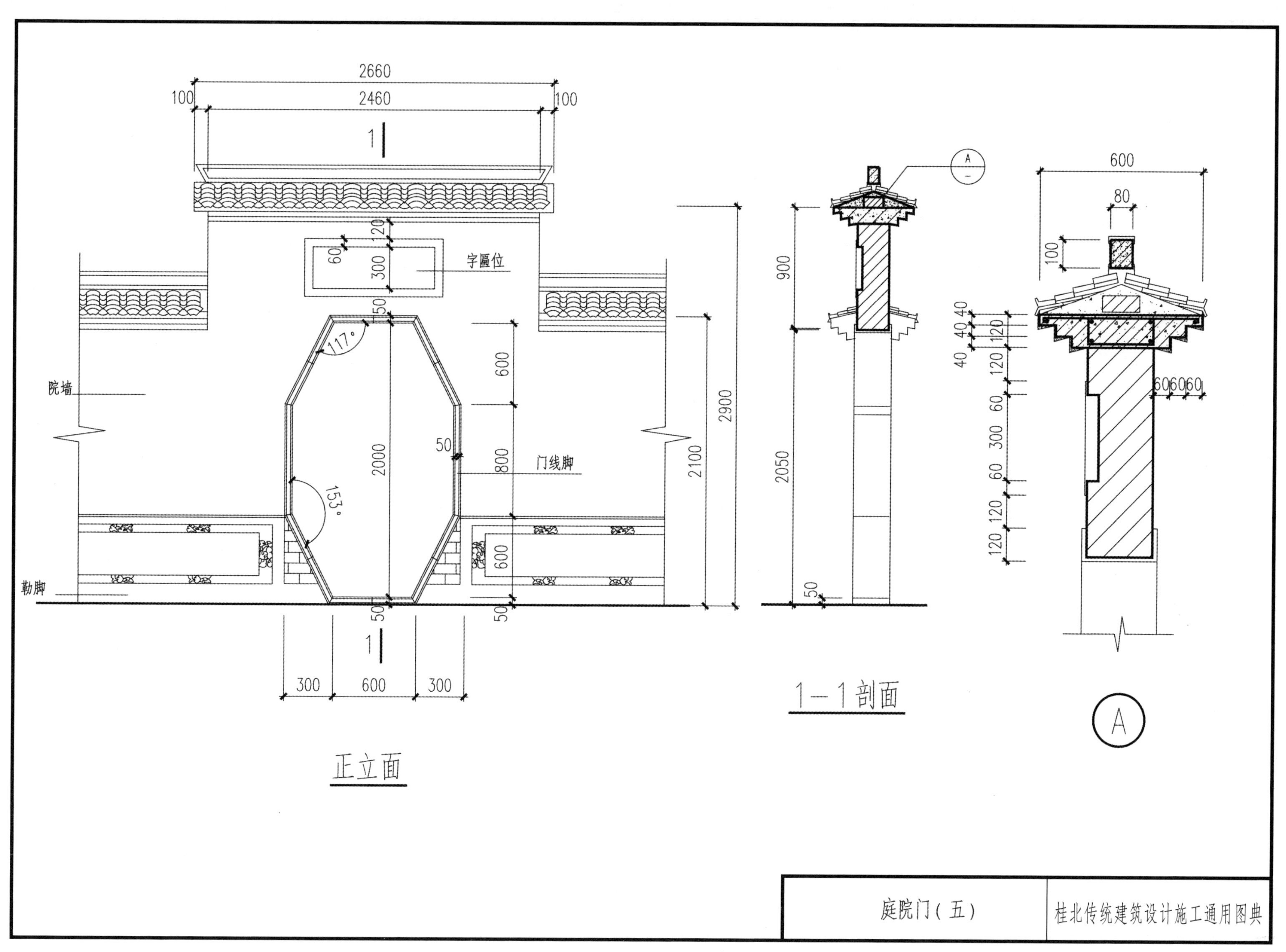
2660
100
2460
100
1
字匾位
院墙
门线脚
勒脚
117°
153°
2000
2100
2900
900
2050
600
80
1—1剖面
A
正立面
300
600
300
庭院门（五）
桂北传统建筑设计施工通用图典

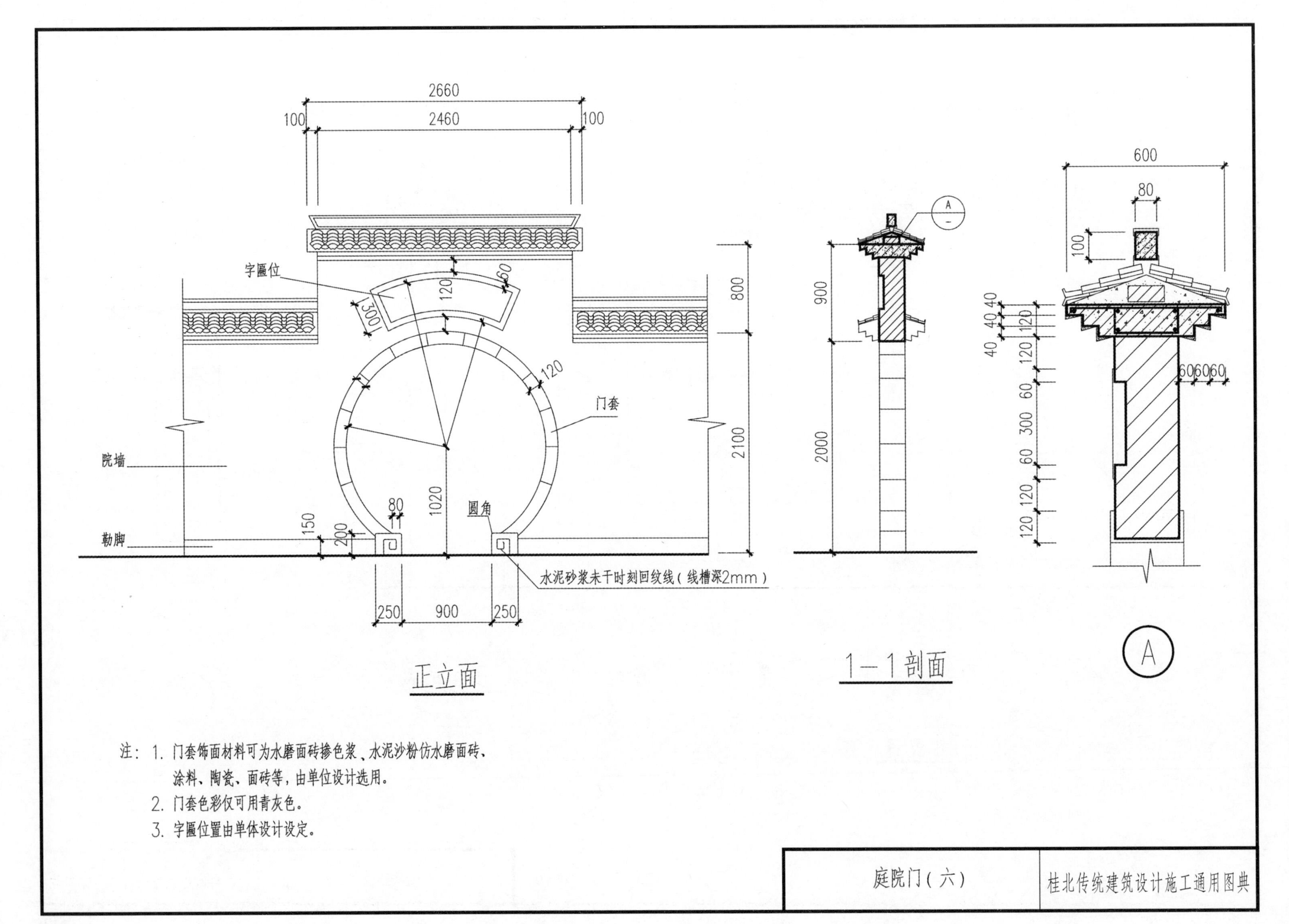

注: 1. 门套饰面材料可为水磨面砖掺色浆、水泥沙粉仿水磨面砖、涂料、陶瓷、面砖等,由单位设计选用。
2. 门套色彩仅可用青灰色。
3. 字匾位置由单体设计设定。

庭院门(六)	桂北传统建筑设计施工通用图典

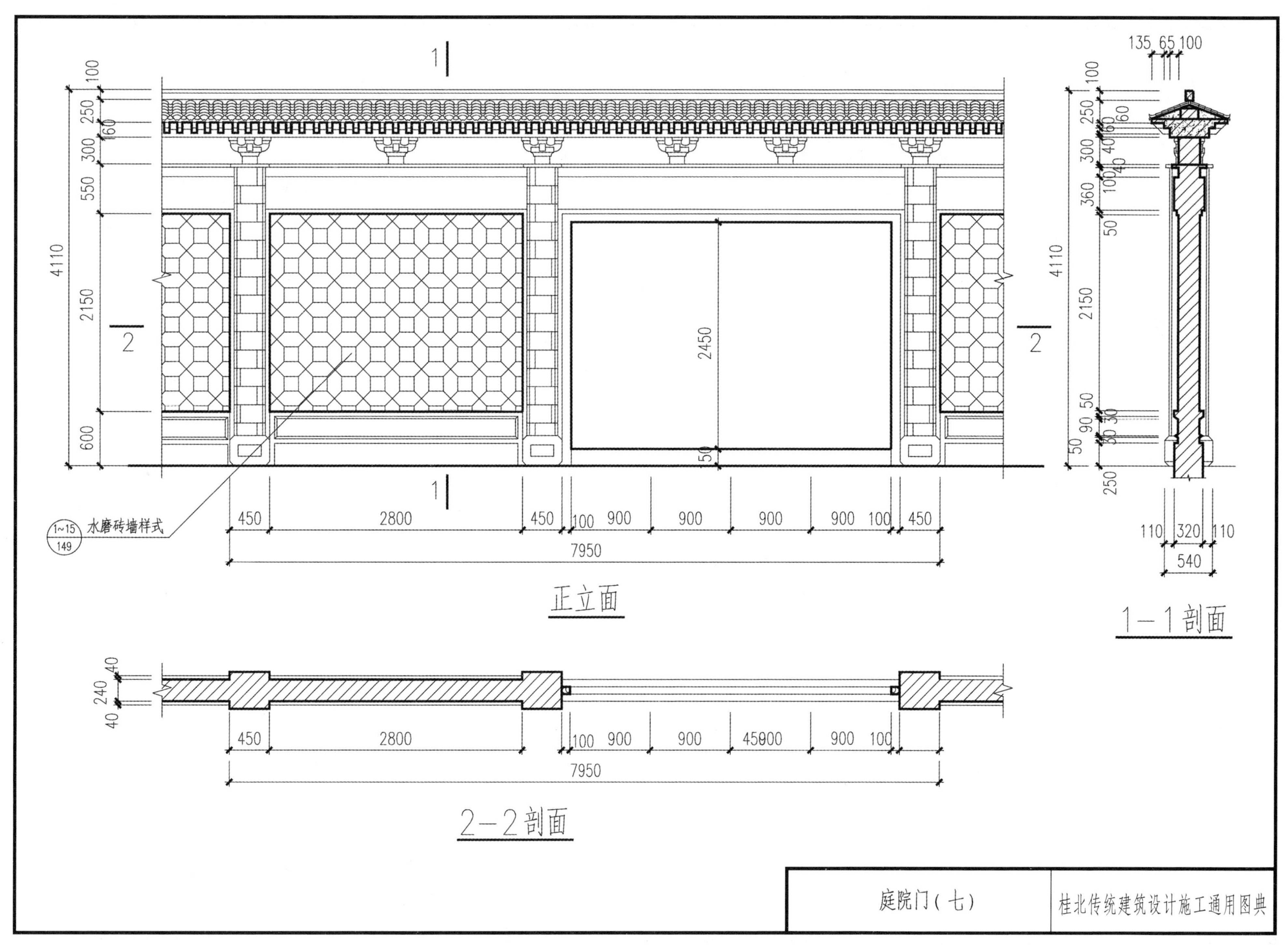
正立面
1—1剖面
2—2剖面
水磨砖墙样式
1~15
149
庭院门（七）
桂北传统建筑设计施工通用图典
4110
2150
2450
7950
450
2800
900
100
540

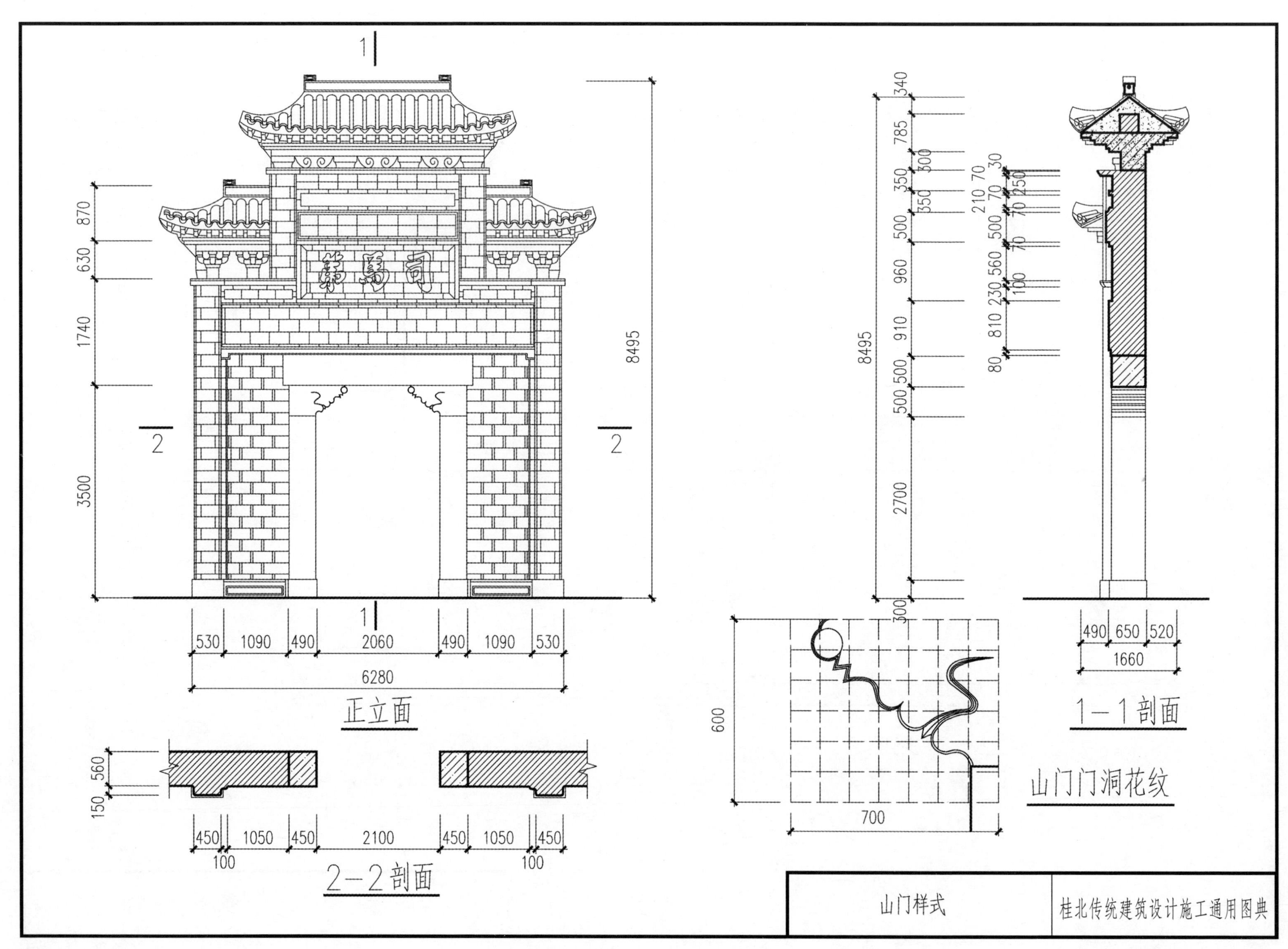
正立面
2-2剖面
1-1剖面
山门门洞花纹
山门样式
桂北传统建筑设计施工通用图典
8495
6280
1660
700
600

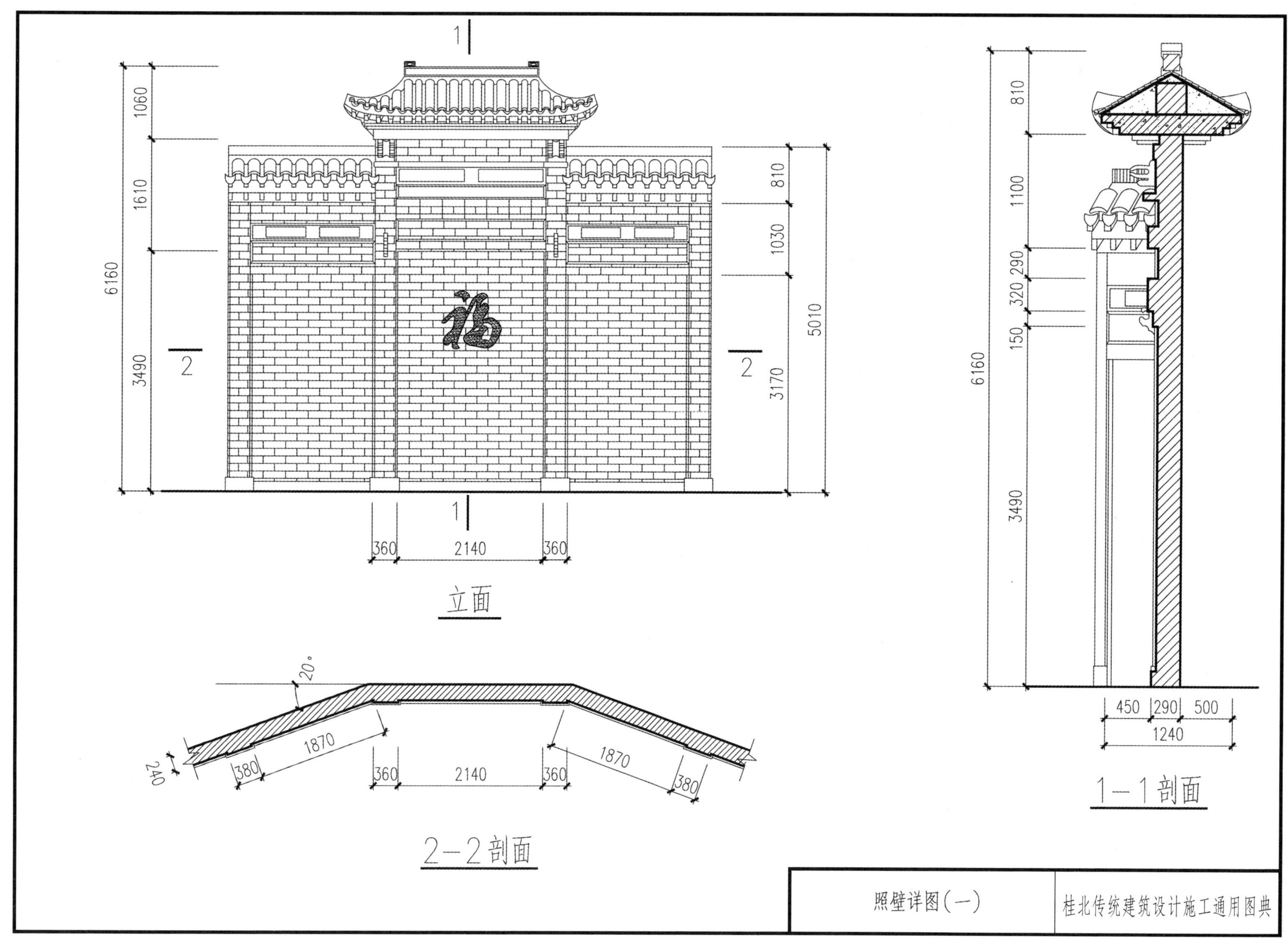

照壁详图(一)

桂北传统建筑设计施工通用图典

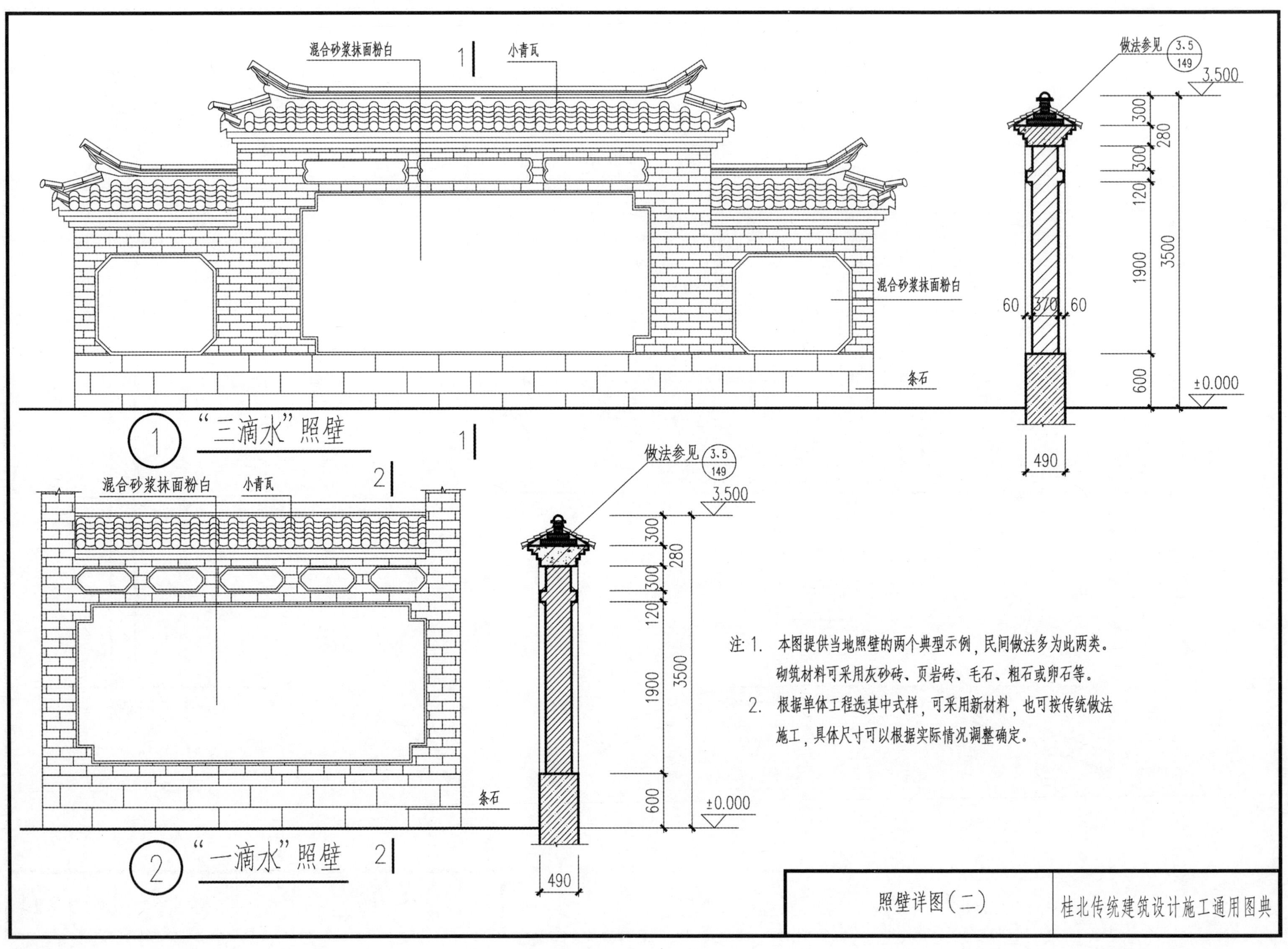
混合砂浆抹面粉白
1
小青瓦
做法参见 3.5/149
3.500
300
280
300
120
1900
3500
600
60
370
60
混合砂浆抹面粉白
条石
±0.000
490
①“三滴水”照壁
1
做法参见 3.5/149
混合砂浆抹面粉白
小青瓦
2
3.500
300
280
300
120
1900
3500
600
±0.000
条石
490
②“一滴水”照壁
2
注：1. 本图提供当地照壁的两个典型示例，民间做法多为此两类。砌筑材料可采用灰砂砖、页岩砖、毛石、粗石或卵石等。
2. 根据单体工程选其中式样，可采用新材料，也可按传统做法施工，具体尺寸可以根据实际情况调整确定。
照壁详图（二）
桂北传统建筑设计施工通用图典

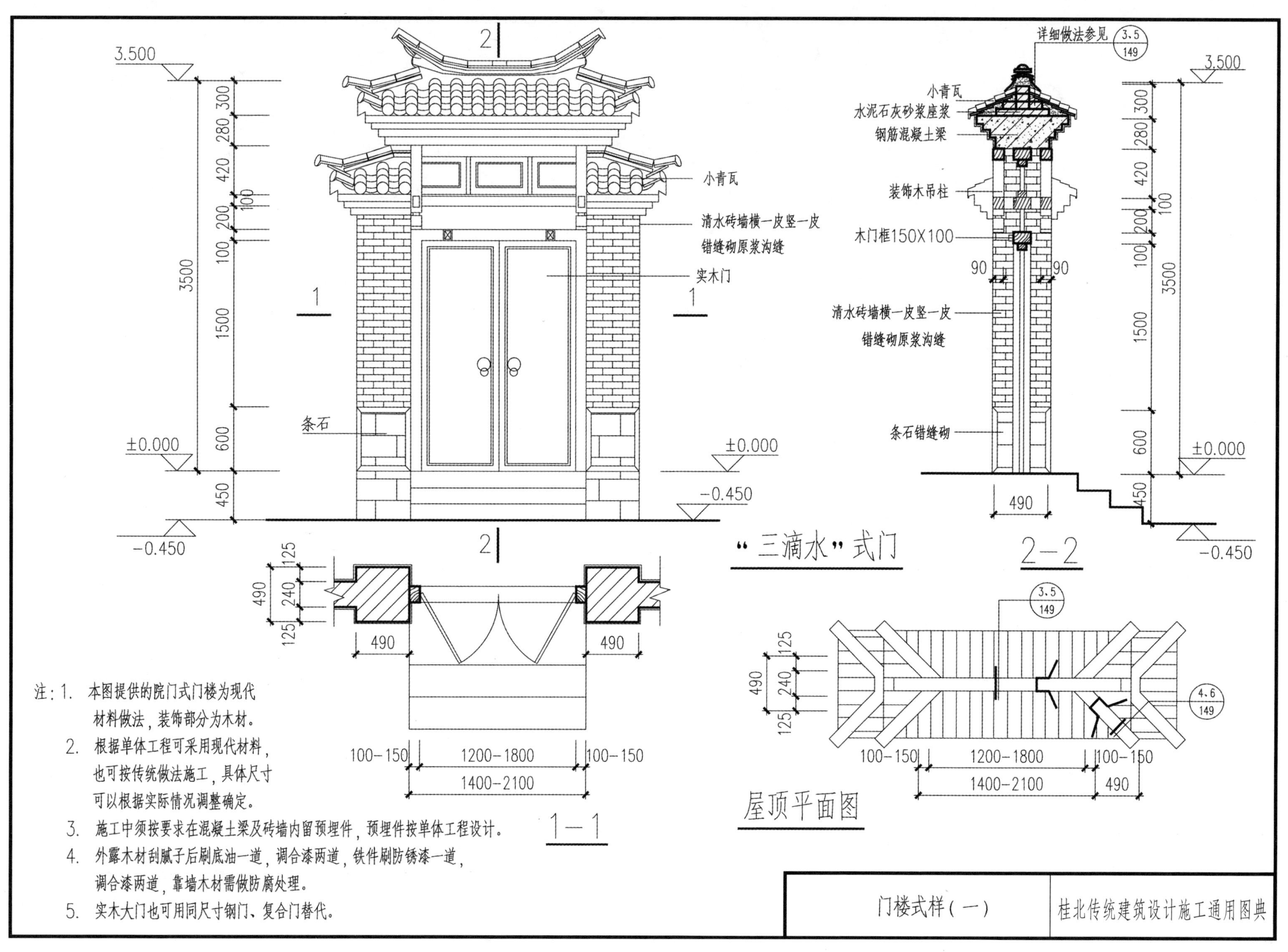

注：1. 本图提供的院门式门楼为现代材料做法，装饰部分为木材。

2. 根据单体工程可采用现代材料，也可按传统做法施工，具体尺寸可以根据实际情况调整确定。

3. 施工中须按要求在混凝土梁及砖墙内留预埋件，预埋件按单体工程设计。

4. 外露木材刮腻子后刷底油一道，调合漆两道，铁件刷防锈漆一道，调合漆两道，靠墙木材需做防腐处理。

5. 实木大门也可用同尺寸钢门、复合门替代。

门楼式样（一）	桂北传统建筑设计施工通用图典

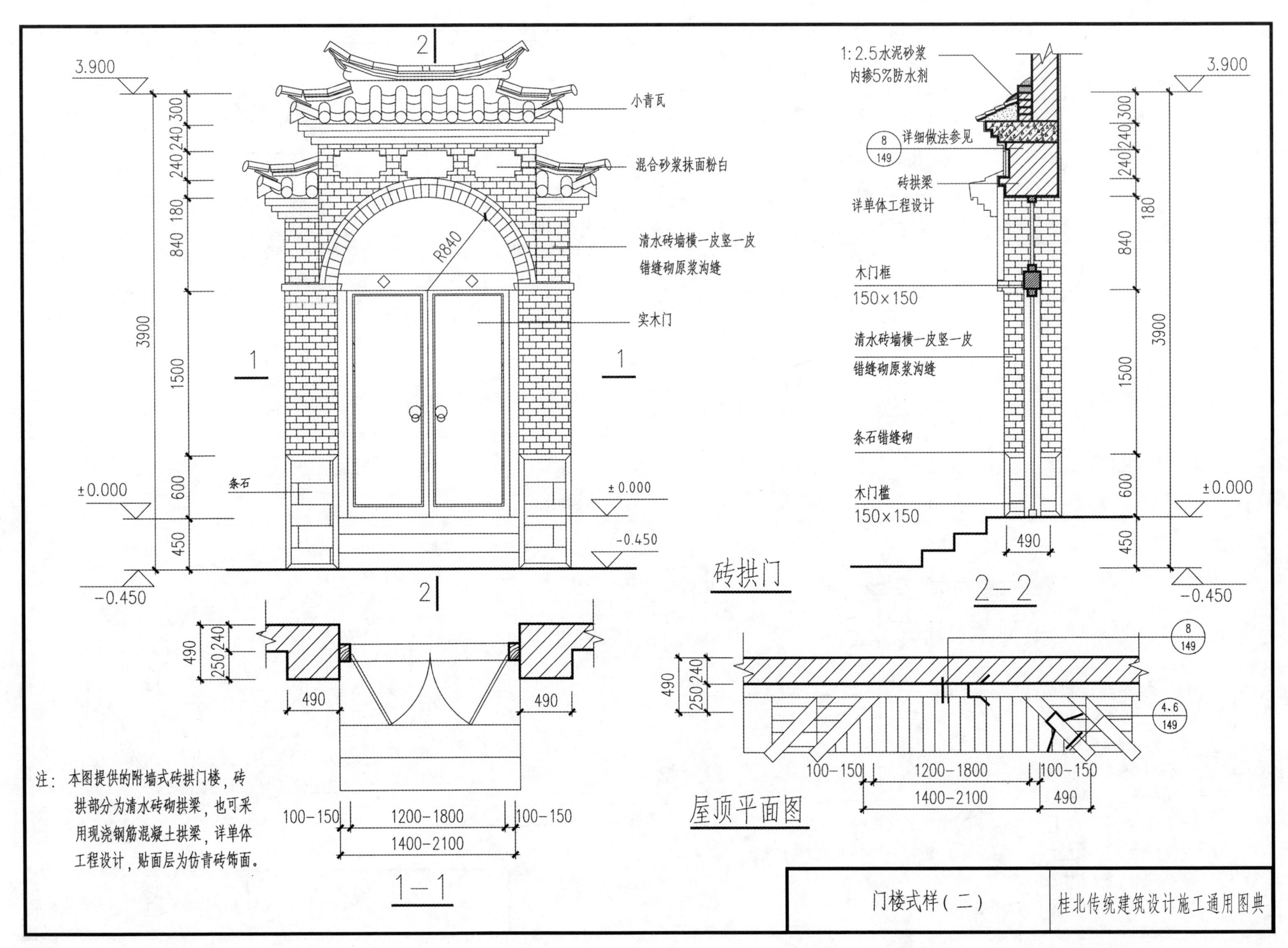
3.900
小青瓦
混合砂浆抹面粉白
清水砖墙横一皮竖一皮
错缝砌原浆沟缝
实木门
R840
条石
±0.000
-0.450
3900
1500
600
450
840
180
240
300
砖拱门
1:2.5水泥砂浆
内掺5%防水剂
详细做法参见
8
149
砖拱梁
详单体工程设计
木门框
150×150
条石错缝砌
木门槛
490
2-2
1-1
屋顶平面图
100-150
1200-1800
1400-2100
250
4、6
注：本图提供的附墙式砖拱门楼，砖拱部分为清水砖砌拱梁，也可采用现浇钢筋混凝土拱梁，详单体工程设计，贴面层为仿青砖饰面。
门楼式样（二）
桂北传统建筑设计施工通用图典

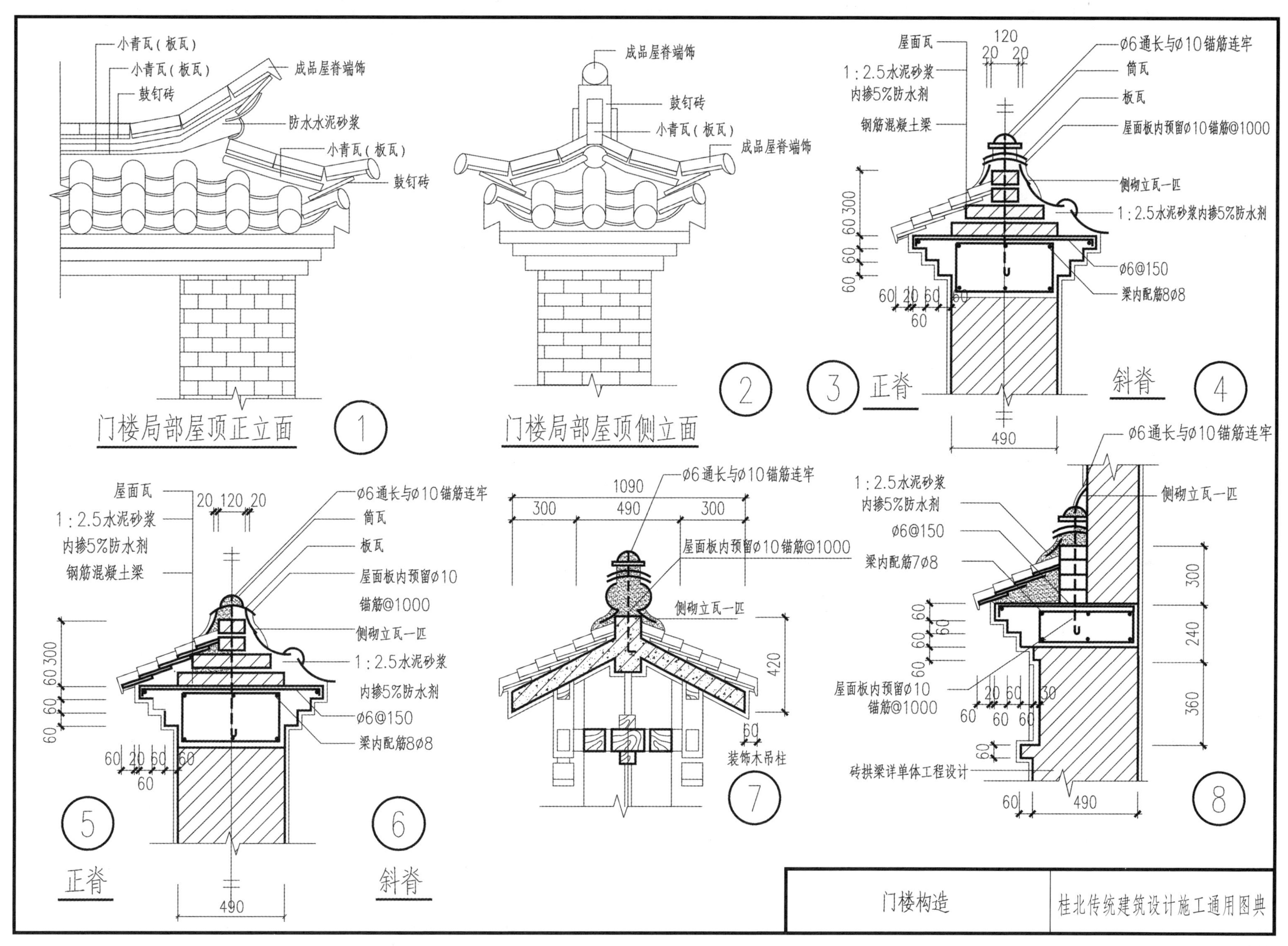

小青瓦（板瓦）
小青瓦（板瓦）
鼓钉砖
成品屋脊端饰
防水水泥砂浆
小青瓦（板瓦）
鼓钉砖
门楼局部屋顶正立面
1
成品屋脊端饰
鼓钉砖
小青瓦（板瓦）
成品屋脊端饰
门楼局部屋顶侧立面
2
屋面瓦
1:2.5水泥砂浆
内掺5%防水剂
钢筋混凝土梁
120
20 20
ø6通长与ø10锚筋连牢
筒瓦
板瓦
屋面板内预留ø10锚筋@1000
侧砌立瓦一匹
1:2.5水泥砂浆内掺5%防水剂
ø6@150
梁内配筋8ø8
60 60 60 300
60 20 60 60
60
490
3
正脊
斜脊
4
屋面瓦
1:2.5水泥砂浆
内掺5%防水剂
钢筋混凝土梁
20 120 20
ø6通长与ø10锚筋连牢
筒瓦
板瓦
屋面板内预留ø10
锚筋@1000
侧砌立瓦一匹
1:2.5水泥砂浆
内掺5%防水剂
ø6@150
梁内配筋8ø8
60 60 60 300
60 20 60 60
60
490
5
正脊
6
斜脊
1090
300 490 300
ø6通长与ø10锚筋连牢
屋面板内预留ø10锚筋@1000
侧砌立瓦一匹
420
60
装饰木吊柱
7
ø6通长与ø10锚筋连牢
1:2.5水泥砂浆
内掺5%防水剂
侧砌立瓦一匹
ø6@150
梁内配筋7ø8
300
240
360
60 60 60 60
屋面板内预留ø10
锚筋@1000
20 60 30
60 60 60
60
砖拱梁详单体工程设计
60 490
8
门楼构造
桂北传统建筑设计施工通用图典

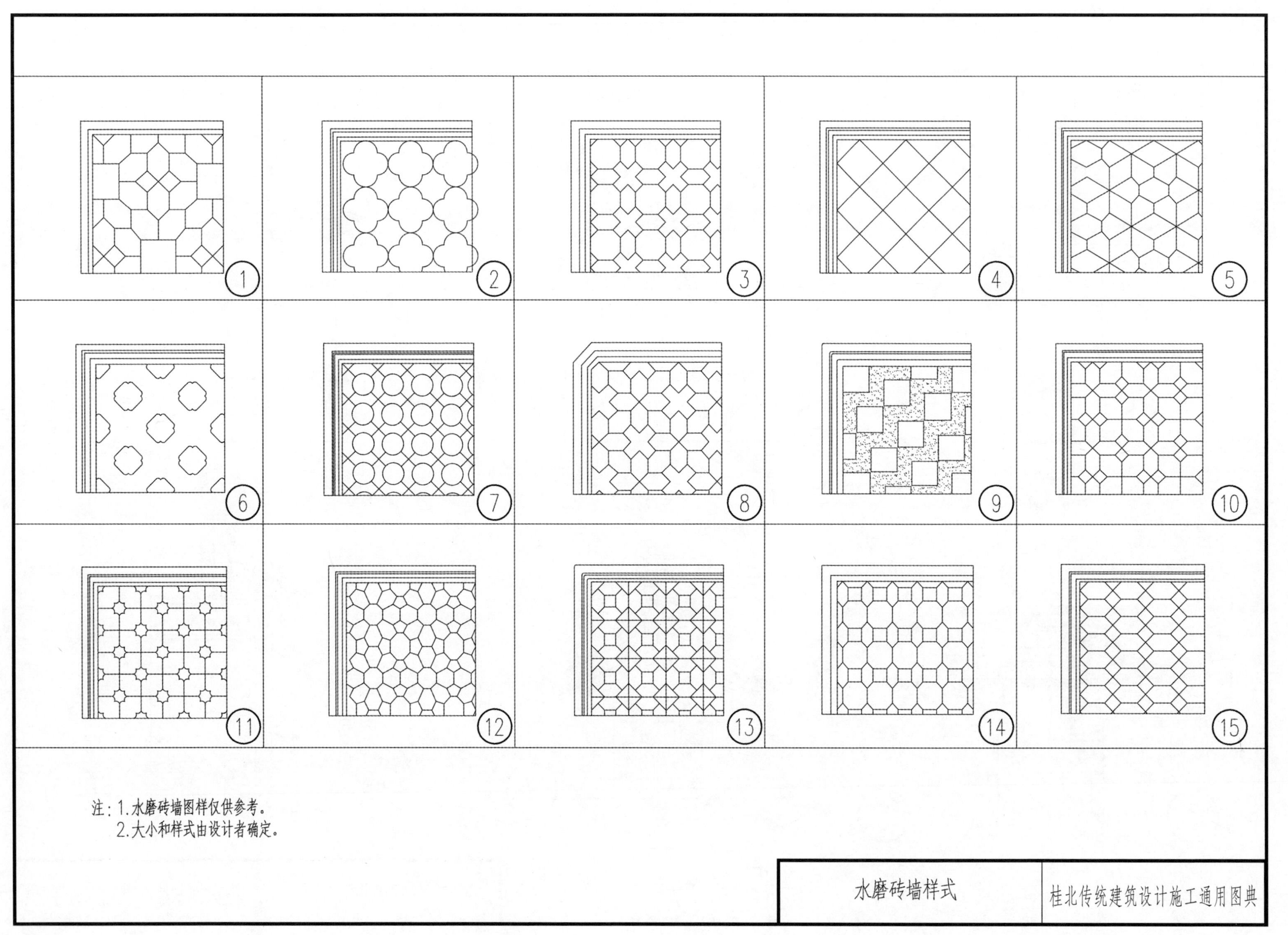
1
2
3
4
5
6
7
8
9
10
11
12
13
14
15
注：1.水磨砖墙图样仅供参考。
2.大小和样式由设计者确定。
水磨砖墙样式
桂北传统建筑设计施工通用图典

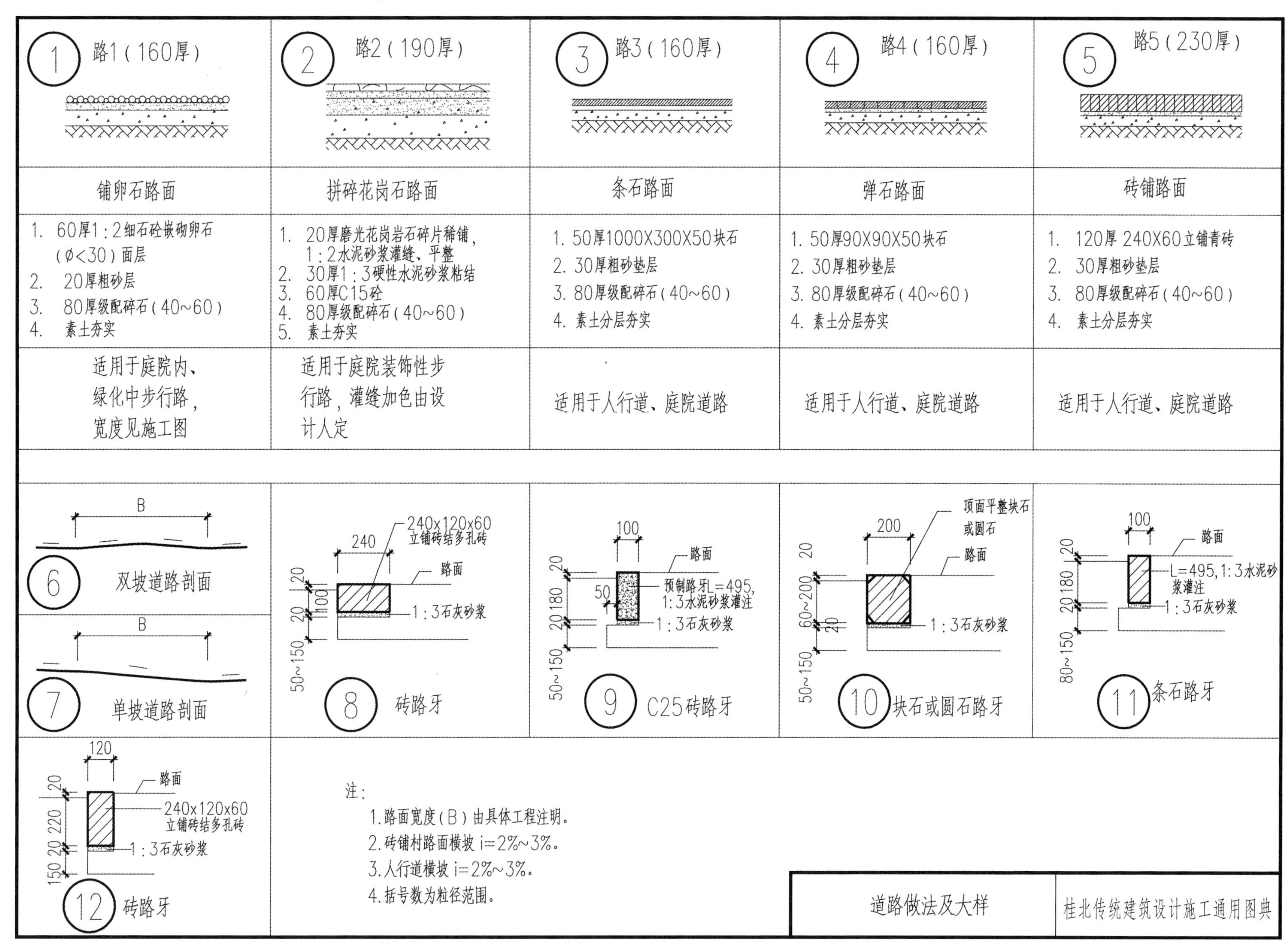

1 路1（160厚）
2 路2（190厚）
3 路3（160厚）
4 路4（160厚）
5 路5（230厚）
铺卵石路面
拼碎花岗石路面
条石路面
弹石路面
砖铺路面
1. 60厚1：2细石砼嵌砌卵石（ϕ<30）面层
2. 20厚粗砂层
3. 80厚级配碎石（40~60）
4. 素土夯实
1. 20厚磨光花岗岩石碎片稀铺，1：2水泥砂浆灌缝、平整
2. 30厚1：3硬性水泥砂浆粘结
3. 60厚C15砼
4. 80厚级配碎石（40~60）
5. 素土夯实
1. 50厚1000X300X50块石
2. 30厚粗砂垫层
3. 80厚级配碎石（40~60）
4. 素土分层夯实
1. 50厚90X90X50块石
2. 30厚粗砂垫层
3. 80厚级配碎石（40~60）
4. 素土分层夯实
1. 120厚 240X60立铺青砖
2. 30厚粗砂垫层
3. 80厚级配碎石（40~60）
4. 素土分层夯实
适用于庭院内、绿化中步行路，宽度见施工图
适用于庭院装饰性步行路，灌缝加色由设计人定
适用于人行道、庭院道路
适用于人行道、庭院道路
适用于人行道、庭院道路
B
6 双坡道路剖面
B
7 单坡道路剖面
240x120x60 立铺砖结多孔砖
240
路面
20
100
20
50~150
1：3石灰砂浆
8 砖路牙
100
路面
预制路牙L=495，1：3水泥砂浆灌注
50
20
180
20
50~150
1：3石灰砂浆
9 C25砖路牙
顶面平整块石或圆石
200
路面
20
60~200
20
50~150
1：3石灰砂浆
10 块石或圆石路牙
100
路面
L=495，1：3水泥砂浆灌注
20
180
20
80~150
1：3石灰砂浆
11 条石路牙
120
路面
240x120x60 立铺砖结多孔砖
20
220
20
150
1：3石灰砂浆
12 砖路牙
注：
1.路面宽度（B）由具体工程注明。
2.砖铺村路面横坡 i=2%~3%。
3.人行道横坡 i=2%~3%。
4.括号数为粒径范围。
道路做法及大样
桂北传统建筑设计施工通用图典

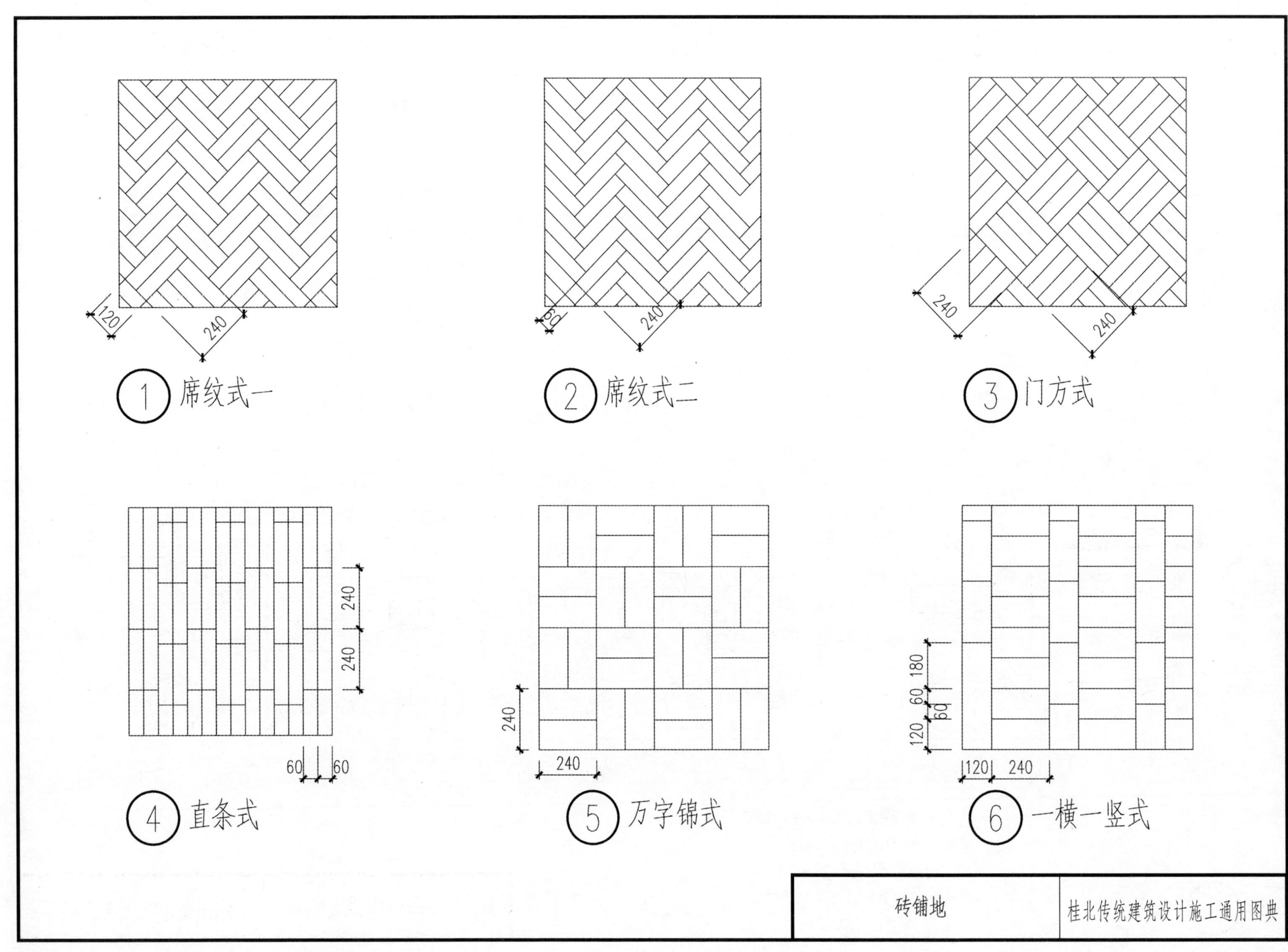
120
240
1 席纹式一
60
240
2 席纹式二
240
240
3 门方式
240
240
60
60
4 直条式
240
240
5 万字锦式
180
60
60
120
120
240
6 一横一竖式
砖铺地
桂北传统建筑设计施工通用图典

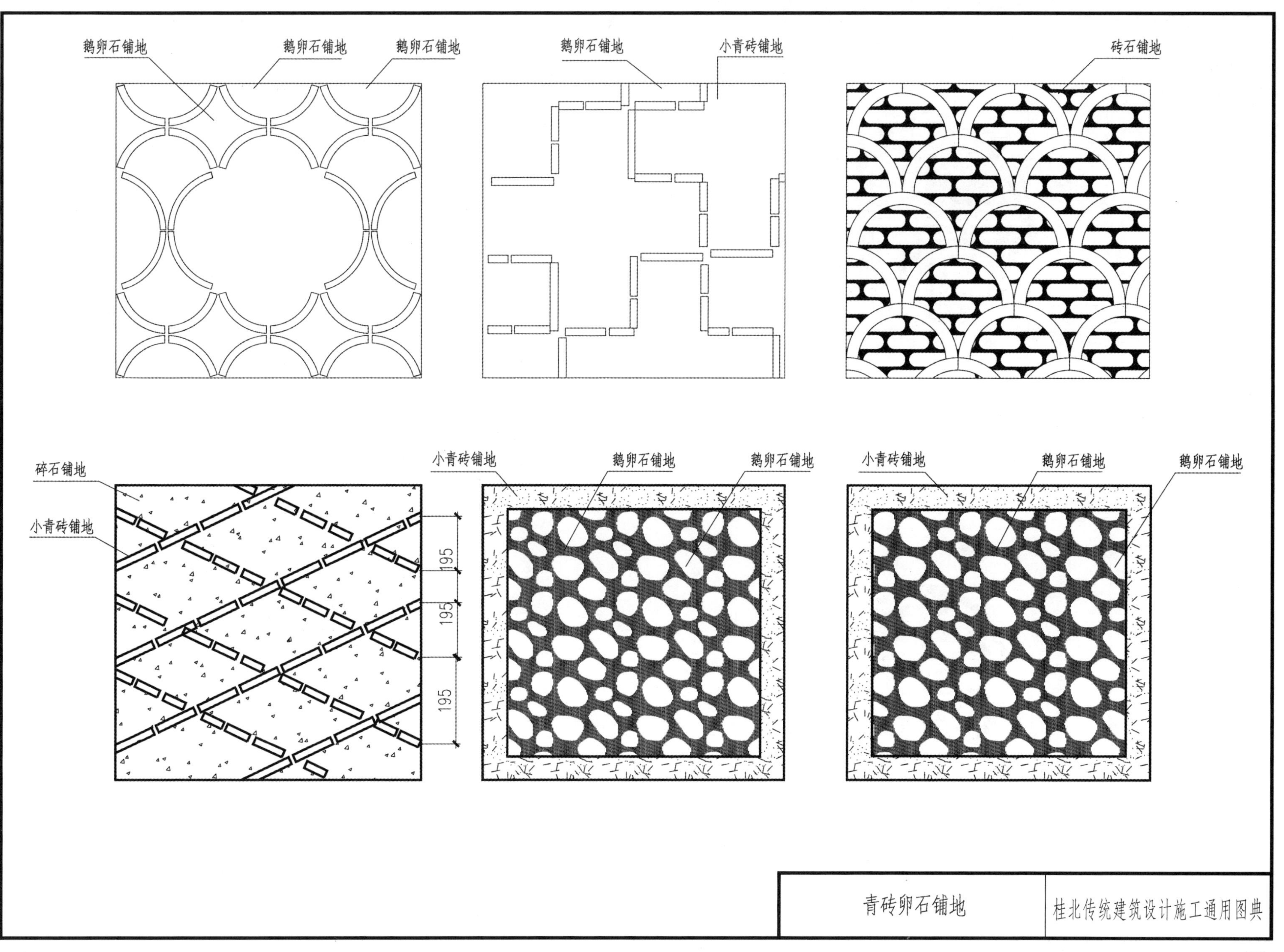
鹅卵石铺地
鹅卵石铺地
鹅卵石铺地
鹅卵石铺地
小青砖铺地
砖石铺地
碎石铺地
小青砖铺地
195
195
195
小青砖铺地
鹅卵石铺地
鹅卵石铺地
小青砖铺地
鹅卵石铺地
鹅卵石铺地
青砖卵石铺地
桂北传统建筑设计施工通用图典

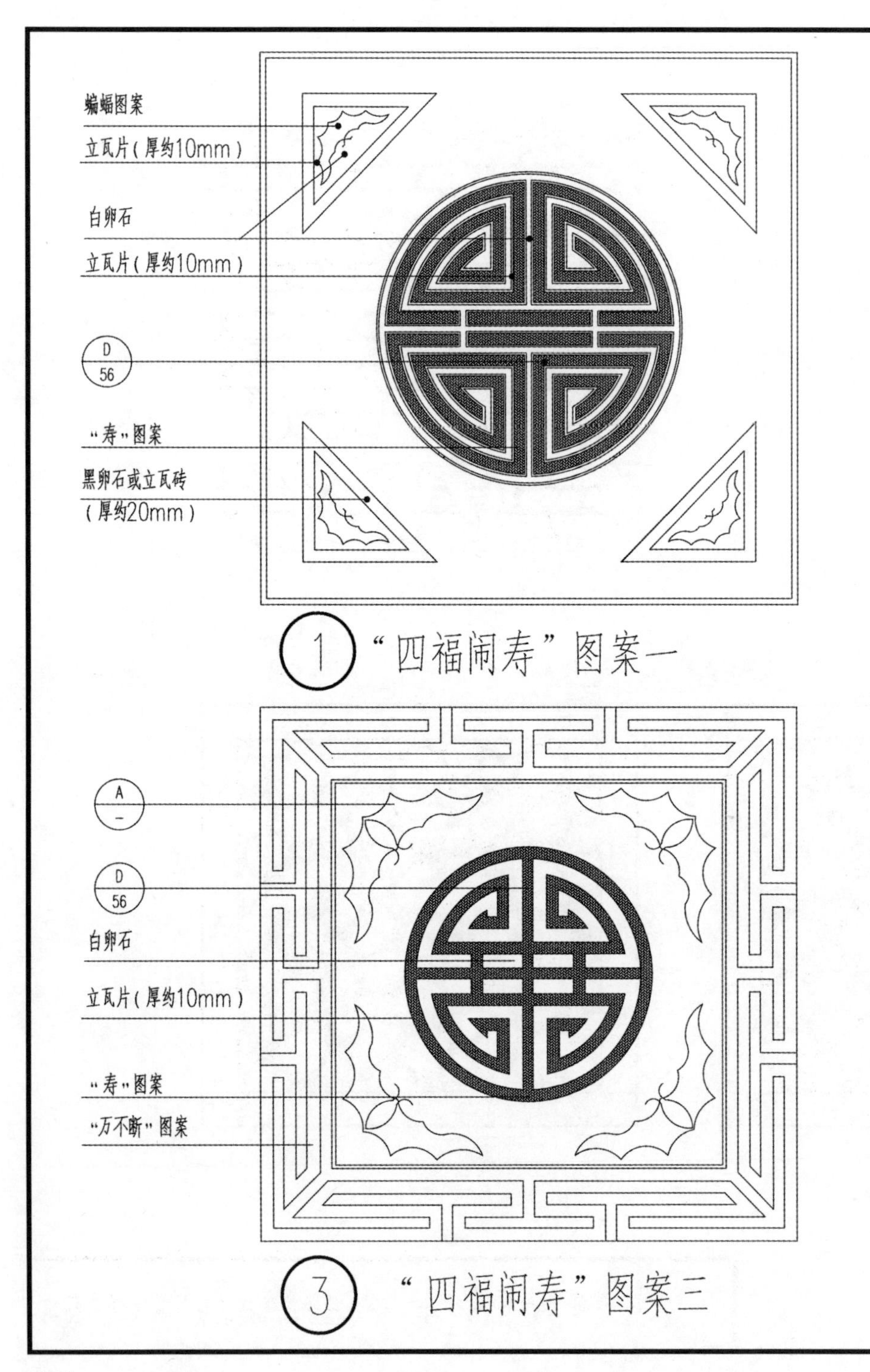

① “四福闹寿”图案一

③ “四福闹寿”图案三

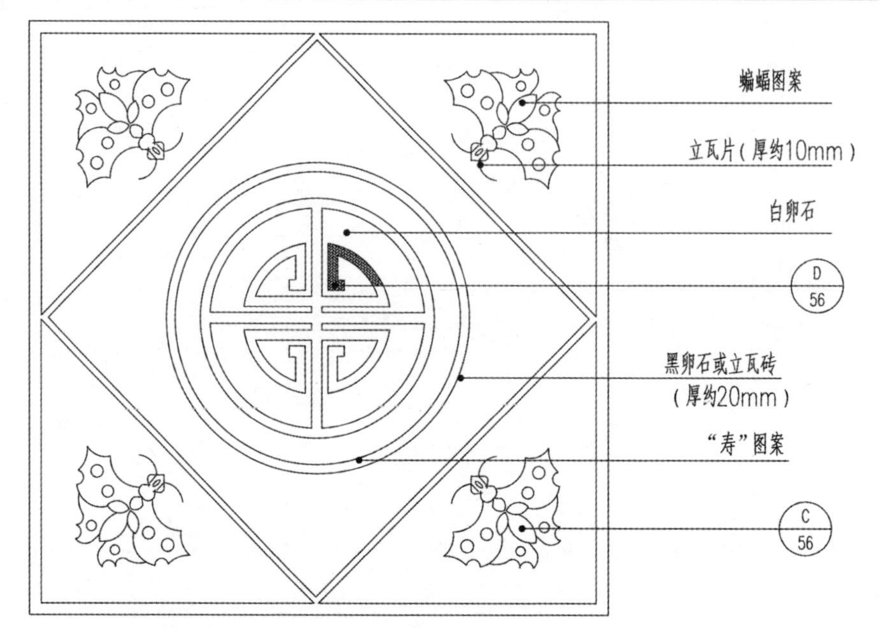

② “四福闹寿”图案二

Ⓐ 蝙蝠（福）图案一

注：因庭院大小不一，图案具体尺寸由设计者根据本图提供的式样和比例，结合使用要求而确定。

卵石铺地（一）	桂北传统建筑设计施工通用图典

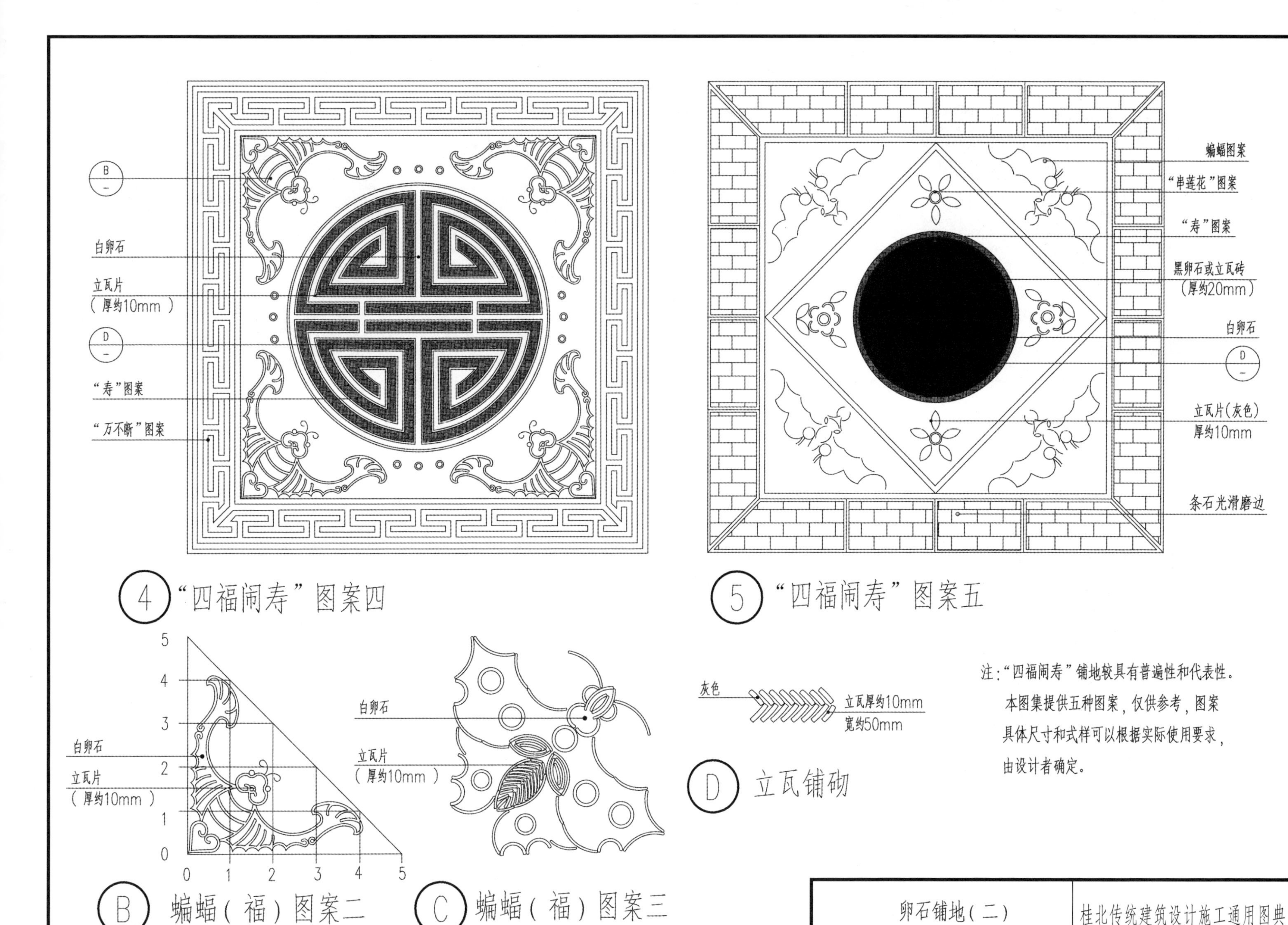

④"四福闹寿"图案四

⑤"四福闹寿"图案五

Ⓑ蝙蝠（福）图案二

Ⓒ蝙蝠（福）图案三

Ⓓ立瓦铺砌

注："四福闹寿"铺地较具有普遍性和代表性。
本图集提供五种图案，仅供参考，图案具体尺寸和式样可以根据实际使用要求，由设计者确定。

卵石铺地（二）	桂北传统建筑设计施工通用图典

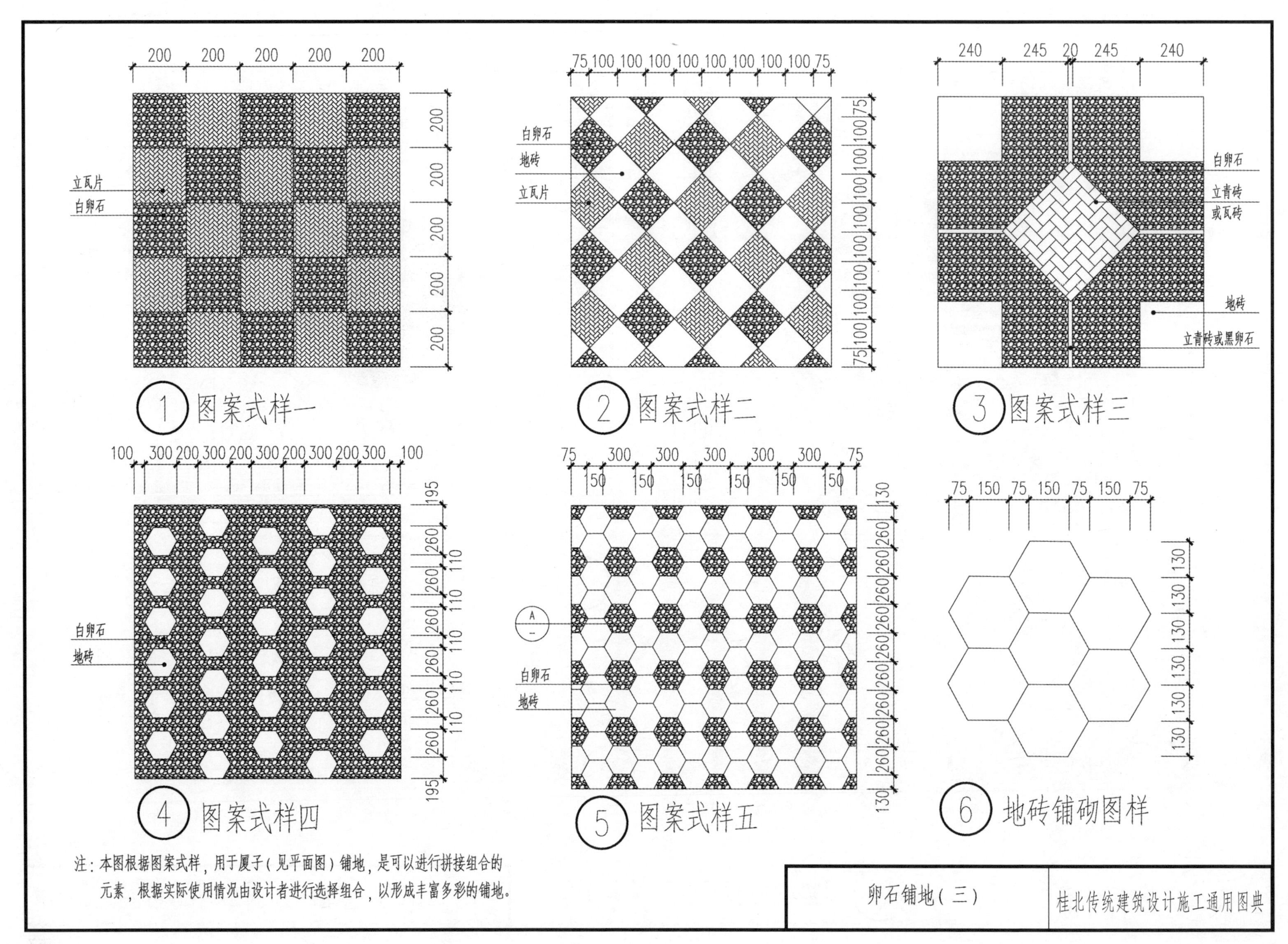

注：本图根据图案式样，用于厦子（见平面图）铺地，是可以进行拼接组合的元素，根据实际使用情况由设计者进行选择组合，以形成丰富多彩的铺地。

卵石铺地（三）	桂北传统建筑设计施工通用图典

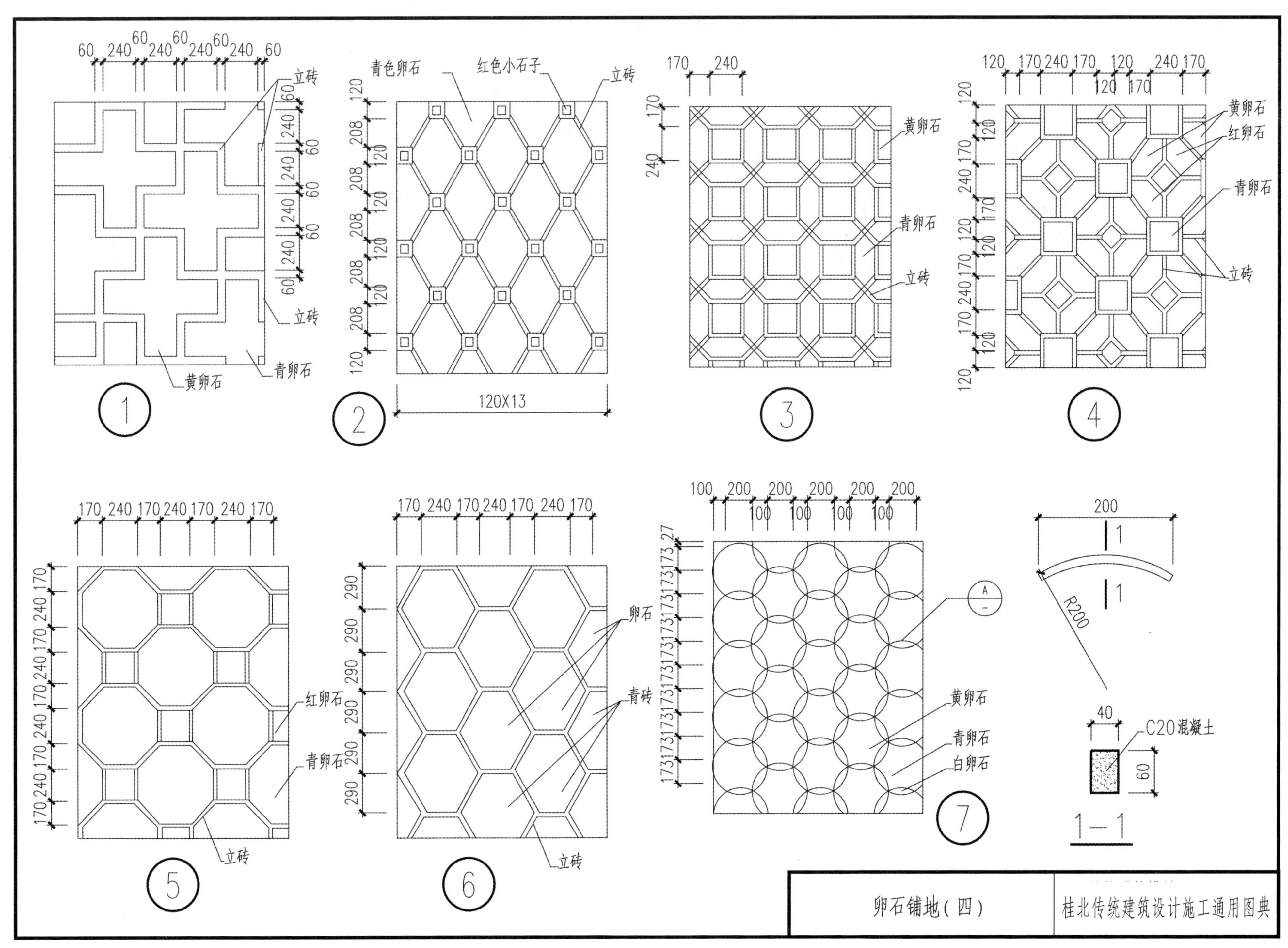

卵石铺地（四）

桂北传统建筑设计施工通用图典

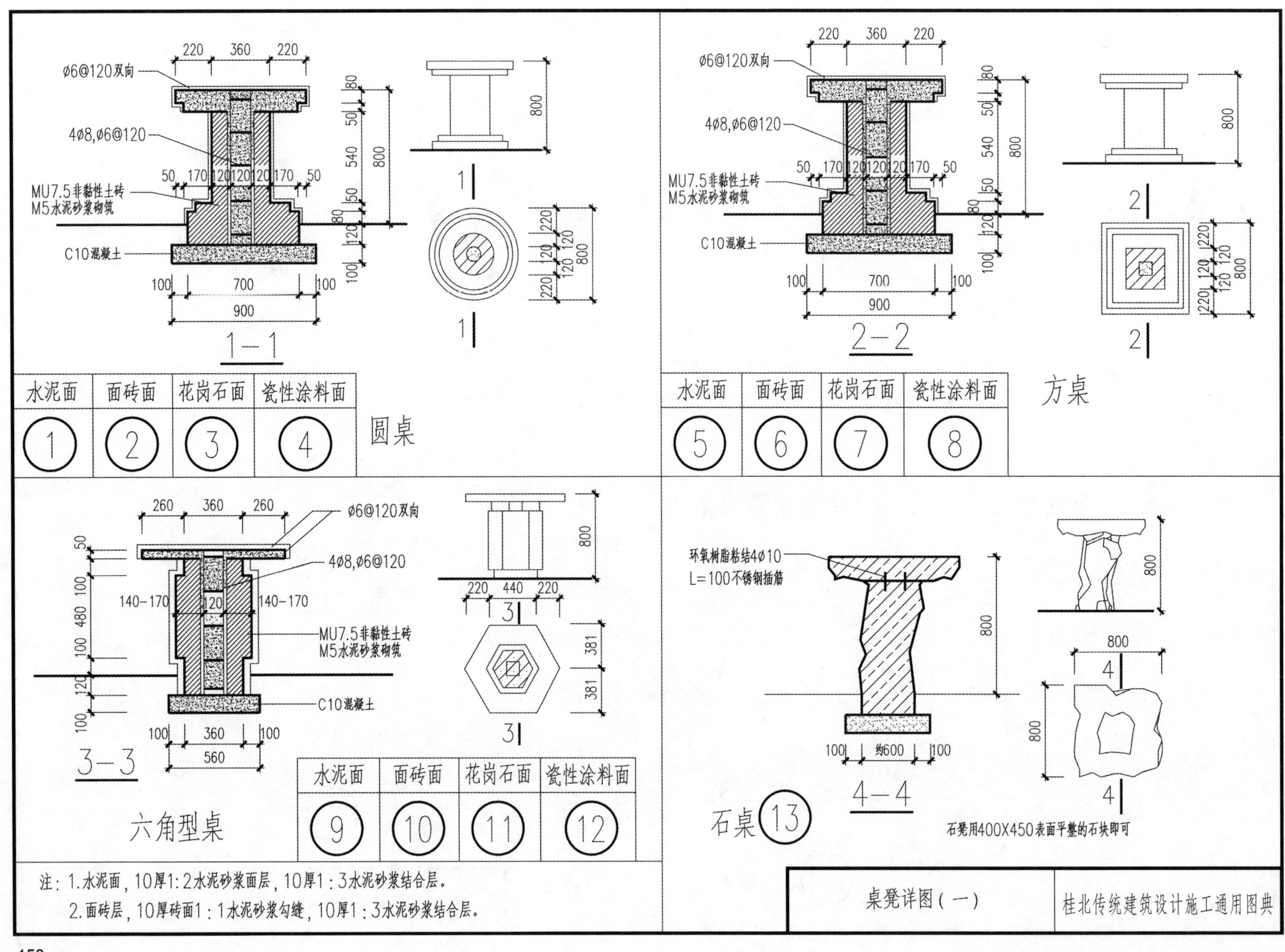

ø6@120双向
4ø8,ø6@120
MU7.5非黏性土砖
M5水泥砂浆砌筑
C10混凝土
1-1
水泥面
面砖面
花岗石面
瓷性涂料面
1
2
3
4
圆桌
2-2
5
6
7
8
方桌
3-3
9
10
11
12
六角型桌
环氧树脂粘结4ø10
L=100不锈钢插筋
4-4
石桌
13
石凳用400X450表面平整的石块即可
注：1.水泥面，10厚1:2水泥砂浆面层，10厚1:3水泥砂浆结合层。
2.面砖层，10厚砖面1:1水泥砂浆勾缝，10厚1:3水泥砂浆结合层。
桌凳详图（一）
桂北传统建筑设计施工通用图典

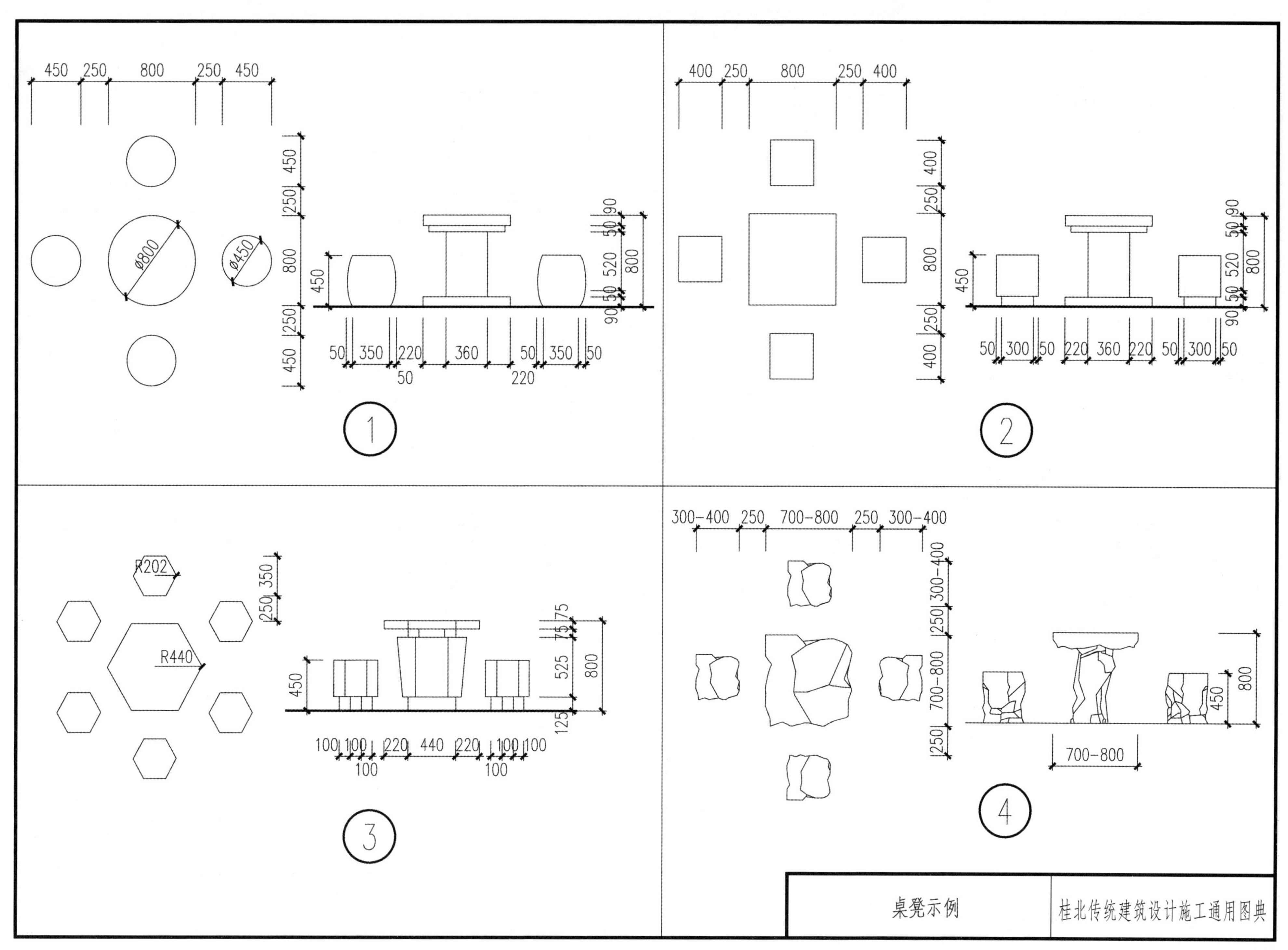
450
250
800
250
450
ø800
ø450
50
350
220
360
1
400
2
R202
R440
100
440
125
525
75
3
300–400
700–800
4
桌凳示例
桂北传统建筑设计施工通用图典

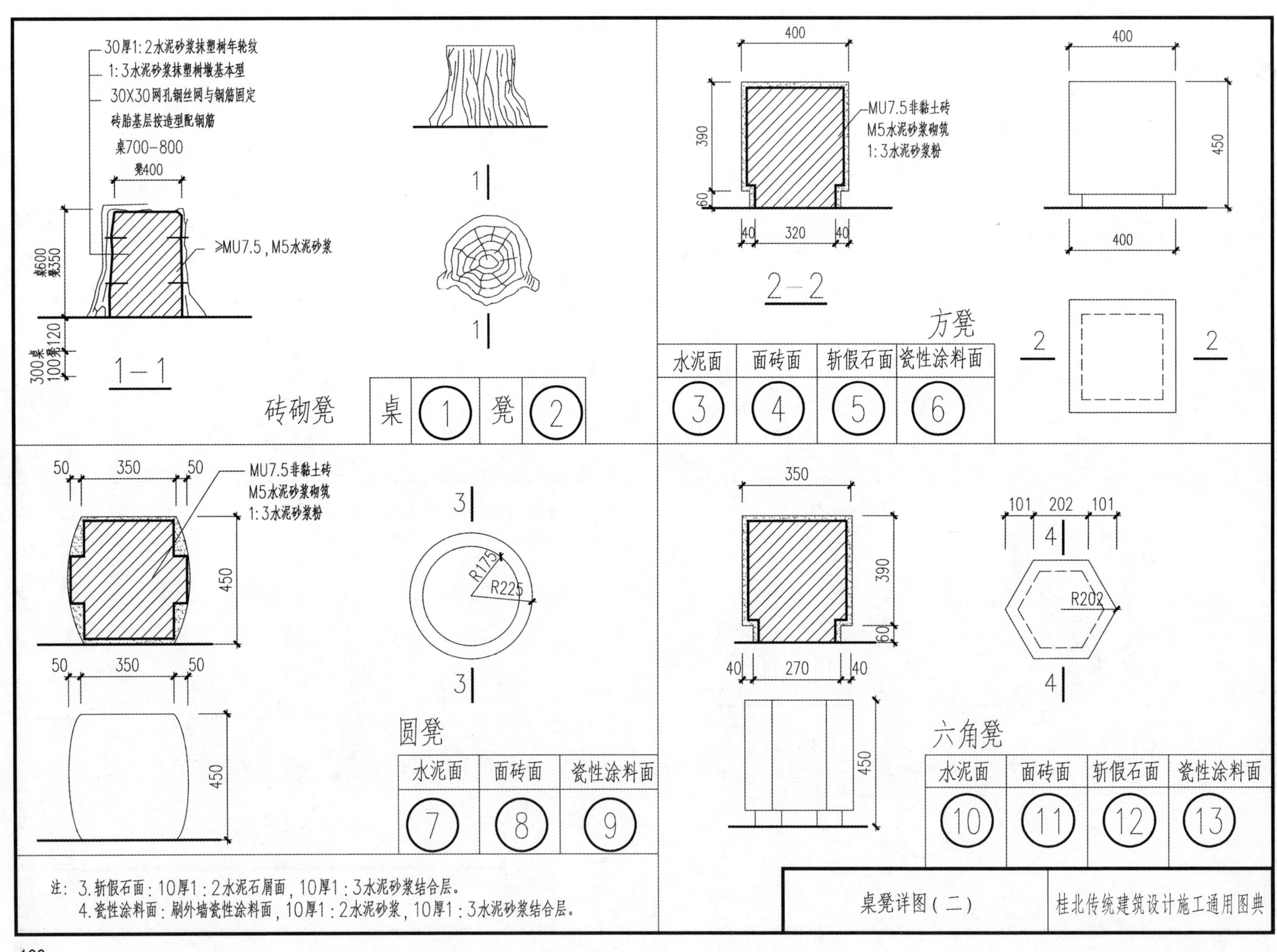

注：3. 斩假石面：10厚1：2水泥石屑面，10厚1：3水泥砂浆结合层。
4. 瓷性涂料面：刷外墙瓷性涂料面，10厚1：2水泥砂浆，10厚1：3水泥砂浆结合层。

桌凳详图（二）

桂北传统建筑设计施工通用图典

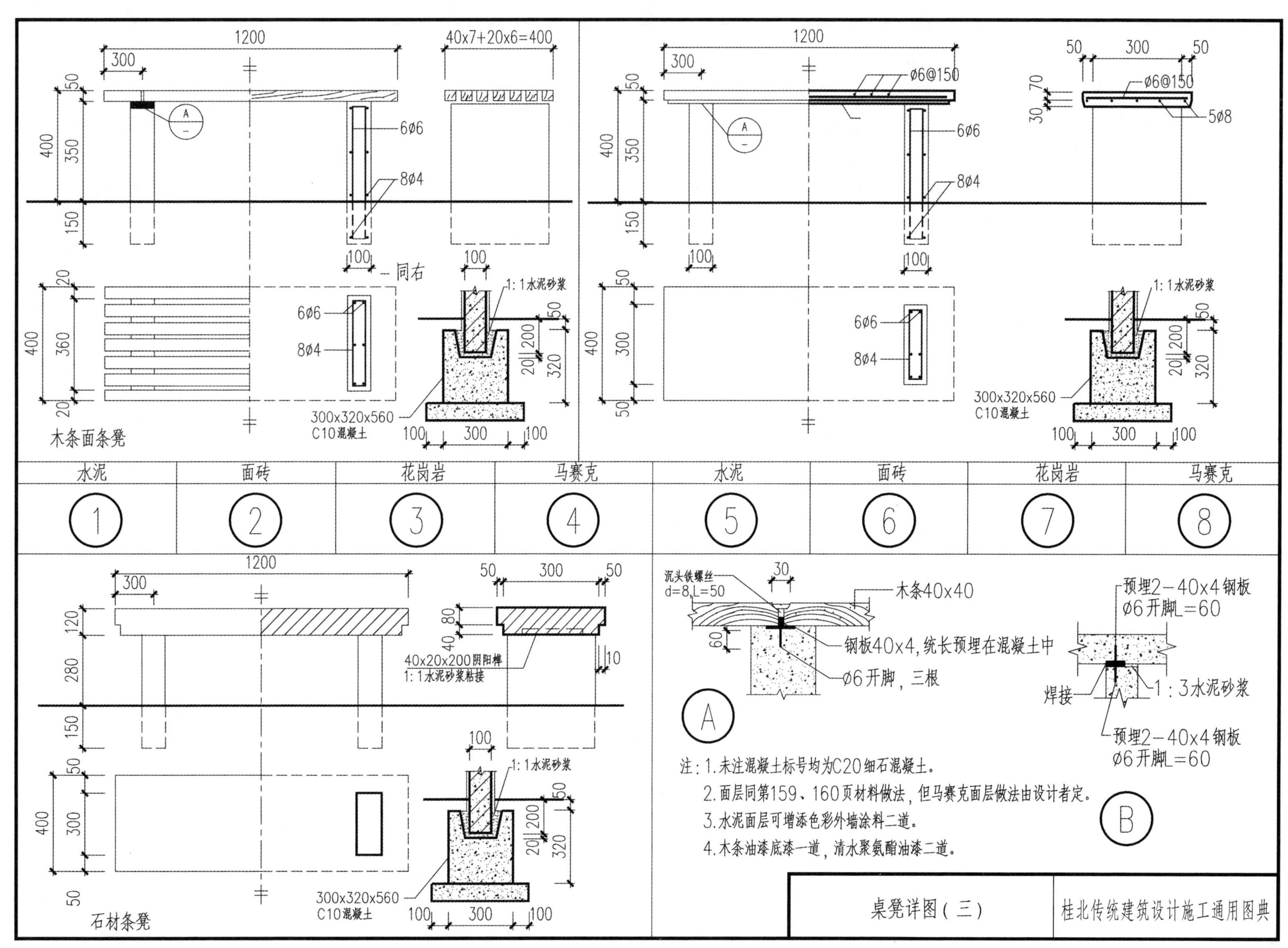

注：1.未注混凝土标号均为C20细石混凝土。

2.面层同第159、160页材料做法，但马赛克面层做法由设计者定。

3.水泥面层可增添色彩外墙涂料二道。

4.木条油漆底漆一道，清水聚氨酯油漆二道。

桌凳详图（三）

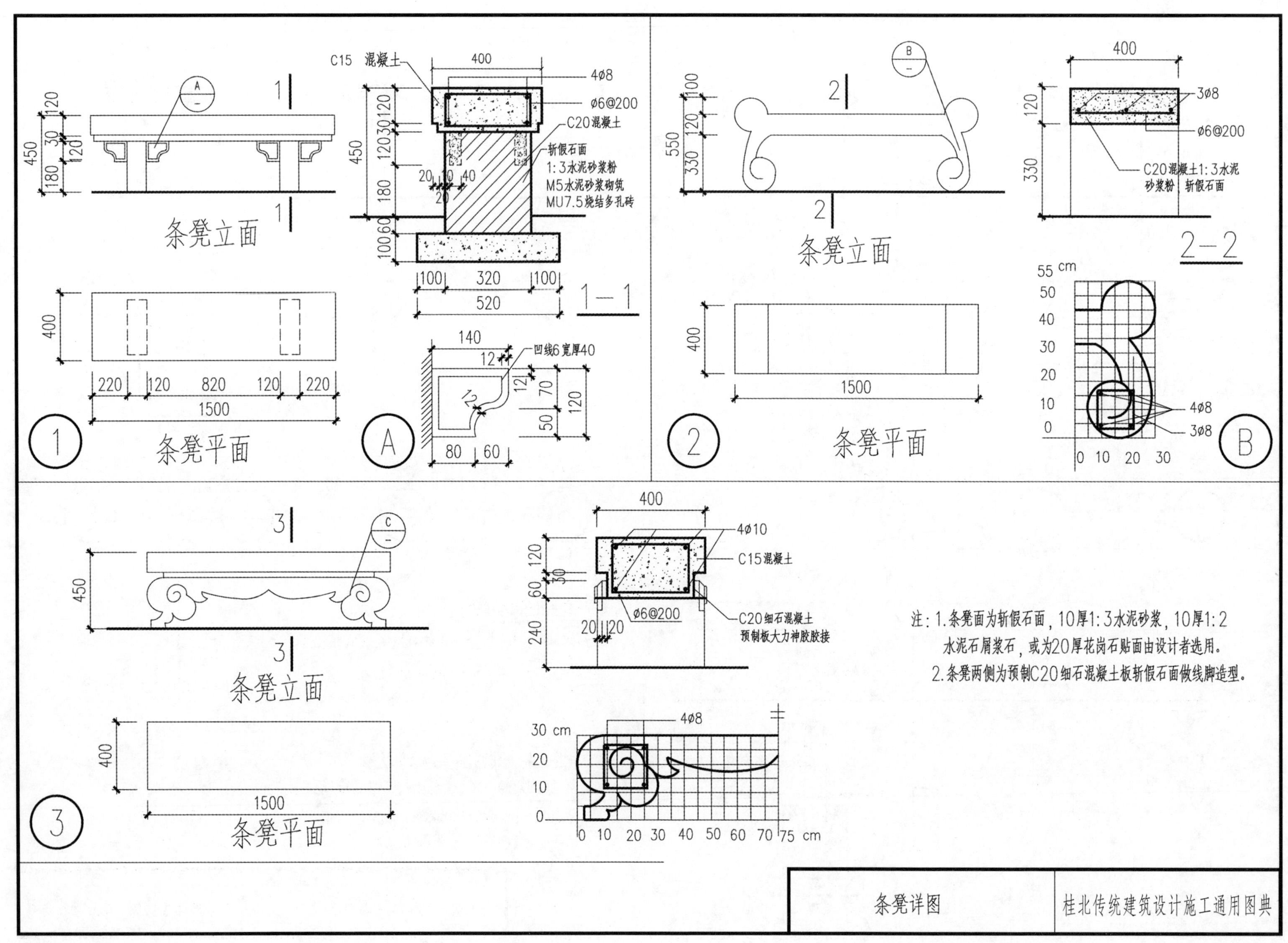

条凳立面
条凳平面
1—1
C15 混凝土
4ø8
ø6@200
C20混凝土
斩假石面
1:3水泥砂浆粉
M5水泥砂浆砌筑
MU7.5烧结多孔砖
凹线6宽厚40
2—2
3ø8
C20混凝土1:3水泥砂浆粉，斩假石面
4ø10
C15混凝土
C20细石混凝土
预制板大力神胶接
注：1.条凳面为斩假石面，10厚1:3水泥砂浆，10厚1:2水泥石屑浆石，或为20厚花岗石贴面由设计者选用。
2.条凳两侧为预制C20细石混凝土板斩假石面做线脚造型。
条凳详图
桂北传统建筑设计施工通用图典

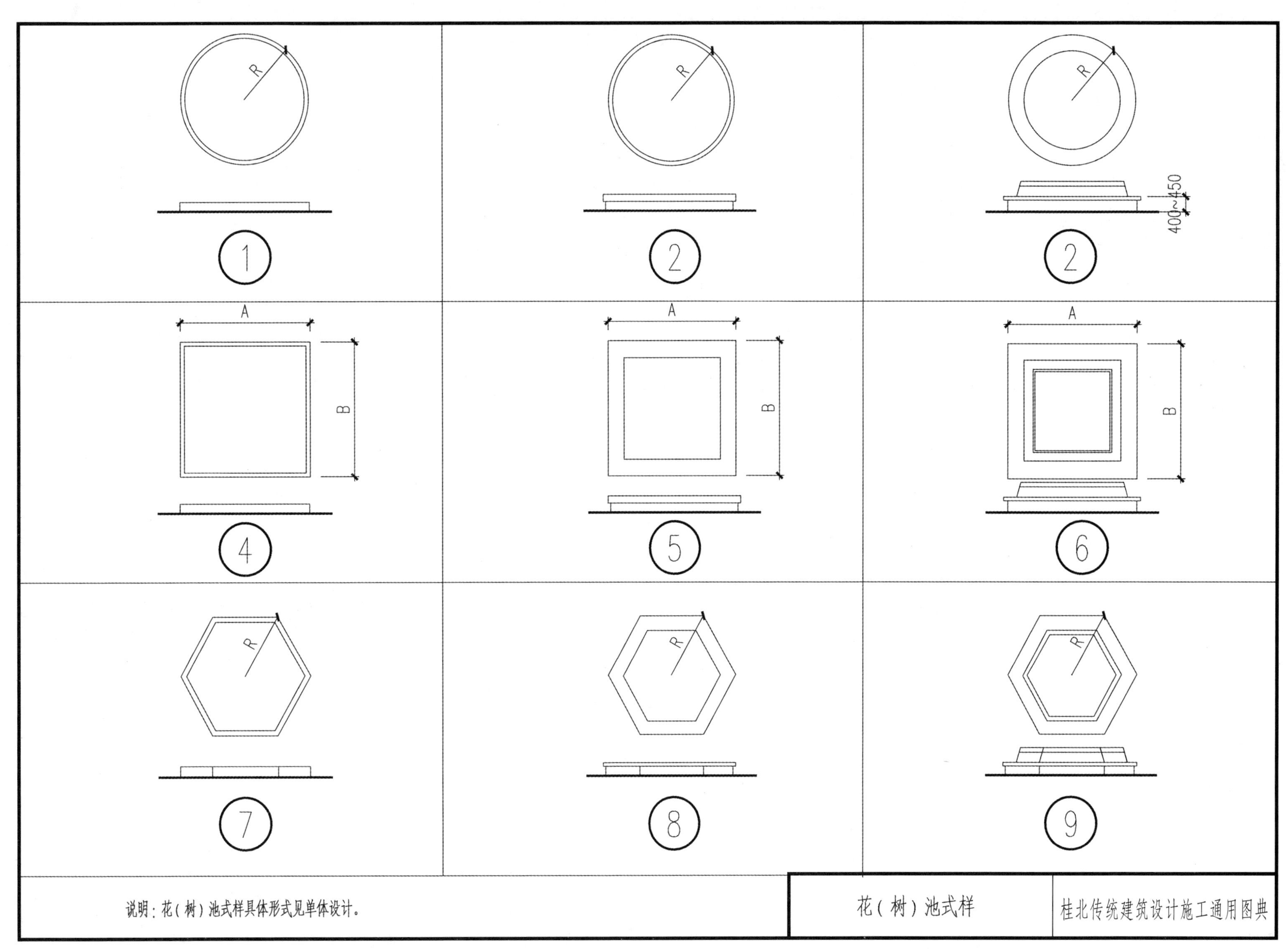
R
R
R
400~450
1
2
2
A
B
A
B
A
B
4
5
6
R
R
R
7
8
9
说明：花（树）池式样具体形式见单体设计。
花（树）池式样
桂北传统建筑设计施工通用图典

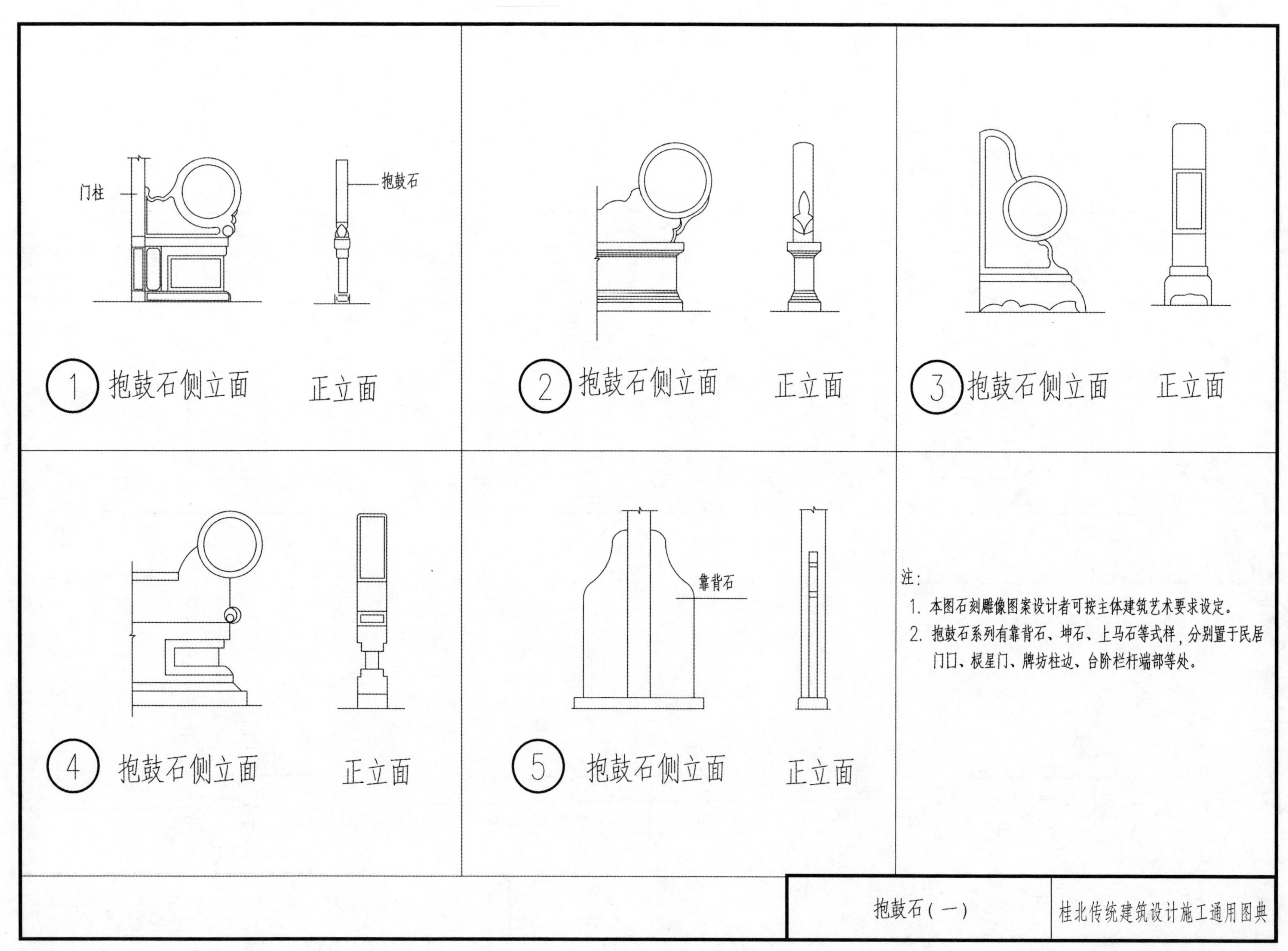
门柱
抱鼓石
1 抱鼓石侧立面
正立面
2 抱鼓石侧立面
正立面
3 抱鼓石侧立面
正立面
4 抱鼓石侧立面
正立面
靠背石
5 抱鼓石侧立面
正立面
注：
1. 本图石刻雕像图案设计者可按主体建筑艺术要求设定。
2. 抱鼓石系列有靠背石、坤石、上马石等式样，分别置于民居门口、棂星门、牌坊柱边、台阶栏杆端部等处。
抱鼓石（一）
桂北传统建筑设计施工通用图典

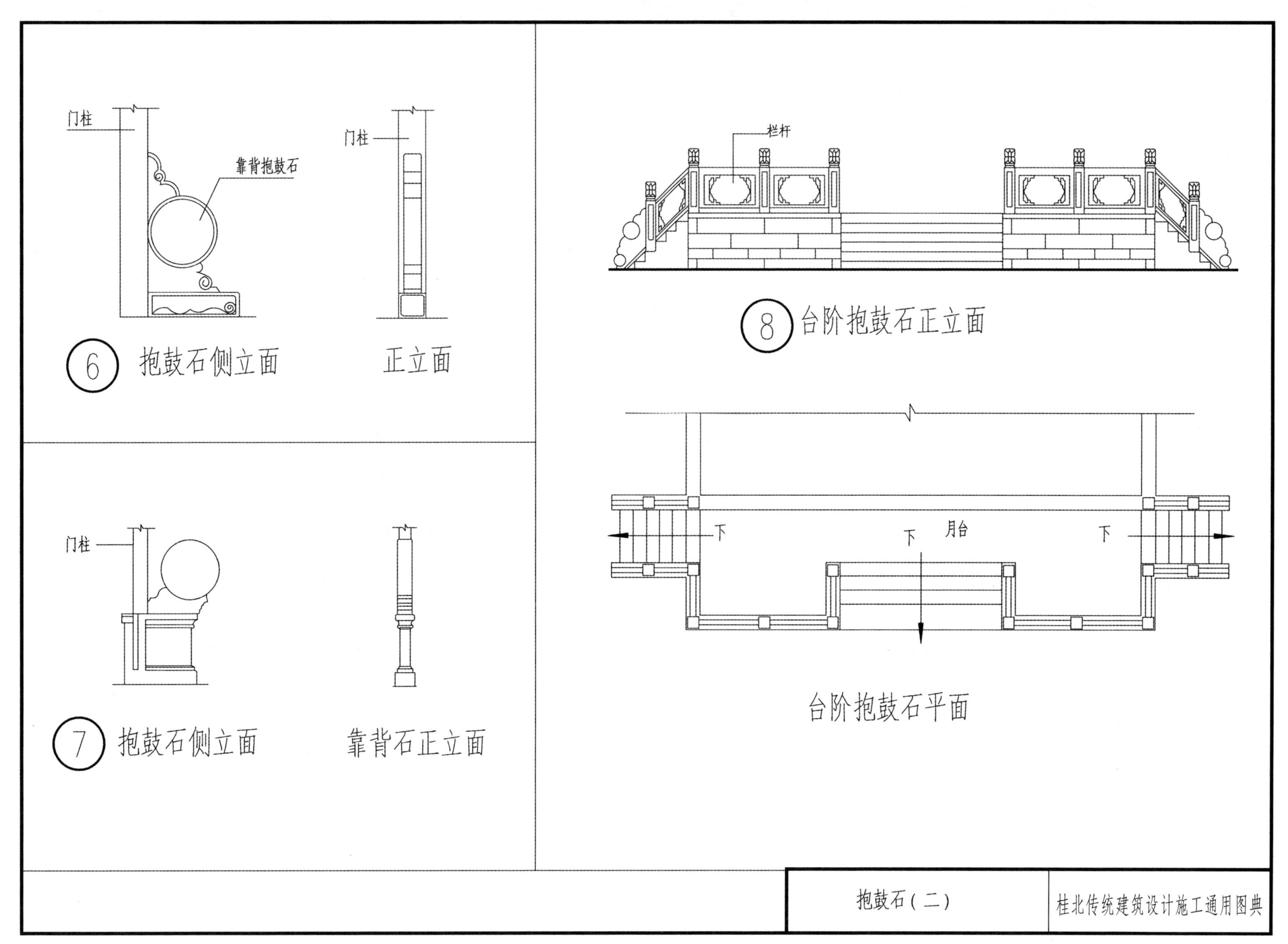
门柱
靠背抱鼓石
门柱
⑥ 抱鼓石侧立面
正立面
门柱
⑦ 抱鼓石侧立面
靠背石正立面
栏杆
⑧ 台阶抱鼓石正立面
下
下
月台
下
台阶抱鼓石平面

抱鼓石（二）

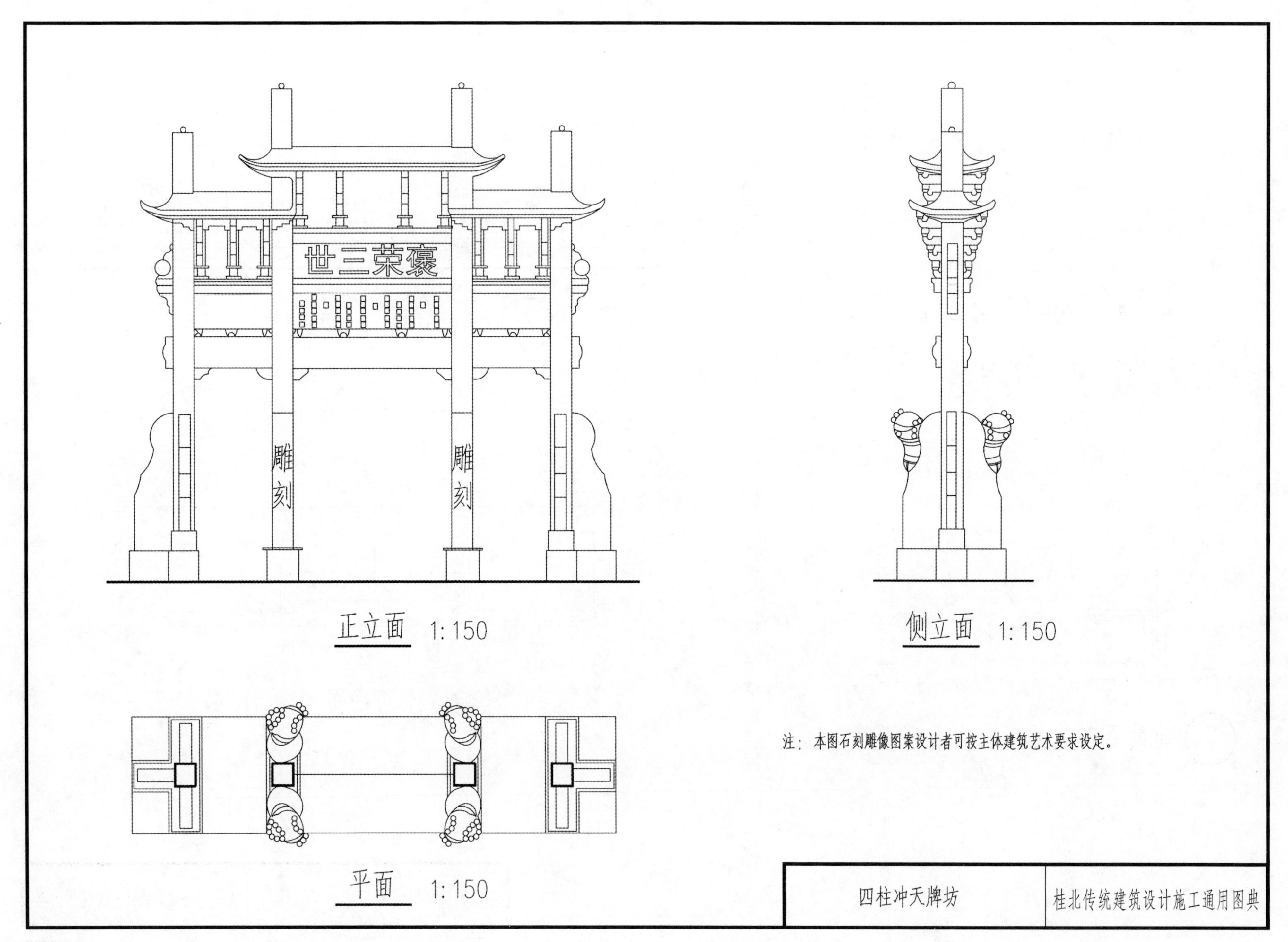

世三荣褒
雕刻
雕刻
正立面 1:150
侧立面 1:150
平面 1:150
注：本图石刻雕像图案设计者可按主体建筑艺术要求设定。
四柱冲天牌坊
桂北传统建筑设计施工通用图典

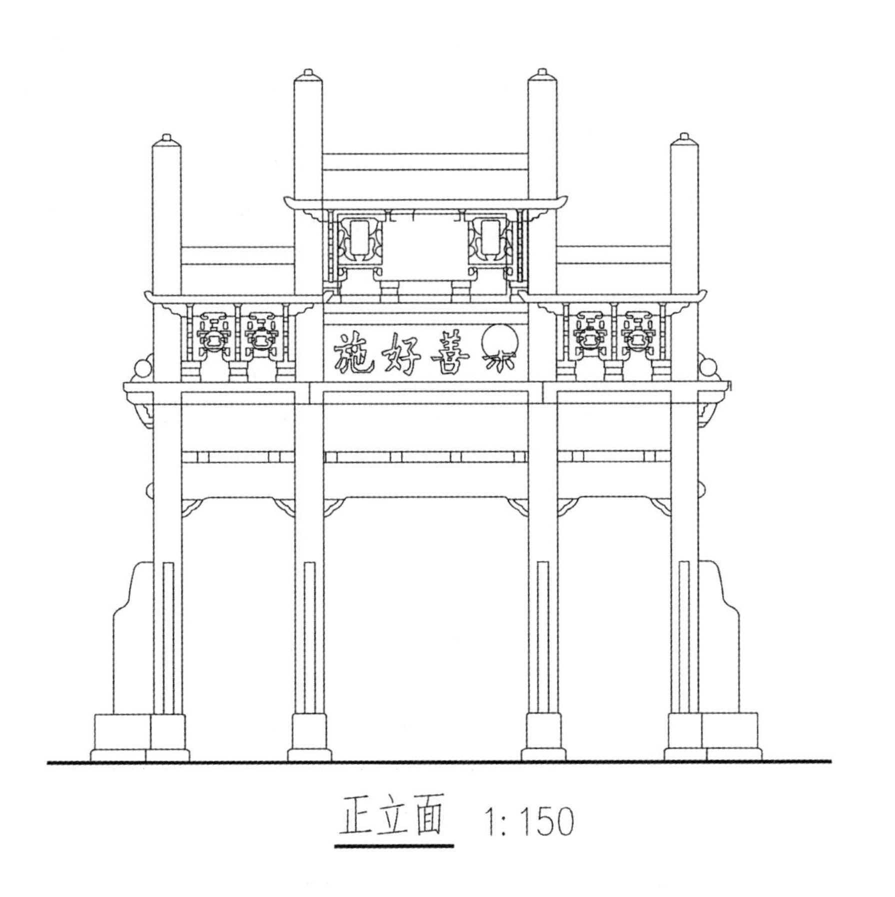

正立面 1:150

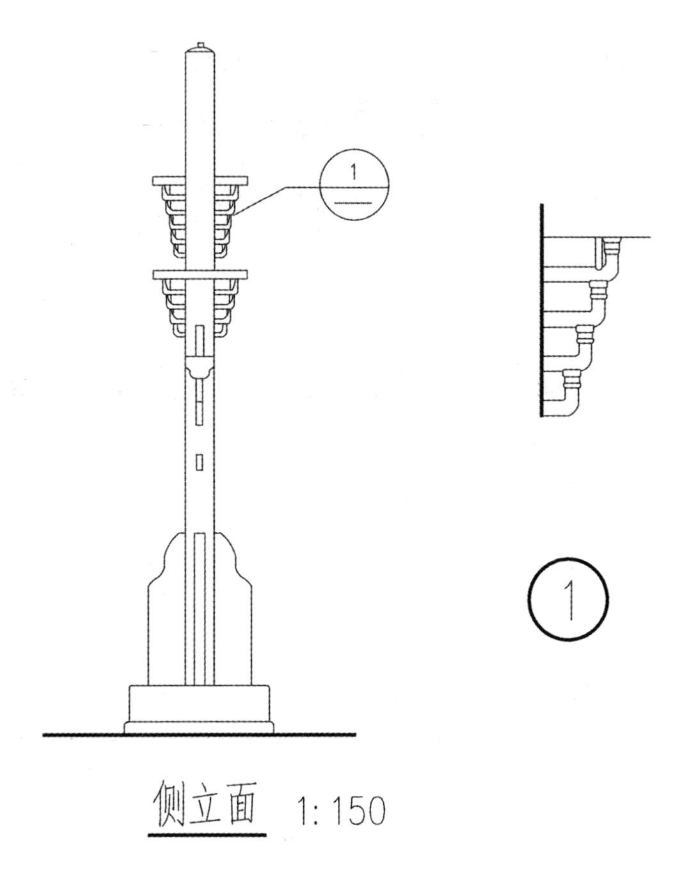

侧立面 1:150

平面 1:150

注：材料均采用茶园青石。

四柱三间三楼冲天柱式石牌坊	桂北传统建筑设计施工通用图典

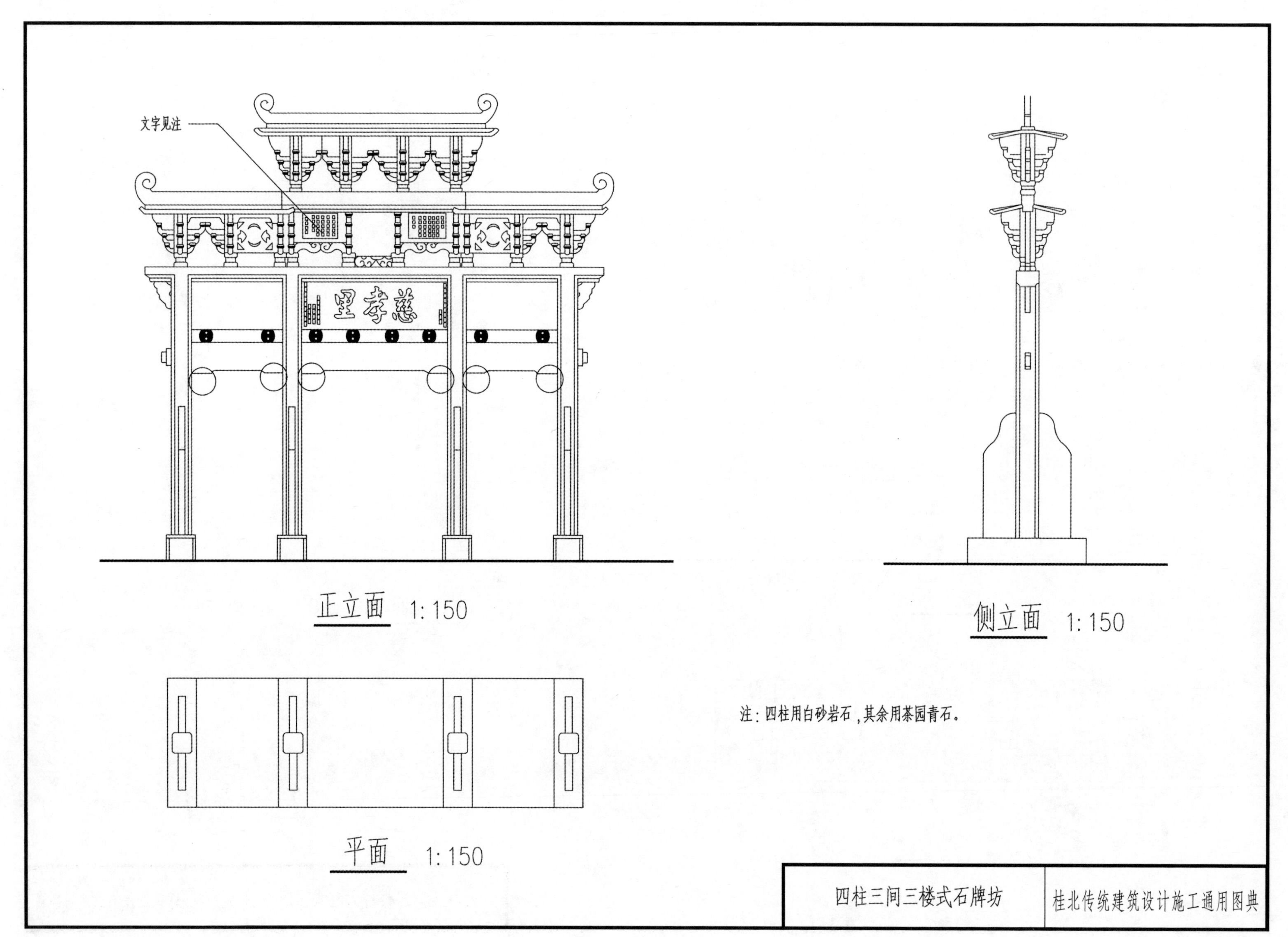

文字见注
慈孝里
正立面 1:150
侧立面 1:150
平面 1:150
注：四柱用白砂岩石，其余用茶园青石。
四柱三间三楼式石牌坊
桂北传统建筑设计施工通用图典

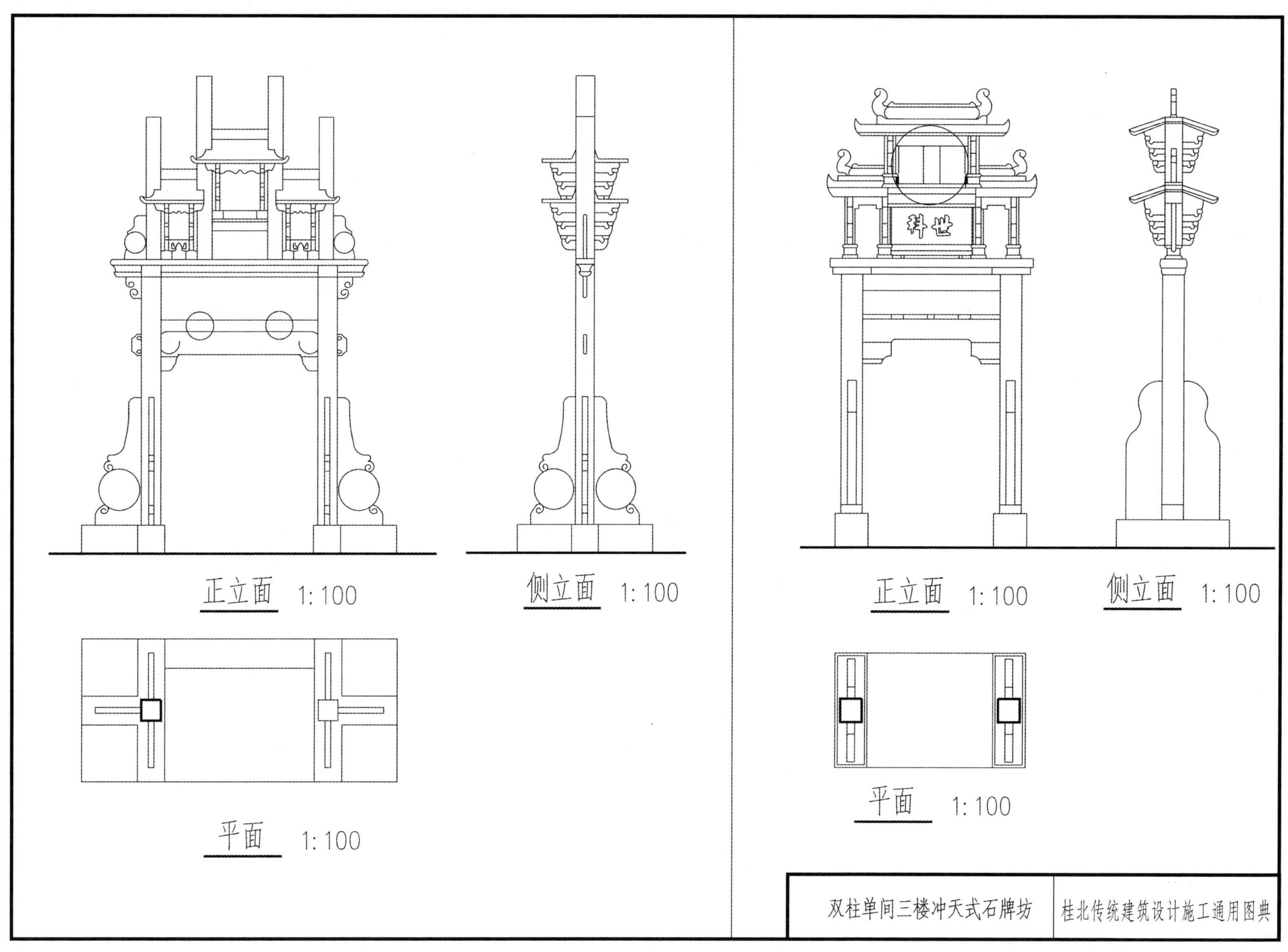
正立面 1:100
侧立面 1:100
平面 1:100
科世
正立面 1:100
侧立面 1:100
平面 1:100
双柱单间三楼冲天式石牌坊
桂北传统建筑设计施工通用图典

后　记

《桂北传统建筑设计施工通用图典》，经过全体编纂人员的共同努力，现已完成全部工作，不日将付梓出版。

2012年3月开始，“广西特色建筑中墙体和配件的开发与应用”项目组全体成员，在项目总负责人——桂林电子科技大学副校长黄家城教授、桂林市墙体材料改革办公室主任唐文彬的带领下，在《桂北与徽派建筑配件图集》的基础上，历时6个月，按照桂北传统建筑分布区域，行程6000多公里，深入村寨，在夏日烈阳和冬季的寒风中采集原始数据。利用激光和先进的三维图像采集及测量设备，多角度对有代表性的传统建筑进行较为全面的精确测量和数据采集，采集高清数字图像和绘制测量图件共计3000多份，充分保留了桂北传统特色建筑的原貌。

2013年3月开始，课题组利用先进的三维数字逆向技术和超算设备，经过大量的三维建模和数字计算，对收集的各种传统建筑构造进行还原和分析，本着古今结合的精神，在充分保留传统建筑特色的前提下，结合现代建筑材料和施工工艺，借助计算机绘图技术，编制了本图典。

在图典的编纂过程中，得到了桂林电子科技大学造型艺术研究所和书法艺术研究所有关专家教授的大力支持。广西书法协会副主席、桂林书法协会主席黄家城教授题写本图典书名。

本图典设计工作由桂林电子科技大学建筑与交通工程学院、建筑材料与建筑节能研究院和北京蓝图工程设计有限公司上海分公司完成，CAD 绘图工作由北京蓝图工程设计有限公司上海分公司完成。

本图典的编纂完成，得益于桂林电子科技大学及桂林市墙体材料改革办公室相关部门同仁的大力支持；得益于出版社领导和编辑辛勤细致的校对付出；得益于课题组成员不畏艰辛、夜以继日的工作态度。在此，我们向一切为本图典编纂工作提供支持帮助的单位和个人表示衷心的感谢。

本图典可作为大学土木工程、工民建、规划设计专业的教材，亦可作为政府规划设计施工行政主管部门、工作机构的业务工具书。

编纂本图典，对我们来说，是一项全新的事业。由于经验不足，水平受限，再加上时间紧迫，工作量大，《桂北传统建筑设计施工通用图典》中不足之处在所难免，诚请各位同仁、专家和读者指正。